Mustafa Şahin
Yüksel Oğuz
Fuat Büyüktümtürk

Aydınlatma Sistemlerine Ait Bakım Periyotlarının YSA ile Belirlenmesi

Mustafa Şahin
Yüksel Oğuz
Fuat Büyüktümtürk

Aydınlatma Sistemlerine Ait Bakım Periyotlarının YSA ile Belirlenmesi

Farklı Teknik ve Fiziksel Özelliklerdeki İç Mekan Aydınlatma Sistemlerine Ait Yapay Sinir Ağı Uygulama Örnekleri

Türkiye Alim Kitapları

Impressum / Künye
Bibliografische Information der Deutschen Nationalbibliothek: Die Deutsche Nationalbibliothek verzeichnet diese Publikation in der Deutschen Nationalbibliografie; detaillierte bibliografische Daten sind im Internet über http://dnb.d-nb.de abrufbar.

Deutsche Nationalbibliothek tarafından yayınlanan bibliyografik bilgiler: Deutsche Nationalbibliothek, bu yayını Deutsche Nationalbibliografie'de listeler; detaylı bibliyografik bilgi İnternet'te http://dnb.d-nb.de sitesinde mevcuttur.

Coverbild / Kitap kapağı resmi: www.ingimage.com

Verlag / Yayıncı:
Türkiye Alim Kitapları
ist ein Imprint der / yayınevinin bir ticari markasıdır
OmniScriptum GmbH & Co. KG
Bahnhofstraße 28, 66111 Saarbrücken, Deutschland / Almanya
Email / E-posta: info@turkiye-alim-kitaplary.com

Herstellung: siehe letzte Seite /
Basım yeri: son sayfaya bakın
ISBN: 978-3-639-81248-0

Zugl. / Approved by: İstanbul, Marmara Üniversitesi, 2014

ÖNSÖZ

Bir aydınlatma sisteminde iç mekân duvar rengi, oda boyutları, çalışma masası yüksekliği ve aydınlatma türü gibi özellikler çalışma düzlemi üzerindeki aydınlık düzeyini doğrudan etkiler. Ayrıca zamanla aydınlatma elemanlarının veriminin düşmesi, yıpranma, kirlenme ve tozlanma gibi etkilerde çalışma düzlemi üzerindeki aydınlık düzeyini olumsuz yönde etkiler. Zamana bağlı olarak aydınlatma sistemlerinde ortaya çıkan bu olumsuzluklar hem enerji tüketimi hem de ergonomik çalışma koşulları açısından pek çok olumsuzluklara sebep olur. Bu yüzden çalışma düzleminde yeterli ve kararlı bir aydınlık düzeyinin sağlanması ön koşuldur. Bir aydınlatma sisteminin kurulum aşamasından bir süre sonra o ortamdaki aydınlık düzeyi dağılımını ölçmek zahmetli ve zaman alıcı bir iştir. Fiziksel yıpranmalardan yola çıkarak o ortamdaki aydınlık düzeyi dağılımını matematiksel olarak hesap etmek ise mümkün değildir. Bu çalışmada; farklı teknik ve fiziksel özelliklerdeki ortamların bakım katsayılarını belirlemek amacıyla bir YSA (yapay sinir ağı) modeli oluşturulmuş. Sonrasında renkleri, boyutları birbirinden farklı ortamlar içerisinde, çeşitli aydınlık seviyelerinde ve farklı aydınlatma türleri kullanılarak aydınlık düzeyi ölçümleri yapılmış. Ölçülen bu aydınlık düzeyi değerleriyle oluşturulan YSA modeli eğitilmiştir. Daha sonra bu ortamlar kullanıma tabi tutularak bu kullanım periyodu sunundaki yıpranma oranı oluşturulan YSA kullanılarak hesaplanmış ve gerçek yıpranma oranlarıyla karşılaştırılmıştır. Elde edilen bulgulara göre, YSA modeli ile tahmin edilen verilerin gerçeğe yakın ve uygulanabilir sonuçlar sağladığı gözlemlenmiştir. Bu tahminler sonucunda aydınlatma sisteminin bakım ve ömrünün dolup dolmadığının tespiti sağlanıp, zaman içinde kaynaklanan enerji kaybına, doğru anda müdahale edilerek, iyileştirme yapılması ve bunun sonucunda ışığa dönüşmeyen elektrik enerjisi israfının önüne geçilmesi sağlanmıştır. Oluşturulan YSA modeli gerek; aydınlatma sisteminin ömrünün tayininde sağladığı kolaylık, kazandırdığı zaman ve emek kazancı, gerekse zaman içinde kaynaklanan enerji kaybına, doğru anda müdahale edilerek, iyileştirme yapılması ve bunun sonucunda ışığa dönüşmeyen elektrik enerjisi israfının önüne geçilmesi bakımından aydınlık dağılımlarının tahmin edilmesinin büyük önem arz etmektedir.

Kitabın özellikle aydınlatma alanında çalışan mühendislere, mimarlara ve diğer okuyuculara faydalı olacağını ümit ederim.

Bu arada kitabın yazımında tüm emeği geçenlere, özellikle başta ana fikri olmak üzere her aşamasında hiçbir yardımını esirgemeyen, çalışmanın başlamasına vesile olan ve çalışma süresi boyunca sabır ve desteğini esirgemeyen, eleştirileri ile çalışmama yön veren Danışman Hocam Sayın Yrd. Doç. Dr. Fuat BÜYÜKTÜMTÜRK'e, bilgi ve tecrübeleri ile çalışmama önemli katkılarda bulunan Sayın Doç. Dr. Yüksel OĞUZ'a sonsuz teşekkürlerimi sunarım. Çalışma süresi boyunca aydınlatma alanında bilgi ve tecrübelerini esirgemeyen Sayın Yrd. Doç. Dr. Nazmi EKREN'e, Sayın Yrd. Doç. Dr. Süreyya KOCABEY'e, bu zamana kadar çeşitli konularda desteklerini gördüğüm hocalarıma ve mesai arkadaşlarıma sonsuz teşekkürlerimi sunarım. Ayrıca kitabın yazımı sırasında benden yardım ve desteklerini esirgemeyen, bu sıkıntılı süreçte hep yanımda olan, verdikleri moral ve destekle çalışmama katkıda bulunan değerli eşim Elif ŞAHİN'e, sevgili annem Sadiye ŞAHİN, sevgili babam Ali ŞAHİN'e ve tüm aile bireylerime sonsuz teşekkürlerimi sunarım.

İstanbul, 15 Ocak 2016 **Yrd. Doç. Dr. Mustafa ŞAHİN**

İÇİNDEKİLER

SEMBOLLER

$\vec{E}$	: Elektrik alan vektörü;
$\vec{H}$	: Manyetik alan vektörü;
v	: Yayılma hızı
λ	: Dalga boyu
T	: Periyot
U	: Işık enerjisi
Φ	: Işık akısı
L	: Parıltı
I_v	: Işık şiddeti
F	: Enerji akısı
K_o	: Enerji akısının fotometrik eşdeğeri
ϕ	: Düzlemsel açı
s	: Alan
E	: Aydınlık düzeyi
L	: Küre duvarının bir kısmı bir yüzey parçasının
dA	: Başlangıç parıltısı
d	: Mesafe
Z	: Ampul sayısı
ϕT	: Gerekli toplam ışık akısı
ϕL	: Bir ampulün verdiği ışık akısı
a	: Uzunluk
c	: Genişlik
h	: Faydalı yükseklik
H	: Zeminden ışık kaynağına kadar olan yükseklik
H1	:Çalışma düzleminin zeminden yüksekliği
dt	: Tesisin kirlenme faktörü
η	: Tesisin ışığı yansıtma verimi
P	: Yansıtma katsayısı
$y_ç$	: Yıpranma çarpanı
$Eort_1$	: Başlangıştaki ortalama aydınlık düzeyi
$Eort_2$	: Kullanım süresi sonundaki ortalama aydınlık düzeyi

Φ_0	: Tesisin başlangıçtaki toplam ışık akısı
Φ_{10}	: Tek bir lambanın ışık akısı
N	: Başlangıçta tesiste çalışır durumdaki lamba sayısı
Φ_{te}	: Tesisin ekonomik ömür sonundaki toplam ışık akısı
Φ_{1te}	: Tek bir lambanın ekonomik ömür sonundaki ışık akısı
n	: Ekonomik ömür sonunda hala çalışır durumdaki lamba sayısı
te	: Tesisin ekonomik ömrü
K_{1e}	: Ekonomik ömür sonunda lambaların ışık akılarındaki azalma oranı
K_{2e}	: Tüm tesisteki lambaların ekonomik ömür boyunca kullanılabilme oranı
G	: Girdi
W	: Ağırlık
x_i	: Neuron' a verilen girdi
w_i	: Xi inci girdinin ağırlık değeri
T	: Target value
X	: Ağa uygulanan örnekler
B	: Beklenen
Ç	: Gerçekleşen çıkışlar
N	: Adet
f	: Transfer fonksiyonu
b	: Bias değerleri
W,q,r	: Ağırlıklar
X,n,m,y	: Sinyaller
p(v)	: Hücre net girişi
t(y)	: Hücre çıkış
x	: Hücre giriş
x'	: Normalizasyonu yapılmış veri
x_i	: Girdi değerleri
μ_i	: Girdi değerlerinin ortalaması
σ_i	: Girdi setinin standart sapması
x_{max}	: En büyük girdi değeri
x_{min}	: En küçük girdi değeri
a_i	: Girdi seti

e	: Doğal logaritma değeri
m	: En küçük tamsayı
y_1	: Tahmin edilen değerler
y_2	: Tahmin sayısı (bağımlı değişken)
Y	: Bağımlı değişken
b_0	: Regresyon eğrisinin y eksenini kesim noktası
b_1	: İlk tahmin değişkeninin X_1 Katsayısı
b_2	: İkinci tahmin değişkeninin X_2 Katsayısı
e_i	: i'inci denek için y'nin tahmin edilen değeriyle gözlenen değeri arasındaki fark
E_{min}	: Minimum aydınlık düzeyi
E_{max}	: Maksimum aydınlık düzeyi
E_{ort}	: Ortalama aydınlık düzeyi

KISALTMALAR

YSA	: Yapay sinir ağı
CIE	: Uluslararası Aydınlatma Komisyonu
UV	: Ultraviyole
VIS	: Görünür ışık
IR	: Kızılötesi
nm	: Nanometre
lm	: Lümen
s	: Saniye
m	: Metre
W	: watt
Fc	: Footcandle
sr	: Steradian
rad	: radyan
cd	: candela
cos	: kosinüs
sin	: sinüs
asb	: aposilb
ANN	: artificial neural network
IBM	: International Business Machines Corporation
ADALINE	: Adaptive Linear Element
ART	: Adaptif Rezonans Teorisi
DNA	: Deoxyribonucleic acid
Max	: Maksimum
Min	: Minimum
HD	: Hamming Distance
ED	: Eucledean Distance
PGED	: Partitioned Generalized Eucledean Distance
LR	: Learning rate
MLP	: Multi Layer Perseptron
LVQ	: Learning Vector Quantization
SOM	: Self Organizing Map

FNN	: Feed-forward neural network
RNN	: Recurrent neural network
MADALINE	: Multiple Adaline
GA	: Genetic algorithm
MATLAB	: MATrix LABoratuary
ÇKP	: Çok katmanlı perseptron
MSE	: Mean squared error (Ortalama Karesel Hata)
RMSE	: Root Mean Square Error (Hata Kareleri Ortalamasının Karekökü)
MAPE	: Mean Absolute Percentage Error (Mutlak Hata Oranları Ortalaması)
MLRA	: Mean Absolute Percentage Error (Ortalama Mutlak Yüzde Hata)
SST	: Kareler toplamı
LM	: Levenberg-Marquardt
SSR	: Tahminlerin kareleri toplamı
SPSS	: Statistical Package for the Social Sciences

ŞEKİL LİSTESİ

SAYFA

TABLO LİSTESİ

SAYFA

1. GİRİŞ

Enerji tasarrufu üretimde, konforda ve iş gücünde herhangi bir azalma olmadan enerjiyi en verimli şekilde kullanmaktır. Günümüzde kullanmakta olduğumuz enerji kaynakları hızlı ve bilinçsiz bir biçimde tüketilmektedir. Ana unsuru ekonomik üretim olan ve hayat kalitemizi iyileştiren enerjinin kullanımından vazgeçmek mümkün değildir. Bu durum insanoğlunu yeni bir takım enerji tasarrufu yöntemlerini bulmaya yönlendirmiştir.

YSA, karmaşık ve kötü şartlanmış problemlerin çözümünde oldukça geniş kabul görmüş bir yöntemdir. Günümüzde kullanılan tahmin yöntemlerinde genellikle analitik bilgisayar kodları kullanılmaktadır. Kullanılan algoritmalar ise genellikle karmaşık diferansiyel eşitliklerin çözümüne dayanmakta ve doğru sonuçların elde edilebilmesi için güçlü bilgisayarlara ve zamana gereksinim duyulmaktadır. Oldukça karmaşık matematiksel yöntem ve algoritmalar yerine YSA'lar anahtar bilgi örneklerini çok boyutlu veri tabanından öğrenebilirler. Bunlara ilave olarak, YSA'lar gürültülü ve eksik verileri işleyebildiklerinden hata toleransları yüksektir.

Aydınlatma sisteminde ortalama ömrün tespiti çok zor olduğundan, sistemin çalışma performansının değerlendirilmesi, bakım zamanının tespiti karmaşıktır. Bakım zamanının tespiti için ortam içindeki çalışma düzleminde aydınlık düzeyi ölçümleri yapılması gerekmektedir. Ancak aydınlığın uygun olup olmadığının belirlenmesi ortam içinde ölçü aleti ile pek çok noktada ölçüm yapılması ile mümkündür. Ölçülen aydınlık düzeyi değerlerinden, ortalama aydınlık düzeyi, minimum aydınlık düzeyi ve diğer ölçüm değerlerinden faydalanılarak, düzgünlük faktörü, eş aydınlık düzeyi eğrileri olan izolüks eğrileri oluşturulur. Bu işlemler göz önüne alındığında aydınlatma sisteminin bakımı ve ömrünün tespiti çok uzun zaman alan ve yorucu bir çalışma gerektirdiği görülmektedir. Bu çalışma ile standartlar göz önünde bulundurularak belirtilen en az noktada aydınlık düzeylerini ölçmek ve ölçümlerden alınan değerlerle YSA kullanarak ortam içinde çalışma düzlemi üzerindeki aydınlık düzeyi hesaplanabilir. Bu hesaplamalar sonucunda aydınlatma sisteminin bakım ve ömrünün dolup dolmadığının tespiti sağlanıp, zaman içinde kaynaklanan enerji kaybına, doğru anda müdahale edilerek, iyileştirme yapılması ve bunun sonucunda ışığa dönüşmeyen elektrik enerjisi israfının önüne geçilmesi sağlanabilir. Bu düşünceler doğrultusunda aydınlatma sisteminde, ortamdaki aydınlık düzeyinin hesaplanabilmesi için karmaşık ve kötü şartlanmış problemlerin çözümünde oldukça geniş kabul görmüş bir yöntem olan yapay sinir ağları kullanılarak aydınlık düzeyi hesaplamaları yapılacaktır.

1.1 Amaç

Bu çalışmanın amacı; farklı teknik ve fiziksel özelliklerdeki dâhili ortamların aydınlık değerlerini tahmin edebilmek için bir yapay sinir ağ modeli oluşturmaktır. Bu işlemin sonucunda modelin tahmin ettiği değerler ile ölçülen değerler arasındaki hata oranını çıkartıp iyi bir aydınlatmanın yanında istenilen yerlerin aydınlatılmasını sağlamak ve dolayısıyla hem ekonomiklik hem de kullanım açısından daha doğru sonuçlara ulaşmaktır.

1.2 Aydınlatma Sistemleri

1.2.1 Işık kavramı

Görme olayının daha iyi kavranabilmesi için önce ışığın tanımının iyi yapılması ve ışığın elektromagnetik dalgalar içindeki yerinin iyi bilinmesi gereklidir. İnsan var olduğundan beri enerjiye ihtiyaç duymuştur [1,2]. En ilkel enerji ihtiyaçlarından biri ısınmanın yanında ışık olmuştur. Işık göze etki eden özel bir enerji biçimi olup dalga ve foton (korpüskül) şeklinde yayıldığı kabul edilmektedir [3]. Gerçekte dalga ve foton teorileri birbirini tamamlar ve bütün bir olayın iki yarısını teşkil ederler. Dalga teorisine göre ışık elektromanyetik radyasyonun özel bir şeklidir. Elektromanyetik dalga, yayılma doğrultusuna dik bir düzleme anlık değerleri periyodik olarak değişen birbirine dik ve sabit oranlı iki adet vektörden meydana gelir. Yani ışık, aşağıdaki Şekil1.1'de görüldüğü gibi elektrik ($\vec{E}$) ve manyetik ($\vec{H}$) alanlardan oluşan enine bir elektromanyetik dalgadır. Elektrik ve manyetik alan bileşenleri her zaman birbirlerine diktir. Alanlar, aynı zamanda dalganın ilerleyiş yönünde olan k dalga vektörüne de diktir. Alan bileşenleri hem zaman içinde hem de konuma bağlı olarak periyodik birdeğişim gösterir; zaman içersindeki salınım w, uzaysal konumdaki salınım ise $k$ile temsil edilir. Elektrik alan ile manyetik alan arasında faz farkı yoktur, alanların oranı boşuzayın empedansına eşittir. Işığı oluşturan alan bileşenleri ($\vec{E}$ve $\vec{H}$) birbirinin kaynağıdır; birinin değişimidiğerini oluşturur ve tekrarlanan değişim sonucu dalga uzayda $\boldsymbol{v}$ hızı ile hareket eder yani enerji taşır [4,5].

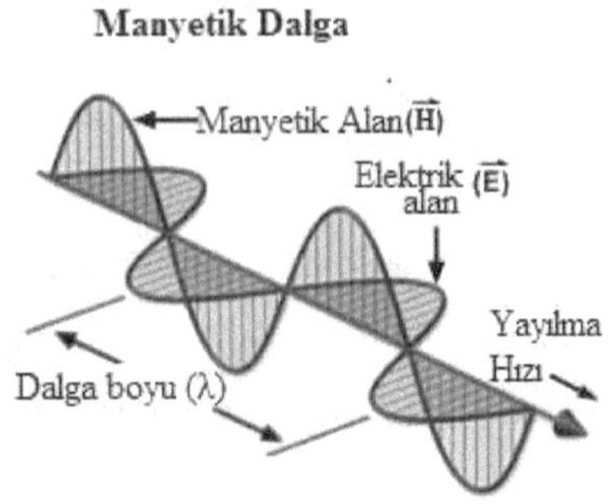

Şekil 1.1 Elektromanyetik dalganın elektrik ve manyetik alan dalgaları cinsinden gösterimi

$\vec{E}$ = Elektrik alan vektörü;

$\vec{H}$= Manyetik alan vektörü;

v = Yayılma hızı

λ,= *Dalga boyu*

$\vec{E}$ve $\vec{H}$ vektörleri dalganın **v** yayılma hızı vektörüyle birlikte Şekil 1.2'de görüldüğü gibi bir dik üçyüzlü oluşturular.

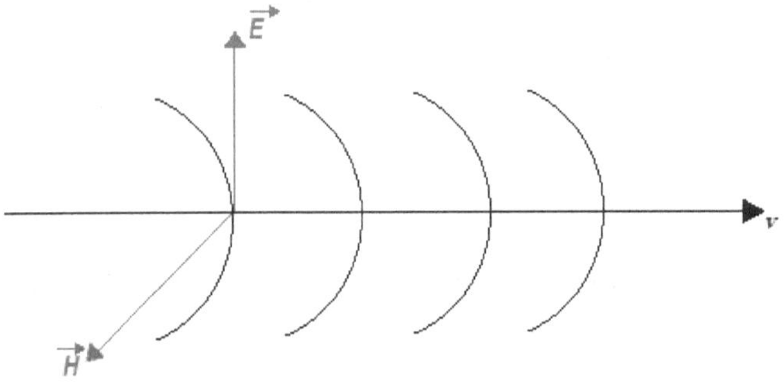

Şekil 1.2 Elektromanyetik dalganın vektörel gösterimi

1.2.2 Işığın dalga boyu hesabı

Işık, birbirine dik olarak hareket eden elektrik ve manyetik alan salınımlarından oluşur. Aşağıdaki Şekil 1.3'de, hareket halindeki basit bir elektromanyetik dalganın anlık durumu görülmektedir. Görüldüğü gibi; elektrik ve manyetik alanlar, sırasıyla x-z ve y-z düzlemlerinde yatan iki sinüs dalgası biçimindedir ve birbirine diktir [5].

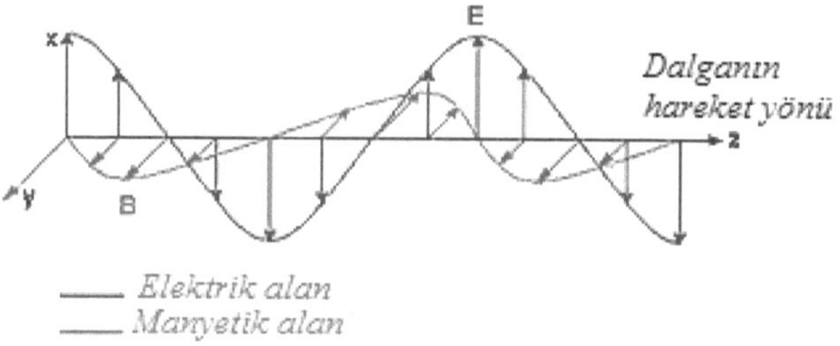

Şekil 1.3 Hareket halindeki basit bir elektromanyetik dalganın anlık durumu

Doğal renkli bırışıkta $\vec{E}$ve $\vec{H}$ vektörleri yayılma doğrultusuna dik bir düzlem üzerinde kısa bir süre için doğrultusunu korur ve zamana göre sinüs eğrisi şeklinde değişir. Bu değişimin periyodu;

$T=2\pi/\omega$ (1.1)

dır. Periyodu Tolan bir dalga vhızı ile yayıldığında λdalga uzunluğu

$\lambda = v.\,T$ (1.2)

olur. Eğer T periyodu yerine f =1/T frekansı konulursa,

$\lambda = v.\,T = c/f$(1.3)

denklemi elde edilir. Aşağıda Şekil 1.4'de sinüsoidal bir dalganın dalga uzunluğu ve periyodu verilmiştir.

Burada;

λ = dalga uzunluğu,

T = periyodu temsil etmektedir.

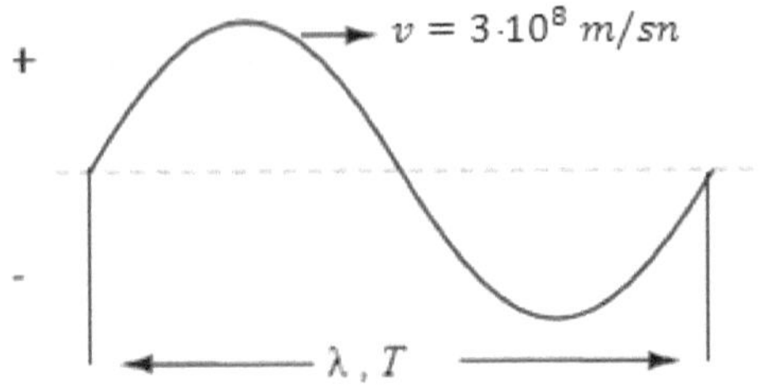

Şekil 1.4 Sinüsoidal bir dalganın dalga uzunluğu ve periyodu

Boşlukta elektromanyetik dalganın yayılma hızı $v = 3{\cdot}10^8 m/sn$ olduğu için bir elektromanyetik dalga, dalga uzunluğu ya da frekans ile tanımlanır [6].

1.2.3 Elektromanyetik dalgalar içerisinde ışığın konumu

Elektromanyetik dalgalar, dalga uzunluğu veya frekansı bakımından çok geniş bir bölgeyi kapsarlar. Bu dalgalar uzunluklarına veya frekanslarına göre sıralanacak olursaaşağıdaki Şekil 1.5'deki elektromanyetik spektrum elde edilir [7,8].

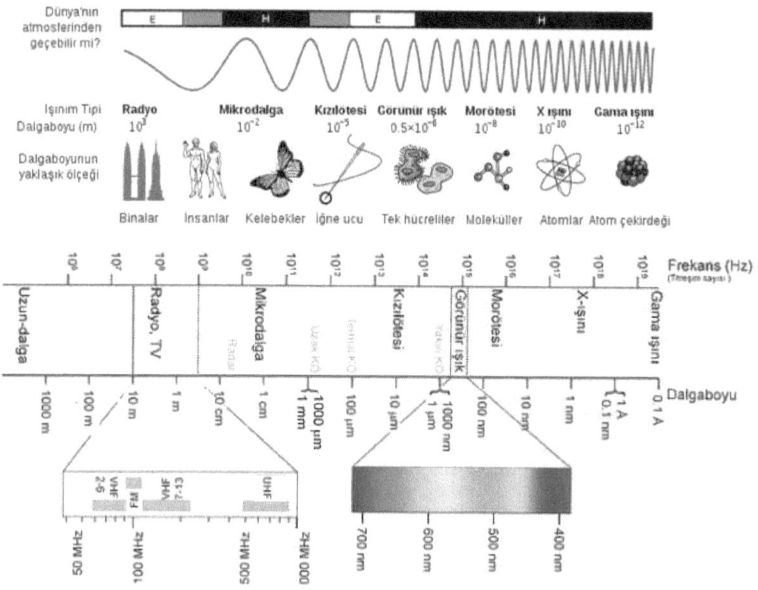

Şekil 1.5 Elektromanyetik spektrum

Elektromanyetik spektrum üzerinde görüldüğü gibi elektromanyetik dalgalar en küçük dalga uzunluğuna sahip kozmik ışınlardan başlayıp en büyük dalga uzunluğu alternatif akım dalgalarına kadar uzanmaktadır. Bu spektrumun sadece 380 nm ile 760 nm dalga boyu uzunluklu radyasyonları göze etki edebilir. Bir başka deyişle ışık bu bölgedekiradyadyondan ibarettir. Burada görünür ışık bandı açılacak olursa aşağıdaki Şekil 1.6 elde edilir [9].

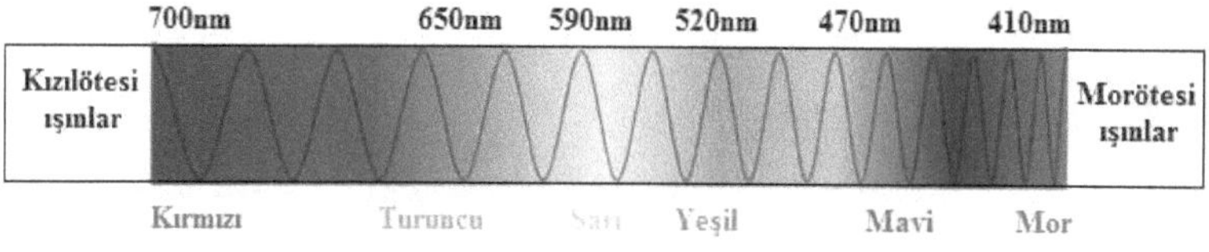

Şekil 1.6 Görünür ışık bandı

Burada;

Mor renk: 380 nm ile 450 nm 'lik radyasyonlar,

Mavi renk: 450 nm ile 500 nm 'lik radyasyonlar,

Yeşil renk: 500 nm ile 570 nm 'lik radyasyonlar,

Sarı renk: 570 nm ile 590 nm 'lik radyasyonlar,

Turuncu renk: 590 nm ile 610 nm 'lik radyasyonlar,

Kırmızı renk: 610 nm ile 700 nm 'lik radyasyonlara

Karşılık gelirler.

1.2.4 Görme kavramı

Işık insan yaşamının vazgeçilmez bir öğesi olduğu kadar, mekânların ve cisimlerin niteliklerinin algılanmasını sağlaması açısından da yapı mekanizmasının ayrılmaz bir parçası olarak kabul edilmektedir. Işık olmazsa görme işlevi de gerçekleşemez.

Görme ise göz yardımıyla çevremizi algılayabilme işlemine denir. Bu olay dış dünyadan gelen ışığın göze girmesiyle gerçekleşir. Şekil 1.7'de görüldüğü gibi mercek, saydam tabaka ışığı büker ve cismin her bir noktasından gelen ışık ile ağ tabakasında bir ışık noktası oluşturulmasını sağlar. Bu ışık noktaları ağ tabaka ters ve gerçeğinden küçük bir görüntü oluşturur. Ağ tabaka ise oluşan bu görüntüyü beyne iletir ve cismin algılanması sağlanmış olur [10].

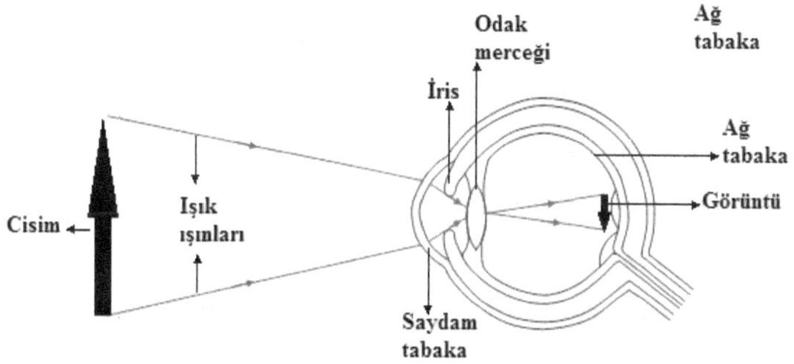

Şekil 1.7 Görme olayı ve gözün yapısı

Yani görme işlevi yüzeylerden ve çevremizdeki cisimlerden yansıyan ışığın göze gelmesiyle mümkün olur. Bu nedenle aydınlığın niteliği ve niceliği görmenin en belirleyici özelliğidir [11].

Bu bölümde öncelikle aydınlatma konusu ile ilgili temel kavramlar üzerinde durulacaktır. Daha sonra uygun bir aydınlatmanın sağlanabilmesi için yapılması gerekenler ve aydınlatma hesaplama yöntemleri hakkında bilgiler verilecektir [12].

1.2.5 Aydınlatma kavramı

Günümüzde binaların iç hacimlerinde yaşayan insanların en önemli ihtiyaçları arasında aydınlatma önemli bir unsurdur. Aydınlatma, en basit tanımıyla, bir işlevin görülebilmesi için gerekli aydınlık düzeyinin sağlanmasıdır. Aydınlatma, Uluslararası Aydınlatma Komisyonu (CIE) tarafından "çevrenin ve nesnelerin gereği gibi görülmesini sağlamak amacıyla ışık uygulamak" şeklinde tanımlanmıştır [13]. Söz konusu nesne ve çevre her aydınlatma uygulamasında amaca göre farklılıklar gösterir. Bu farklılıklar Aydınlatma Tekniği kavramının çıkmasına sebep olur.

Aydınlatma tekniği, bir yandan görsel algılamanın en iyi koşullarda gerçekleşmesini sağlarken, diğer taraftan, bunun ilk yapım giderleri ve kullanma harcamaları bakımından en ekonomik çözümle elde edilmesini, insan doğasına uygunluğunu ve sonucunda estetik değerler ve mimariye uyumu bakımından da doyurucu olmasını sağlamak zorundadır [14]. Görüldüğü üzere aydınlatma tekniği, estetik, psikoloji ve ekonomik kazanımlar peşinde olan bir kavramdır. Günümüzde aydınlatma; öncelikle kişilerin fizyolojik görme ihtiyacına cevap vermeyi amaç edinmenin yanı sıra, görme konforunu, iş verimliliğini ve mimaride hacim ve yüzeylerin mimari özelliklerini ön plana çıkarmayı amaç edinen bir konu haline gelmiştir [15]. Uygulamada aydınlatmanın nicelik ve nitelik olarak iki önemli boyutu vardır [3].

Aydınlığın niceliği sayısal değer olarak gerekli aydınlık düzeyinin saptanmasıdır. Bu saptamada yapılan işin özelliği, çalışma süresi, işin hızı, çevre koşulları ve çalışan kişilerin yaşı gibi etkenler önem taşır. Aydınlatmada önemli olan kullanılan hacimlerde yapılan işin amaçlarına uygun bir aydınlatmayı sağlayacak düzeni oluşturmaktır. Burada ışığın rengi, doğrultusu, elde edilen aydınlıkta oluşan gölgelerin yumuşaklığı ve sertliği gibi özellikler rol oynar. Renkli bir nesnenin doğru algılanmasında ise ışık kaynağının renk özelliği büyük önem taşır [16].

Bugün gerek kişilerin özel isteklerine cevap vermek ve gerekse normal ve olağan üstü koşullar karşısında bulunan toplumların çeşitli sorunlarını çözmek amacıyla iyi bir aydınlatma zorunluluk haline gelmiştir [17]. Aksi halde, uygun olmayan aydınlatmada göz yorgunluğu ortaya çıkar ve çalışma alanlarında ciddi yaralanmalara sebep olur. Bir iş ortamında yapılan çalışmada, her üç kişiden ikisinde iş yerindeki fiziksel yorgunluğun zayıf aydınlatmadan dolayı oluştuğu belirlenmiştir [3, 18].

1.2.6 Aydınlatmanın tarihi ve amacı

Eski çağlardan bu yana güneşin sunmuş olduğu doğal aydınlık insanlara yeterli gelmemiştir. İnsanoğlunun hızlı bir şekilde uygarlaşabilmesi, gelişebilmesi için yalnızca gündüzlerin yeterli olmadığı farkedilmiştir. İnsanlar, güneşin görünmediği zaman dilimlerinde geceleri de, çalışmalarına ve sosyal faaliyetlerine devam etmek istiyorlardı. Özellikle kış aylarında geceler gündüzlerden çok daha uzun ve bütün gece boyunca saatlerce uyumak oldukça sıkıcı geliyordu. Böylece atalarımız ateşi mağaralarını aydınlatmak için kullanmaya başladılar ve belki de mütevazı mağaralarının duvarlarına yaptıkları tarihin ilk resim denemeleri bu ateşin verdiği aydınlıkta yapıldı. Ateş, güneşten sonra insanların kullandığı ilk ışık kaynağı oldu. Ateşin keşfi insanlık tarihinde önemli bir noktası olmuş ve uygarlığın gelişim hızını arttırmıştır. İnsanların ateşi aydınlatmak için de kullanmaya başlamasının ardından, zamanla yeni ışık kaynakları ortaya çıktı. Bitkisel veya hayvansal yağların devreye girmesiyle mum keşfedildi. Özellikle balina yağının kullanılması mumlar aracılığıyla aydınlatmayı geliştiren bir etken olmuştur [3].

Sir Humphry Davy, 1809'da yaklaşık 2.000 adet pil ile çok güçlü bir elektrik bataryasının iki kutbuna birer kömür çubuk bağlayarak ilk ark lambasını yapmıştır [19]. Çubuklar birbirine değdirildiğinde, devreden geçen elektrik akımının etkisiyle uçları akkor haline geliyor, iki çubuk yavaş yavaş ayrılarak birbirinden 10 cm kadar uzaklaştırıldığında ise elektrik akımı bir uçtan öbür uca atladığı için çok parlak ışıklı bir elektrik arkı oluşuyordu. Evlerde kullanılamayacak kadar parlak bir ışık veren ark lambaları özellikle caddelerin, tiyatroların ve fabrikaların aydınlatılmasında kullanıldı. Yine de, birçok pilin seri ya da paralel bağlanmasıyla oluşan elektrik bataryalarından daha yüksek verimli bir elektrik üreteci bulununcaya kadar elektrikle aydınlatma pek yaygınlaşamadı [20]. Elektrik üreten ilk makineyi 1831'de Michael Faraday yaptı ve dinamo denen bu üretecin bugünkü biçimini alması 1865'i buldu. Bir buhar makinesinin ürettiği enerjiyi elektrik enerjisine dönüştürebilen dinamonun bulunması elektrikle aydınlatma çağının başlangıcı sayıldı. Elektrik ampulü İngiltere ve ABD'de hemen hemen aynı zamanda bulundu. Bu buluşun temeli aslında oldukça basitti. Çünkü bir telden elektrik akımı geçiriliyor, tel ısınıyor ve eğer tel kıl inceliğindeyse kolayca akkor haline geliyordu. Buradaki tek güçlük, akkor halindeki telin havanın oksijeniyle hemen yanarak yok olmasını önlemekti. 1878'de İngiliz kimyacı Sir Joseph Swan, ince bir karbon çubuğu, havası boşaltılmış bir cam ampulün içine yerleştirerek bu güçlüğün üstesinden geldi. Böylece, içinden elektrik akımı geçirilen karbon çubuk yanıp tükenmeden akkorlaşabiliyordu. 1879'da Edison karbon çubuk yerine çok ince karbon tel kullanarak ilk elektrik lambasını icat etti. Bu buluş, akkor telli lambaların bulunmasını ve aydınlatmada elektrik ışığını yaygın olarak kullanma olanağını doğurdu. Edison'un buluşunda az bir zaman sonra Welsbach havave gaz karışımını kullanarak çalışan bir lamba icat etti [21]. İlk elektrik üretim tesislerinden birini 1882'de New York kentinde Edison kurdu. Bu tesis ancak 10 bin ampulü aydınlatabilecek kadar elektrik enerjisi üretebiliyordu. Ampullerde karbon tel yerine erime noktası karbondan çok daha yüksek olan platin, osmiyum, tantal ve tungsten gibi metallerin kullanılması hem daha parlak, hem de daha uzun ömürlü ampullerin yapılmasına olanak verdi. Ampullerin içine, kolayca kimyasal tepkimeye girmeyen azot ve argon gibi soy gazların doldurulması da ampul tellerinin erimeden daha yüksek sıcaklıklarda akkorlaşmasını sağladı [3].

Elektrikle aydınlatmanın yaygınlaşmasından sonra, elektrik ışığının parlaklığını ölçmek üzere bilim adamlarının ve üreticilerin kullanabileceği bir birim saptamak gerekliydi. Önceleri, bir ışık kaynağının parlaklığı ya da şiddeti, balina yağından (ispermeçetten) yapılan ve değişmez bir hızla yanan mum ışığıyla karşılaştırılarak "mum" cinsinden ölçüldü. Bugün mumun yerini, uluslararası ışık şiddeti birimi candela aldı.

Edison'un 1879 yılında karbon flamanlı akkor lambayı icat edip tarihe geçmesinden bu yana aydınlatma sektörü oldukça hızlı yol aldı. İlk elektrik ampulünden sonra daha parlak ışık veren tungsten flaman ve ışığı daha iyi yaymak için aydınlatma armatürleri geliştirildi. Ardından önemli fluoresan lambalar endüstride akkor flamanlı (enkandesan) lambaların yerini aldı. Balast ise akkor flamanlı lambalara göre çok daha kuvvetli ışık verebilen ve daha verimli çalışan deşarjlı metal buharlı lambaların çalışması için geliştirildi ve aydınlatma tekniğinde yerini aldı [21].

Özellikle son on yılda elektronik ve ışık biliminin sonucunda aydınlatma konusunda yeni bir devrim yaşanmaya başlandı. Elektronik balastlar flüoresan ve diğer deşarj lambalarına ışığın rengini çok daha kolay ayarlayabilirken deşarjı başlatmak için elektronik starterler ve ateşleyiciler (ignitörler), yüksek frekanslı indüklemeyle çalışan elektrotsuz lambalar, elektronik ve akkorluğun birlikteliğiyle çok düşük gerilimli halojen lambalar için geliştirilmiş olan çeviriciler aydınlatma konusunda yeni çığır açtılar. Tüm bunlarla birlikte aydınlatma tesisatı bina otomasyonunun bir parçası olarak çeşitli elektronik cihazlarla çok kolay ve ucuz bir şekilde denetlenebilir hale geldi. Elektronik balastlar, aydınlatma verimini arttırıp ısınmayı azaltırken, lamba ve kontrol birimlerinin boyutlarını ve ağırlığını küçültmüştür [22].

Yeni teknolojilere sahip yeni ürünler geliştirilirken aydınlatma konusunda sunulan hizmet anlayışı da gelişti. Elektrik elektronik mühendisliği ve mimarlığın birleşimiyle "ışık mimarisi" diye anılan yeni bir bilim dalı, "aydınlatma mühendisliği" diye yeni bir meslek oluştu. Yalnızca aydınlatma konusunda danışmanlık hizmeti sunan profesyonel danışmanlık kuruluşları gelişti. Tüm bu çabaların temelinde iyi ve daha iyi bir aydınlatma yatmaktadır. Aydınlatmada amaç, ortamın kullanım amacına uygun belli bir aydınlatma düzeyi elde etmenin yanı sıra görme koşullarını iyileştirmektir [23]. Aydınlatma da etkin enerji kullanımı lamba söndürülerek değil, gözün görme yeteneği ve görsel konfordan taviz vermeden gerekli minimum düzeyde aydınlık şiddetlerinin yaratılmasıyla sağlanabileceği herkes tarafından bilinmelidir. Böylece insanın göz, ruh, fizik, estetik ve motivasyon birlikteliğini sağlayarak verimli bir çalışma ortamı oluşturulmuş olacaktır [24].

1.2.7 Aydınlatma türleri

Aydınlatma sistemlerinin tasarımları aşamasında hedeflenen aydınlık düzeyi, ortamın kullanım ihtiyaçları göz önüne alınarak iyi tespit edilmelidir. Bu durumda aydınlatmanın ana amacı talep edilen aydınlık miktarına cevap verebilmektir. Aşağıda Şekil 1.8'de aydınlatma türleri hiyerarşik bir sıraya göre verilmiştir.

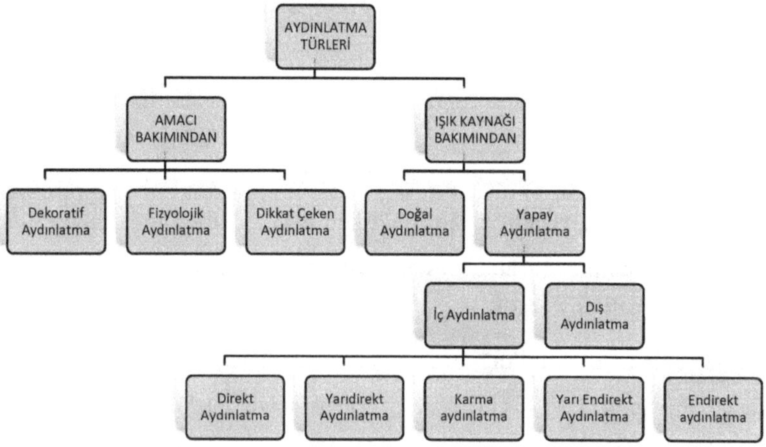

Şekil 1.8 Aydınlatma türleri

1.2.7.1 Amacı bakımından aydınlatma türleri

Amacı bakımından aydınlatma; dekoratif aydınlatma, fizyoljik aydınlatma ve dikkati çeken aydınlatma olmak üzere, üçe ayrılır [16]

Dekoratif aydınlatma

Bu aydınlatma türünde amaç, görülmesi istenen nesneleri bütün ayrıntıları ile göstermek değil de daha çok estetik etkiler ön planda tutmaktır. Işık ve nesneler arasında kurulan kombinasyonlar oluşturulabilir ve bu kombinasyonlar değişik zevklere hitap eden yeni estetik anlayışları oluşturabilir.

Fizyolojik aydınlatma

Şekil, renk ve ayrıntıları bakımından nesneleri rahat ve hızla görebilmeyi amaçlayan ve bu koşulları sağlayan aydınlatmaya fizyolojik aydınlatma denir. Herhangi bir aydınlatma türünde olduğu gibi fizyolojik aydınlatmada da gözün görme yeteneğini bozabilecek ve fizyolojik rahatsızlıklar doğurabilecek etkilerden, örneğin kamaşmadan, kesinlikle kaçınılması gerekir.

Dikkati çeken aydınlatma

Burada amaç, dikkati çekmek, yani vurgu yapmaktır. Bunun için yüksek aydınlık düzeyleri, renkli ışıklar, değişken ışıklı şekiller veya yanıp sönen düzenler kullanılır. Bu arada estetik ve dekoratif elemanlardan da geniş ölçüde faydalanılır. Daha çok mağaza vitrinlerinde, fuarlarda ve sergilemenin amaç edinildiği ortamlarda reklam amaçlı kullanılır.

Aşağıdaki Şekil 1.9' (a), (b) ve (c)'de sırasıyla Dekoratif Aydınlatma, Fizyolojik Aydınlatma ve Dikkati Çeken Aydınlatma örnekleri verilmiştir.

(a) (b) (c)

Şekil 1.9 Amacı bakımından aydınlatma türleri

1.2.7.2 Işık kaynağı bakımından aydınlatma türleri

Doğal aydınlatma

Gün ışığı ile yapılardaki pencere ve kapı gibi boşluklar yardımıyla yapılan aydınlatma türüdür. Asırlardır binaların biçimlendirilmesinde günışığından yararlanma amacı önemli rol oynamıştır. Yapılarda günışığı kullanımının en temel amacı konforlu ve verimli bir çalışma ortamı oluşturmaktır. Doğal aydınlatmanın, çalışanların performansının ve üretkenliğinin artırılmasında pozitif etkileri olduğu anlaşılmıştır. Kullanıcıların psikolojik ve fizyolojik konforlarının sağlanmasının yanı sıra enerji tüketiminin azaltılmasıbakımından iç mekânların günışığı ile aydınlatılmasında başlıca amaçlar şunlardır;

- Gün ışığını en verimli bir şekilde kullanma,
- Olabildiğince düzgün bir aydınlığın sağlanması,
- Direkt güneş ışığından korunarak kamaşma kontrolunun sağlanması,
- Dış dünya ile görsel ilişki kurulması,
- Harici aydınlık düzeyinin gün içindeki niceliksel ve niteliksel farklılıklarının hissedilmesi,
- İklim kontrolu ve gürültü kontrolu gibi diğer fiziksel çevresel konularla uyumlu bir tasarımın gerçekleştirilmesi [25],

şeklinde sıralanabilmektedir. Ayrıca, düzgün tasarlanmış doğal aydınlatma, bina kullanıcılarının sağlığını ve aktivitelerini desteklemekle beraber, binanın enerji tüketimini azaltır, ısıtma ve soğutma yüklerinin dengelenmesini sağlar [26]. Gün boyunca elektrik ile aydınlatmaya gerek duyulmadığından elektrik enerjisi korunur ve enerjinin korunması sonucunda da, çevreye salınan zararlı atıkların neden olduğu asit yağmurları, hava kirliliğive küresel ısınma da bu sayede azaltılmış olur [27, 28].

Yapay aydınlatma

Aydınlatma işlevinin gün ışığı dışında çeşitli aydınlatma elemanları yardımıyla sağlanması olayına yapay aydınlatma denir. Yapay ışık kaynakları denetlenebilir ve bununla görsel algı en iyi şekilde sağlanabilir. Gün ışığının yeterli olmadığı noktalarda kullanılan yapay ışık hiçbir zaman gün ışığının yerini tutmamakla birlikte birçok sıkıntıya cevap bulabilmektedir. Yapay aydınlatmanın sağlıklı bir biçimde uygulanması için belirli özelliklere sahip olması gerekir. Aydınlık düzeyi ve aydınlık düzeyi dağılımı bunların başında gelir. Yapay aydınlatmadâhili aydınlatma (iç aydınlatma) ve harici aydınlatma (dış aydınlatma) olmak üzere iki ana başlık altında toplanır [29].

Dâhili (iç) aydınlatma

Kapalı alanların aydınlatılması olup, bu aydınlatma türünde tavan ve duvarlar yansıtma yolu ile çalışma düzlemine ışık göndererek çalışma düzleminin aydınlatılmasına katkıda bulunur. Ev, okul, hastane, fabrika, sinema, hangar, tiyatro, açık ve kapalı planlanmış ofis ortamları gibi kapalı hacimlerin aydınlatılması bu sınıfa girer. Aşağıdaki Şekil1.10'da iç aydınlatma grubuna dâhil olan müze aydınlatması görülmektedir [30].

Şekil 1.10 Müze aydınlatması

Dâhili aydınlatmada ışık dağılımının: aşağı, yukarı ve çok yönlü olmak üzere, üç ana yönü vardır. Dâhili (iç) Aydınlatma ışığın yüzeye ne şekilde geldiğine yani aydınlık düzeyi dağılımına göre ise kendi içinde 5 gruba ayrılmaktadır [31, 32].

a-) Direkt (dolaysız) aydınlatma

Aydınlatma araçlarından çıkan ışığın %90'ı ile %100'ü oranında, doğrudan aydınlatılacak düzleme yollayan aydınlatma şeklidir. Şekil 1.11'de direkt aydınlatmanın türünün sembolü ve temel prensip şeması verilmiştir.

(a) Sembol ***(b) Temel prensip şeması***

Şekil 1.11 Direkt aydınlatma gösterimi

Direkt aydınlatmalarda keskin sınırlar ve sert gölgeler elde edilmektedir. Direkt aydınlatmalara en önemli örnek olarak spotlar verilebilir. Özellikle hacimli sanat eserlerinin aydınlatılmasında bu aydınlatma şekli uygulanmalıdır. Örneğin; heykel sergilerinde hacim ve gölgeler, bu aydınlatmayla belirgin olacaktır. Ancak spot uygulamaları resim ve posterlerde kullanılmamalıdır.

b-) Yarı direkt (yarı dolaysız) aydınlatma

Işığın %60'ı ile %90'ı arasında kalan kısmını, doğrudan aydınlatılacak düzleme yollayan aydınlatma türüdür. Bu aydınlatma şekline tavan aydınlatmaları örnek verilebilir. Şekil 1.12'de yarı direkt aydınlatmanın türünün sembolü ve temel prensip şeması verilmiştir [32].

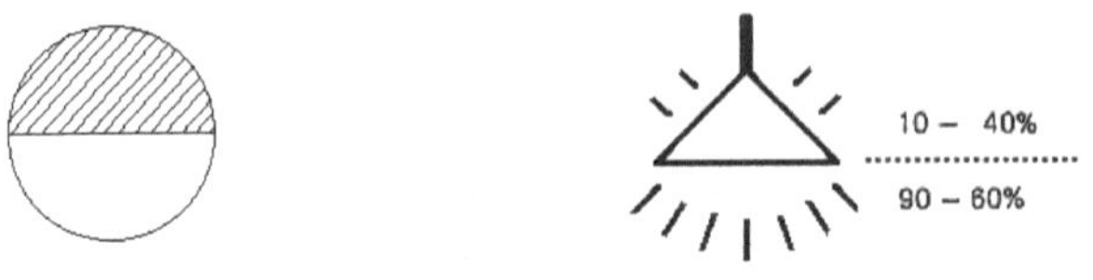

(a) Sembol *(b) Temel prensip şeması*

Şekil 1.12 Yarı direkt aydınlatma gösterimi

c-) Karma aydınlatma

Işığın %40'ı ile %60'ı arasında kalan kısmının aydınlatılacak düzleme yollayan aydınlatma şeklidir. Karma aydınlatmalara tavan ve duvar yansıtıcıları örnek olarak verilebilir. Şekil 1.13'de karma aydınlatmanın türünün sembolü ve temel prensip şeması verilmiştir [33].

(a) Sembol *(b) Temel prensip şeması*

Şekil 1.13 Karma aydınlatma gösterimi

d-) Yarı endirekt aydınlatma (yarı dolaylı)

Işığın %10'u ile %40'ı arasında kalan kısmını aşağı doğru, geri kalanını yukarı doğru gönderen armatürlerle yapılan aydınlatma türüdür. Burada amaç kullanıcılar için loş ve huzur verici bir ortamın sağlanmasıdır. Şekil 1.14'de yarı direkt aydınlatmanın türünün sembolü ve temel prensip şeması verilmiştir [32].

(a) Sembol *(b) Temel prensip şeması*

Şekil 1.14 Yarı endirekt aydınlatma gösterimi

e-) Endirekt aydınlatma (dolaylı)

Dolaylı ışık veren armatürlerle ışığın % 0'ı ile10'u arasını aşağı doğru, geri kalanını duvarların üst taraflarına ve tavana doğru gönderilmesiyle yapılan aydınlatma biçimidir. Şekil 1.15'de endirekt (dolaylı) aydınlatma türünün sembolü ve temel prensip şeması verilmiştir.

(a) Sembol *(b) Temel prensip şeması*

Şekil 1.15 Endirekt aydınlatma gösterimi

Dolaylı aydınlatma yansıtma faktörü yüksek mekânlarda tercih edilir. Tavan ve duvar renkleri önemli bir etkiye sahiptir [34].

Aşağıdaki şekil 1.16'da (a), (b), (c), (d), ve (e)'de sırasıyla Direkt Aydınlatma, Yarı Direkt Aydınlatma, Karma Aydınlatma, Yarı Endirekt Aydınlatma ve Endirekt Aydınlatma örnekleri sırasıyla verilmiştir [35].

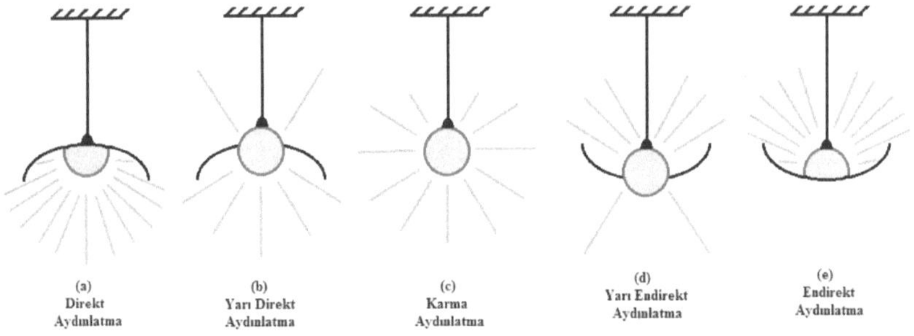

Şekil 1.16 Dâhili (iç) aydınlatma türleri

Harici (dış) aydınlatma

Dış aydınlatma açık alanların aydınlatılmasıdır. Aydınlatılacak yüzey genellikle ışık kaynaklarından gelen direkt ışıklar tarafından aydınlatılır. Yol, havaalanı, meydan, tünel, binaların dış yüzeyleri ve çevreleri, spor sahaları, gar, rıhtım ve benzeri yerlerin aydınlatılması bu sınıfa girer. Şekil1.17'de bir havalimanın aydınlatması görülmektedir [36].

Şekil 1.17 Dış aydınlatmaya örnek bir havalimanın aydınlatması [37]

1.2.8 Uygun aydınlatma ve faydaları

Uygun bir aydınlatmanın faydalarından önce akla ilk gelen "doğru bir aydınlatma nasıl olmalıdır?" sorusudur. Dış görünüşlerine özen gösterilmiş bir takım ışıklı nesneleri sağa sola yerleştirip iç mekânları süslemeye, ya da herhangi bir yere bir lamba asıp, karanlığı yok etmeye çalışmanın, "aydınlatma" kavramı ile hemen hemen hiçbir ilgisi yoktur [38].

İnsanın duyusal ve algısal verileri kapsamında, aydınlatma ile görsel algılama önemli bir yer tutmaktadır. Bütün algılamaların % 80 ile %90'ı görme ile gerçekleşmektedir. Görme duyumlarını ise, renk ve ışık uyaranları meydana getirmektedir. Bu nedenle çalışanların optimal aydınlatma koşullarında çalışması onların göz sağlığı ve görme yeteneğini koruması açısından önemlidir ve buna bağlı olarak mekânda kullanım amacına uygun bir aydınlatma yapılması gerekmektedir [39]. Örnek vermek gerekirse uygun biçimde aydınlatılmamış bir çalışma mekânında 6–7 saat çalışmak, birkaç ay sonra göz bozukluğuna neden olabilir. Sadece somut değil soyut olarak etkilerini de hissettiren aydınlatmanın insan üzerindeki psikolojik etkisi büyüktür. Bu yüzden aydınlatma projeleri hazırlanırken dikkat edilmesi gereken sadece aydınlık sağlamak değil, doğru aydınlatmaya ulaşmak olmalıdır. Doğru aydınlatılmış ortam, çok ışık alan bir aydınlatma ortamı değil, ne kadar ışığa gereksinim varsa o kadar ışığın kullanıldığı ortamdır [41].

Önemli olan mekânın büyüklüğüne ve ışıktan ne ölçüde ve nasıl yararlanılacağına bakarak, doğru ışığın doğru yerde kullanılmasını sağlamaktır. Yanlış uygulanan aydınlatma sonucunda; parlaklık, zıtlık, ışık azlığı ve çokluğu gibi görsel algıyı zorlaştıracak sorunlar ortaya çıkabilir.

Aydınlatmada karşılaşılan ve iş verimini direkt etkileyen bir diğer sorunsa gölgelemedir. Yapılan aydınlatmanın doğrultusundaki hatalar gölgelemeye bağlı yanılmalara sebep olabilmektedir. Aydınlatmanın insan üzerindeki psikolojik etkilerine bakıldığındaysa mekân renkleri, ışık özellikleri ve ışık kaynağı sayısı büyük bir etkendir. Konut tipi yapılarda yaşama mekânına örnek olarak verilebilecek oturma odaları gibi farklı yoğunluklarda kullanılan alanlara sahip mekânlarda, bölgesel aydınlatmalar uygulamak, monotonluğu ortadan kaldıracak, mekân kurgusuna uygun bir aydınlatma sağlayacaktır [3]. Bir mekândan diğerine geçişte alanlar arasında maksimum 3 kat aydınlık düzeyi farkı olabilmektedir. Daha farklı durumlar kazalara, çarpma ve düşmelere sebep olabilmektedir. Tüm bu verilere bağlı olarak ışık miktarının, ışığın niteliğine göre değişmesi gerektiği, bunun da işlevlere bağlı olduğu söylenilebilir. Aydınlatmaya ergonomik açıdan baktığımızda ise öncelikle yapının mimari özellikleri, mekânsal kurgusu ve işlevsel özellikleri göz önünde tutularak ortam için gerekli aydınlık düzeyi tespit edilmelidir. Bu tespit yapılırken komşu mekânların aydınlık düzeyi ve mekân geçişlerindeki aydınlık düzeyi farkı da çok önemlidir. Bu aşamadan sonra aydınlık düzeyini sağlayacak aydınlatma elemanları seçilmelidir. Bunun için çalışma düzleminin yüksekliği ve seçilecek ışık kaynağının renksel geri verim endeksi etkili olmaktadır [16, 41]. Uygun aydınlatma sistemi açısından, aydınlatma hesapları yapılıp, armatür sayısı belirlenmelidir. Seçilen aydınlatma elemanlarının yerleştirilmesi işlemine geçildiğindeyse kamaşmayı önleyen ve uygun gölgelemeyi sağlayan montajın yapılması gerekmektedir. (Şekil 1.18)

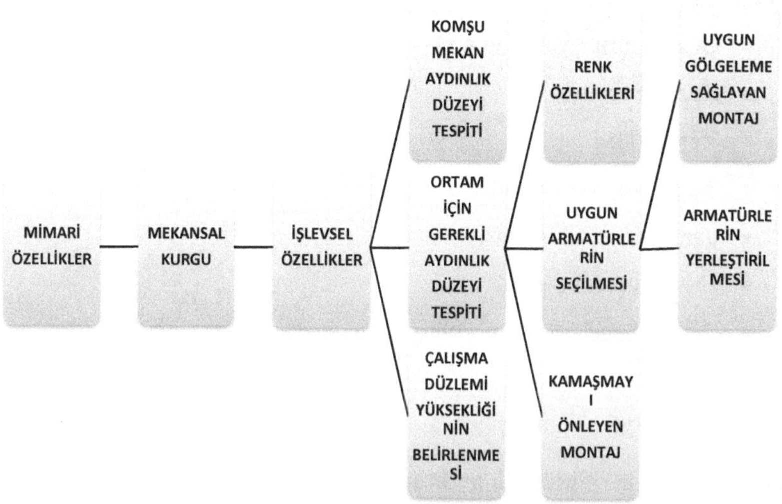

Şekil 1.18 Ergonomide doğru aydınlatma sistemi tasarımı

Bütün bunlara bağlı olarak iyi bir aydınlatmada [3],

- Aydınlık düzeyi
- Eş düzeyde aydınlatma
- Işık yönü ve gölge etkisi
- Işık dağılımı
- Işıktan yararlanma
- Göz kamaşmasının sınırlandırılması
- Işığın rengi ve renksel geri verim endeksi olarak belirlenmiştir.

Bu gereklere uygun olarak tasarımlarda uygulanacak olan aydınlatma sistemleri, mekânın kurgusuna ve mimari özelliklerine göre etüt edilmelidir. İşlevsel ve yapısal olarak incelenmeli, ortamın aydınlık düzeyi gereksinimi belirlenmeli ve bunun sonucunda doğru aydınlatmaya ulaşılmalıdır.

Doğru bir aydınlatma ile;

- Gözün görme yeteneği artar
- Kazalar azalır
- Verimlilik artar
- Ticari işlem hacmi artar
- Sanayide verimlilik artar
- Güvenlik temin edilir
- Estetik hislere ve konfor ihtiyacına cevap verilir.

1.2.9 Doğru aydınlatma

İş yerlerinde, her türlü işlemin kusursuz yapılabilmesi için ve en önemlisi de çalışanların göz sağlığının korunması için doğru bir aydınlatma olmazsa olmazdır. Bir iş ortamında aydınlatma gereksinimi; yapılan işlerin özelliklerine, o iş yerinde çalışan insanların göz fonksiyonlarının normalliğine, işin özellikleri nedeniyle detay aydınlatma gibi kriterlere bağlıdır. Uygun aydınlatma, yüksek aydınlık düzeyi demek değildir. Yeterli aydınlık düzeyinin bulunduğu ortamlarda bile kullanıcıların bir takım şikâyetlerde bulundukları saptanmıştır. Bu şikâyet sebeplerinin başında; ışığın yansıması sonucu ortaya çıkan kamaşmalar, kullanım alanı içerisinde farklı parıltı seviyelerinin bulunması, ışık kaynaklarının görüş alanı içerisinde bulunması, ışık kaynaklarının doğaya göre çok farklı olarak noktasal veya çizgisel olması gerekmektedir. Örneğin; bir işyerinde; koridorlar ve depolama alanları için 100 lüx, ofis çalışmaları için 500 lüx, yüzey hazırlama ve boyama ortamı için 750 lüx, montaj, kalite kontrol ve renk kontrolü departmanı için ise 1000 lüx aydınlık şiddeti idealdir [33]. Aşağıdaki Tablo 1.1'de kullanım alanlarına göre çeşitli yerlerin en az aydınlık düzeyi değerleri verilmiştir (EN 12464-1 : 2011 Standardına Göre) [43,16].

Tablo 1.1 EN 12464-1: 2011 Standardına Göre En Az Aydınlık Düzeyleri Tablosu

YER	Sürekli Aydınlık (lüks)	YER	Sürekli Aydınlık (lüks)
HASTANELER		**OKULLAR**	
Koridor gece	50	Etüt ve okuma salonu, kütüphane	300
Koridor gündüz	200	Sınıf, laboratuar, konferans salonu	500
Genel odalar	150	Spor salonu, sanat galerisi	500
Okuma ve kontrol odaları	300		
Hemşire odaları	300	**OTELLER VE LOKANTALAR**	
Ameliyat hazırlık odası	500	Yemek salonları	200
Ameliyat salonu genel	1 000	Giriş ve genel toplantı salınları	300
Ameliyat salonu lokal	100 000	Mutfaklar	500
Laboratuar genel	750		
Laboratuar lokal	1 000	**EVLER**	
Muyenehane genel	500	Yatak odası genel	50
Muayenehane özel	750	Yatak odası başucu	200
		Banyo genel	100
ULUSAL BİNALAR		Banyo traş ve makyaj	500
Sinema göterim salonu	50	Oturma odası genel	100
Sinema lobisi	150	Oturma odasıda okuma ve dikiş	500
Tiyatro ve konser salonu	100	Merdivenler	100
Tiyatro lobisi	200	Mutfak geneli	300

Hassas ışıklı sergiler	150	Mutfak tezgahı	500
Işığa duyarlı sergiler	300	Çalışma odası	300
		Çocuk odası	100
BÜROLAR			
Arşivler	200	**DÜKKAN VE MAĞAZALAR**	
Konferans salonları	300	Geleneksel dükkânlar	300
Yazım amaçlı ofisler	750	Show roomlar	500
Geniş ve büyük ofisler	1000	Self servis dükkânlar	500
Çizim ofisleri	500	Büyük mağaza ve süpermarketler	750

İyi bir aydınlatmanın sağlanması için yapılması gerekenler kısaca şöyledir

Deşarj lambaları alternatif akımla çalışırlar ve her akım yönü değişikliğinde de yanıp sönerler. 50 Hz frekanslı akımla çalışan lambalar saniyede bunun iki katı yanma ve sönme yaptığı için bu titreşimler gözle fark edilemezler. Ancak böyle bir ışık altında çalışan makine operatörleri üzerinde bir algı yanılması sonucu, dönen makinelerin yavaşladığı veya durduğu gibi yanıltıcı algılamalar meydana getirebilirler. Stroskobik etki diye bilinen bu sorun, ortam aydınlatmasının üç fazlı bir kaynaktan yapılması ve lambaların eşit olarak dağıtılmasıyla giderilebilir. Flüoresan lambalarda titreşimler daha çok uç kısımlarda görülür. Dolayısıyla, flüoresan ampullerin uç kısımlarını görülmemesi için bir kılıf içerisine alarak ışık titreşimlerinin direkt algılanmasının önüne geçilebilir [3].

Parlamanın önlenmesi

Parlama; aydınlatılmış yüzeylerden bir bölümünün diğerine oranla daha fazla ışık yansıtması, aşırı ışıklı görünmesi ya da kaynaktan yansıyan ışığın doğrudan göze yansıması olarak açıklanabilir. Üzerinde aydınlatma yapılan nesnelerin ve yüzeylerin parlaması, esas yapılan işin görülmesini güçleştireceği gibi göz uyumunu da bozar. Işık kaynağının parlaması ya da çalışma yüzeylerinin parlaması, çalışanın bakış açısına ve çevrede parlama ve yansımalara elverişli malzemenin bulunmasına bağlıdır. Ortamının gereğinden fazla aydınlatılmış olması ve çok yüksek düzeyde yansıtma özelliği olan tavan, duvar, malzeme ve döşeme düzeninin bulunması çoğunlukla çalışanların görüşünü etkilemeyebilir fakat uzun dönemde rahatsız edicidir. Yapılan iş ve çevresinin aydınlatılmasında, başvurulan her türlü önlem yeterli rahatlık sağlamıyorsa ve çalışma yüzeylerinin parlaması ve ışık yansıtması önlenemiyorsa, ışık kaynağının yerini değiştirmek gerekebilir. Böylece ışığın parlayan yüzeylere geliş açısı değiştiğinden doğrudan göze yansımaları önlenmiş olur [45].

Doğrudan yapılan işin veya ortamın aydınlatılması

Herhangi bir ortamı kullanan kişiler; yaptıkları işlere, içinde bulundukları ortama ve çalışma ortamlarındaki bir takım yerlere bakmak zorunda kalabilirler. İnsanlar çevrelerine bakarken onların dikkatini en çok, parlak ve renkli bölgeler çeker. Dolayısıyla kullanıcıların üzerinde çalıştığı iş kendi açısından en iyi aydınlatılmış yer olmalıdır. Ayrıca, yapılan işin ve incelikli görme gerekli yüzey ve malzemelerin parlama özellikleri de dikkate alınmalıdır. Kolay parlayabilen yüzeylere sadece zıtlık nedeniyle yüksek düzeyde aydınlatma uygulamak bir takım sakıncalar doğurabilir. Bu sorunlar dikkate alınarak çalışanların yaptıkları ince işleri kolayca görebilmesi için çalışma yüzeylerinin aydınlatılması sağlandıktan sonra, genel çevre aydınlatılması sağlanmalıdır [3].

Gölgeleme (modelleme)

Bir cismin üzerine düşen ışığın geliş doğrultusunu değiştirerek, bazı kısımlarının daha net olarak görünmesini sağlamak veya bazı kısımların göz alıcı, keskin görüntüsünü matlaştırmak mümkündür. Modelleme için genel ortam aydınlatmasına ek olarak özel bir modelleme ışık düzeninin projelendirilmesi gerekir. Dolayısıyla normal şartlarda çok iyi algılanamayan yüzeylerin daha iyi aydınlatma yapılarak ve ortam ışığında parlayan yüzeylerin ise gölgelendirme yapılarak daha net görülmesi ve incelenmesi sağlanabilir [45].

1.2.10 Radyometri ve fotometri

Radyometri elektromanyetik radyasyonun ölçülmesi ile ilgili bilim dalıdır. Uygulamada EM-spektrumun; ultraviyole (UV), görünür (VIS) ve kızılötesi (IR) bölgelerinin tümünü kapsamaktadır.

Radyometre (ışınölçer), William Crookes'un 1800'lü yılların sonlarında geliştirdiği ısı ve ışığın enerjisini ölçmeye yarayan bir alettir. Şekil 1.19'da görüldüğü gibi havadan etkilenmeyen bir fanusun içerisine konulmuş, serbestçe dönebilen 4 kanatlı bir çarktan meydana gelmiştir [46,47].

Şekil 1.19 Radyometre

Kanatların bir yüzü beyaz, diğer yüzü ise siyahtır. Üzerine kuvvetli bir ışık gönderildiğinde, ışık kanatçıkların koyu renkli yüzeyleri tarafından daha fazla soğurulduğundan daha fazla ısınır ve fanus içerisinde bu yüzeylere çarpan gaz molekülleri kanatçıklara çarparak dönmelerini sağlar. Böylece ışık enerjisi hareket enerjisine dönüşmüş olur. Radyometre yeterince duyarlı olmadığı için pek kullanılmamış fakat günümüzde kullanılan daha duyarlı aygıtların temelini oluşturmuştur [46].

Fotometri ise elektromanyetik spektrum'un sadece görünen kısmında yapılan enerji ölçümü ile ilgili alanıdır. Aşağıdaki Tablo 1.2'de en yaygın kullanılan radyometrik ve fotometrik büyüklükler sembolleri ve birimleri ile birlikte verilmiştir [47].

Tablo 1.2 Radyometrik ve Fotometrik birimler ve sembolleri

	RADYOMETRİK		FOTOMETRİK	
Nicelik	**Sembol**	**Birim**	**Sembol**	**Birim**
Dalgaboyu	λ	Nanometre (nm)	λ	Nanometre (nm)
Radyant & ışık enerjisi	Q	Watt-Saniye (w-s)	Q_v	Lümen-Saniye (lm-s)
Radyant & ışık enerjisi yoğunluğu	U	Watt-Saniye/m^3 (W-s/m^3)	U_v	Lümen-Saniye/m^3 (LM-s/m^3)
Radyant & Işık akısı	ϕ	Watt (W)	ϕ_v	Lümen (lm)
Parlaklık & Aydınlık	E	Watt/cm^2 (W/ cm^2) Watt/m^2(W/m^2)	E_v	Lüx (lx;lm/m^2/) Footcandle (fc;lm/ft^2)
Parlaklık & ışıklık	L	Watt/m^2/Steradian (W/m^2/Sr)	L_l	Lümen/m^2/Steradian (lm/m^2/Sr)
Işık şiddeti	I	Watt/Steradian (W/Sr)	I_v	Candela (cd; lm/sr)

1.2.10.1 Aydınlatmada fotometrik büyüklükler

Aydınlatma tekniğinde, aydınlatma ve ışığa ait hesaplamalarda, ölçüm ve değerlendirilmelerin yapılabilmesi için aşağıdaki tanımlar ve temel büyüklükler kabul görmüştür. Bu tanımlar yapılırken fotopik görmeye (gündüz görmesi) ait standart gözün spektral duyarlık eğrisi esas alınmıştır.

a-) Işık akısı

Bir ışık kaynağının ışık akısı, bu ışık kaynağından çıkan ve normal gözün gündüz görmesine ait spektral duyarlılık eğrisine göre değerlendirilen enerji akısına denir [48]. Birimi lümen(lm)'dir.Φ Harfiyle gösterilir.

$\Phi = K_0 . F.V$ (1.4)

F = Enerji akısı

K_0=Enerji akısının V_{555}=1 (ışıksal) fotometrik eşdeğeri

λ_0= 555 nm için V_{555}=1 ve $K_0 = 682$ lm/W tır.

Herhangi bir λ dalga uzunluğu için enerji akısının eşdeğeri

$K = K_0 . V$ (1.5)

Olur [49].

Aşağıdaki Tablo 1.3'de kullanılan bazı ışık kaynaklarının ışık akıları verilmiştir:

Tablo 1.3 Bazı ışık kaynaklarının ışık akıları

Işık Kaynağı	**Lamba Gücü (Watt)**	**IşıkAkısı (Lümen)**
Bisiklet farı	3	30
Akkor telli lamba	75	900
Kompakt fluoresan	18	900
Tüp fluoresan	58	5400
Yüksek basınçlı sodyum buharlı	100	10000
Alçak basınçlı sodyum buharlı	130	26000
Yüksek basınçlı civa buharlı	1000	58000
Metal halojen	2000	190000

Tablodan görüleceği gibi ışık kaynaklarının şebekeden çektikleri güç ile yaydıkları ışık akısı arasında sabit bir oran yoktur. Işık akısı ile çekilen toplam güç arasındaki oran "etkinlik faktörü" olarak adlandırılır ve lümen/watt birimi ile açıklanır yani bir lambanın ışık akısının o lambanın güç tüketimi ile arasındaki ilişkiyi tanımlayan büyüklüktür. Her lamba tipinin etkinlik faktörü farklıdır. Aşağıdaki Şekil 1.20'de lamba bazında etkinlik faktörü aralıkları verilmiştir [50].

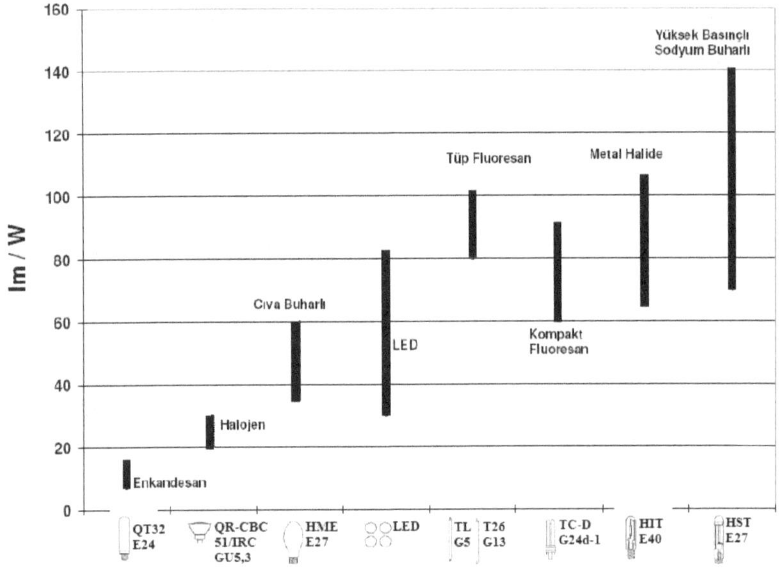

Şekil 1.20 Lamba bazında etkinlik faktörü aralıkları

Işık akısı genelde düzgün olarak yayılamaz. Uzayın çeşitli doğrultularında yoğunluğu farklı farklıdır. Bu durumu daha iyi izah edebilmek için düzlemsel açı ve uzay açı kavramlarına ihtiyaç vardır.

b-) Düzlemsel açı ve uzay açı (radyan steradyan)

Düzlemsel açı bir dairedeyarıçap uzunluğundaki yay parçasını gören merkez açıya eşit açı birimidir. Bir başka deyişle düzlemsel açı bir noktadan çıkan iki yarım doğru arasında kalan açıdır. Böyle bir açı iki yarım doğru arasında kalan yayın uzunluğunun yarıçapa bölümü ile ölçülür ve birimi radyandır. Örneğin, 'yarıçapı = 1 m, olan bir çemberde 1 m uzunlukta yayı gören merkez açı Φ= 1 radyandır' denir ve bu tanım Şekil 1.21'deki çizimle açıklanmıştır [3, 51].

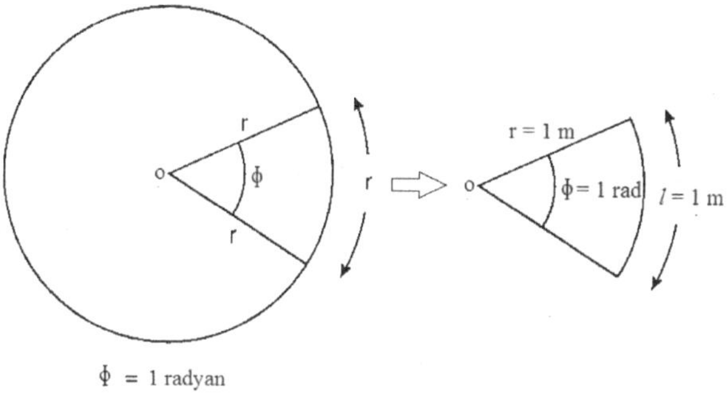

Şekil 1.21 Radyan tanımlanması

Uzay açı da benzer şekilde bir noktadan çıkıp koni ya da piramit teşkil eden yarı doğruların meydana getirdiği uzay parçası olarak tanımlanır. Uzay açı, bu koninin yarıçapı r olan küreden ayırdığı küre kapağının alanının yarıçapın karesine bölümü ile ölçülür ve birimi steradyan (sr)'dır.Yarıçapı 1 m olan bir kürenin üzerinde 1 m^2lik yüzeye ait uzay açı birimi 1 steradyandır ve bu tanım Şekil 1.22'deki çizimle açıklanmıştır [52,53].

$\Omega = A/ r^2$ (1.6)

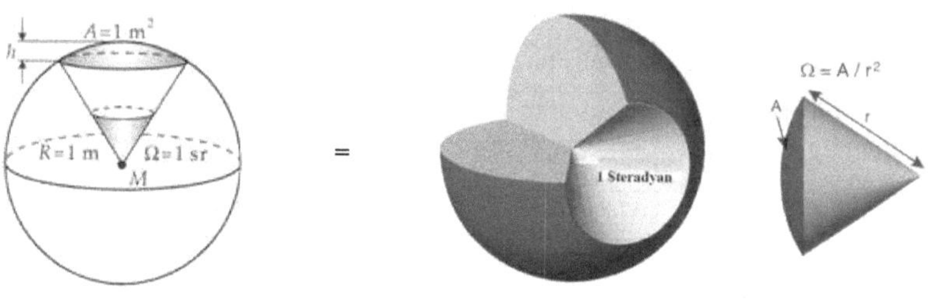

Şekil 1.22 Streradyanın tanımlanması

SI birimler sisteminde Steradyan katı açı birimidir. Tam küresel açı 4π sr'dir. Steradyan, radyan gibi boyutsuz bir büyüklüktür.

c-) Işık şiddeti (candela)

Işık şiddeti bir kaynaktan yayılan toplam akı miktarıdır. I harfi ile gösterilir ve MKS birim sistemine göre ışık şiddeti birimi candela (cd)'dır. Aşağıdaki Şekil 1.23'de üç adet aydınlatma elemanı görülmektedir ve bu üç adet lambanın ışık şiddeti değerleri birbirinden faklıdır. Işık şiddeti miktarları sırasıyla $I_a > I_b > I_c$ şeklindedir [19].

(a) (b) (c)

Şekil 1.23 Işık şiddeti faklı üç adet aydınlatma elemanı

Aşağıdaki Tablo 1.4'de ise ışık şiddeti değerlerine bazı örnekler verilmiştir:

Tablo 1.4 Işık şiddeti değerlerine bazı örnekler

Reflektörsüz bisiklet farı herhangi bir doğrultuda	2,5 cd
Reflektörlü bisiklet farı, ışık huzmesinin ortasında	250 cd
Reflektörlü akkor telli lamba, ışık huzmesinin ortasında	10 000 cd
El feneri, ışık huzmesinin ortasında	2 000 000 cd

Noktasal bir ışık kaynağının herhangi bir α doğrultusundaki ışık şiddeti, bu doğrultuyu içine alan bir $\Delta\Omega$ uzay açısından çıkan $\Delta\Phi$ ışık akısının $\Delta\Omega$

uzay açısına bölümünün $\Delta\Omega$ sıfıra yaklaşırkenki limitidir. Burada $I\alpha$ ışık şiddetini tanımlar.

$$I\alpha = \lim_{\Delta\Omega \to 0} \Delta_{\Phi}/\Delta_{\Omega} = d_{\Phi}/d_{\Omega} \quad (1.7)$$

Eğer kaynaktan geçen bir düzlem üzerindeki ışık şiddetlerinin uç noktaları göz önüne alınırsa bunların geometrik yeri kaynağın ışık dağılım yüzeyi ile söz konusu düzlemin ara kesitinden ibaret olur ki, buna ışık dağılım eğrisi adı verilir.

d-) Aydınlık düzeyi (aydınlanma şiddeti) (lüks)

Herhangi bir ışık kaynağı tarafından aydınlatılan birim yüzeye düşen ışık akısının miktarına aydınlık düzeyi (aydınlanma şiddeti) denir. Bir başka deyişle bir düzlem üzerindeölçülenışıkşiddetinedenir. Aydınlık düzeyi birimi MKS sisteminde lüks'tür. *E* harfi ile gösterilir [54].

Bir yüzeyin bir *M* noktasındaki ortalama aydınlık düzeyi, bu noktayı içine alan bir $\Delta_S$yüzeyine düşen Δ_{Φ} ışık akısının Δ_S yüzeyine bölümünün Δ_S sıfıra giderkenki limitine eşittir.

$$E = \lim_{\Delta S \to 0} \Delta_{\Phi}/\Delta_S = d_{\Phi}/d_S \quad (1.8)$$

Eğer aydınlık düzeyi dağılımı *S* yüzeyi üzerinde homojen ise aydınlık düzeyi;

$$E = \Phi / S \quad (1.9)$$

biçiminde olur.

Aydınlık düzeyi ile ilgili önemli bir yasada kosinüs yasasıdır. Buna göre bir düzlemin aydınlık düzeyi, bunu aydınlatan ışınların yüzeyin normaliyle yaptığı açının kosinüsüyle değişir. Sebebi, açı büyüdükçe aynı akı tarafından aydınlatılan yüzey alanının büyümesidir. Işınlar yüzeye dik iken meydana gelen aydınlık düzeyi E_1, ışınlar yüzeyin normaliyle ile Şekil 1.24'de gösterilen γ açısını yaparken meydana gelen aydınlık düzeyi E_2ile gösterilir (Şekil 1.24)

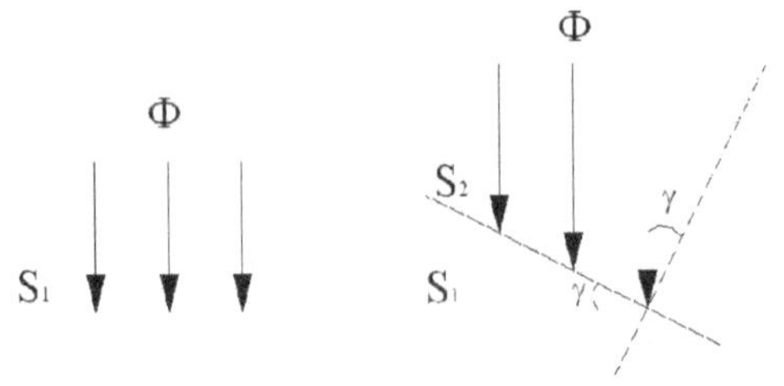

Şekil 1.24 Kosinüs yasasında geçen değişkenlerin şematik gösterimi

$E_1=\Phi/S_1$ (1.10)

$S_2=S_1/ \quad cos\gamma$ (1.11)

$E_2=\Phi/S_2=\Phi/S_1\ cos\gamma=E_1.\ cos\gamma$ (1.12)

$E_2= E_1.\ cos\gamma$ (1.13)

Konuyla ilgili önemli diğer bir yasa; uzaklıkların karesiyle ters orantı yasasıdır. Buna göre, belli bir doğrultuda ışık şiddetini doğuran noktasal bir ışık kaynağının bu doğrultuya dik bir düzlemde oluşturacağı aydınlık düzeyi, düzlemin kaynağa olan uzaklığının karesiyle ters orantılıdır (Şekil 1.25). Sebebi, düzlem uzaklaştığında aynı miktarda akının daha geniş bir yüzeyi aydınlatmasıdır [3, 23, 27].

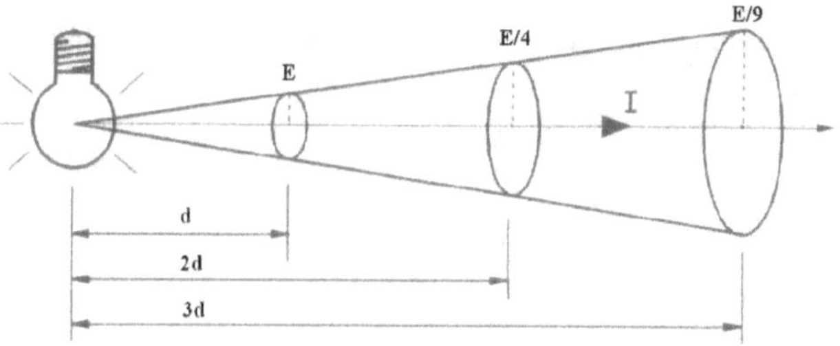

Şekil 1.25 Uzaklığın karesiyle ters orantı yasası

e-) Parıltı (lümünans)

Parıltı (lüminans) bir yüzeyin göze ne kadar parlak göründüğünün bir ölçüsüdür. Bakılan cismin ağ tabakadaki görüntüsünün aydınlık düzeyi ile ilgilidir. Lüminans *'L'* harfi ile gösterilir ve birimi nit (cd/m^2)' veya stilb (cd/cm^2)' dir.

Belirli bir doğrultuya göre 1 candelalık ışık şiddeti oluşturan ve bu doğrultuya dik düzlemdeki iz düşümü 1 cm^2 olan bir yüzeyin parıltısına 1 stilb denir. Stilb birimi, ışık kaynaklarının parıltılarını belirlemek için kullanılır. Örneğin; bir mum alevinin parıltısı 0,75 sb, akkor flamanlı (telli) lambanın 750 sb ve bir fluoresan lambanın 0,3 ila 0,85 sb arasındadır. Uygulamada aydınlatılan yüzeylerin parıltılarını tanıtma bakımından stilb birimi çok büyüktür ve uygun değildir. Bu yüzden bu gibi cisimlerin parıltı değerleri ifade edilirken 'Stilb' yerine 'Apostilb' adı verilen bir birim kullanılır.

1 Apostilb = 1 asb = (10^4 / π) sb   (1.14)

Aşağıdaki Şekil 1.26'da görüldüğü gibi ışık yayan bir yüzeyin bir *M* noktasının bu yüzeyin normali ile α açısı yapan doğrultudaki parıltısı, *M* noktasını içine alan $\Delta_S$yüzey elemanının bu doğrultuda doğurduğu $\Delta_{I\alpha}$ ışık şiddetinin Δ_S'in bu doğrultuya dik düzlemdeki Δ_{Sn}görünen alanına oranının limitidir [23].

$$L\alpha = \lim_{\Delta S \to 0} (\Delta_{I\alpha}/\Delta_{Sn}) = (d_{I\alpha}/d_{sn}) \qquad (1.15)$$

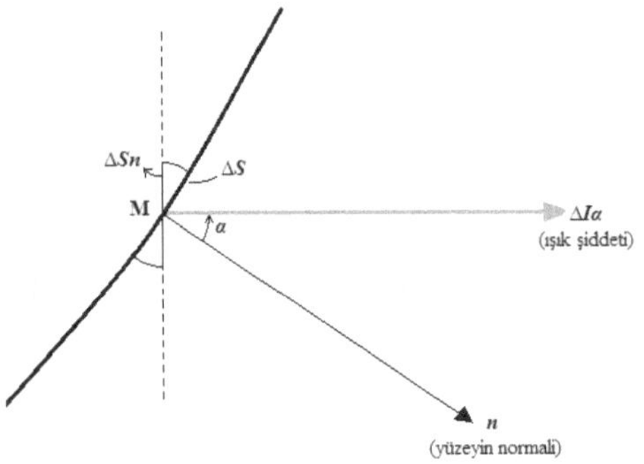

Şekil 1.26 Bir yüzey üzerindeki M noktasının α doğrultusundaki parıltısı

Yukarıdaki Şekil 1.26'da de görüldüğü üzere parıltı kavramı, yüzey, yüzey üzerinde bir nokta ve gözlemin yapıldığı doğrultuyu içine almaktadır. Yani parıltı tanımı yapılırken hangi yüzeyin, hangi noktasına ve hangi doğrultuya ait olduğu belirtilmelidir [23]. Aşağıdaki Tablo 1.5'de parıltı değerleri için bazı örnekler verilmiştir:

Tablo 1.5 Parıltı değerleri için bazı örnekler

Güneşin yüzeyi	1 650 000 000 cd/m^2
Şeffaf akkor telli lambanın flamanı	7 000 000 cd/m^2
Opal akkor telli lambanın balonu	200 000 cd/m^2
Fluresan lamba	5 000 – 15 000 cd/m^2
Ayın yüzeyi	2 500 cd/m^2
Güneş ışınlarının altındaki kumsal	15 000 cd/m^2
400 lx altında beyaz kağıt (p=0.8)	100 cd/m^2
400 lx altında gri kağıt (p=0.4)	50 cd/m^2
400 lx altında siyah kağıt (p=0.04)	5 cd/m^2
Aydınlatılmış yol yüzeyi	0.5 – 2 cd/m^2

Aynı şekilde *S* yüzeyinin her noktasında parıltı değeri aynı ise S yüzeyinin bir *M* noktasının α doğrultusundaki ışık şiddeti $I\alpha$, ve *S*'nin bu duğrultuya dik düzlemdeki görünen alanı da *Sn* ile ifade edlicek olursa, M noktasının α doğrultusundaki parıltısı

$$L_\alpha = I_\alpha / S_n \qquad (1.16)$$

Olur [19].

1.2.10.2 Aydınlatmada fotometrik ölçümler

Fotometrik ölçmeler, laboratuar ortamında yapılan ve ışık ile ilgili olan her türlü ölçmeyi kapsar. Bütün ışık ölçmeleri radyometrik ölçmelerin bir benzeridir. Radyometri elektromanyetik spektrumun tamamıyla ilgilenirken, fotometri (aydınlatma mühendisliği) sadece gözün görebildiği kısmı ile ilgilenir. Işık, göz ile değerlendirilen fizyolojik-optik bir büyüklük olduğundan bütün fotometrik ölçmelerin göze dayandırılması gerekir. Göz gerçekte bir ölçüm aleti değil bir karşılaştırma aleti olduğundan objektif olmayan ölçme yöntemleri de karşılaştırmaya dayanır. Modern fotometrinin temellerini ise objektif yöntemler oluşturmaktadır ve en önemli elemanı fotoelektrik elemanlardır. Fotometrik ölçmeleri, temel olarak;

Aydınlık düzeyi ölçmeleri,

Parıltı ölçmeleri,

olarak iki bölümde incelenir [45,56].

Günümüzde, armatürler ile ilgili fotometrik ölçmeden söz edildiğinde anlaşılan gonyofotometrik ölçmedir. Işık kaynağı veya fotometrik başlıktan birinin sabit, diğerinin düzenli olarak yaptığı hareketler ile ışık kaynağının ışık şiddet dağılımının incelenmesi için kurulan sisteme gonyofotometre adı verilir [16,57].

Bu ölçme, bir armatürün hangi yöne ne kadar ışık akısı gönderdiğinin saptanması için yapılan çok sayıdaki ölçmelerden oluşan bir bütündür. Gonyofotometrik ölçmeler, armatürün üretilmesine geçildikten sonra ışık şiddeti dağılımının elde edilmesi amacıyla yapılır. Parıltı ölçmeleri ise daha çok armatürün geliştirilmesi aşamasında, kullanılan yansıtıcının kalitesinin ve teknik özelliklerinin belirlenmesi için gereklidir. Aydınlık düzeyi ölçmeleri ise iç aydınlatma hesaplamalarında ve ölçmelerinde belirleyici ölçüt olduğu için çalışmamız süresince yardımcı olmuştur [16].

a-) Aydınlık düzeyi ölçmeleri

Görme olayını sağlayan temel etkenlerden biri de birim yüzeye gelen ışık akısı olarak tanımlanan aydınlık düzeyidir. Aydınlık düzeyi ölçmeleri, belli bir düzey alanı üzerine düşen ışık akısı büyüklüğü ile ilgili ölçmelerdir. Değişik aydınlık düzeyi ölçme teknikleri vardır. En yaygın olarak bilineni yatay bir düzlem üzerindeki aydınlık düzeyinin Şekil 1.27'deki resmi görülen aydınlıkölçer (lüksmetre) ile ölçülmesidir. Düzlem üzerindeki bir noktada aydınlık düzeyi ve ortalama aydınlık düzeyi gibi iki genel büyüklükten söz edilebilir. Genelde yatay yüzeyler üzerinde aydınlık düzeylerinin belirlenmesi yaygın ise de duvar ve tavan gibi yüzeylerde oluşan aydınlık düzeyleri de bazı aydınlatma düzeni tasarımlarında önemli olabilir [16].

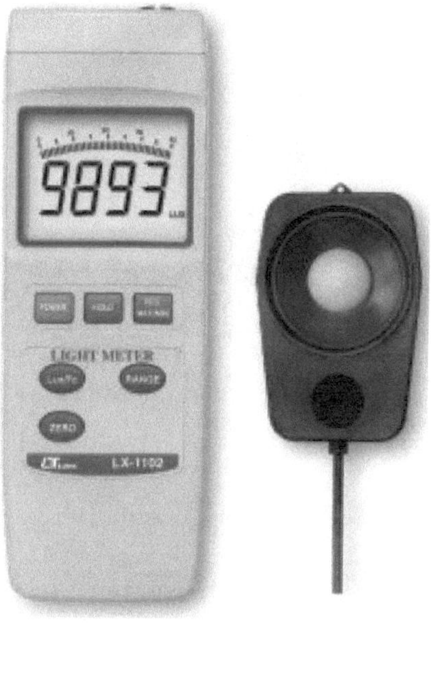

Şekil 1.27 Aydınlıkölçer (lüksmetre) [16]

Fakat ortam içinde çalışma düzlemi üzerinde aydınlık düzeyi ölçmeleri yanında aydınlık düzeyi ölçmelerinin özel bir türü olan gonyofotometrik ölçmeler karşımıza çıkmaktadır. Şekil 1.28'de görülen gonyofotometre ile bir armatürün ışık şiddetinin ortamda nasıl dağıldığını gösteren ışık şiddeti dağılımı eğrisi ölçülür. Bu amaçla gonyofotometre üzerinde armatürle beraber hareket edebilen bir foto pil bulunur. Gonyofotometrik ölçmeler sonucunda elde edilen veriler, söz konusu armatürün kullanıldığı yerlerde aydınlık düzeyi hesaplamalarının doğru bir biçimde yapılmasını sağlar [59,60].

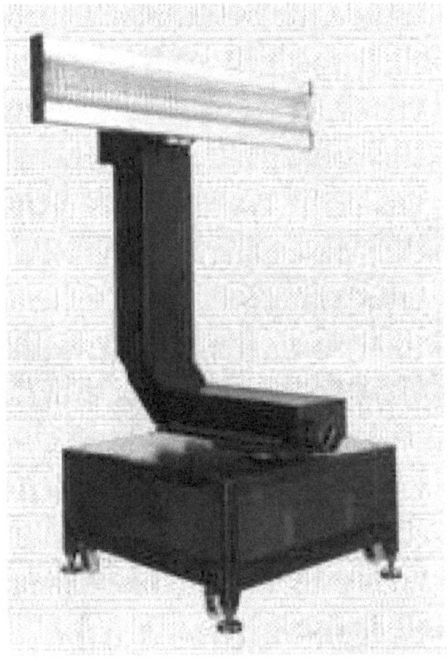

Şekil 1.28 Gonyofotometre [16]

Gonyofotometrik ölçmeler bir armatürün aşağıda verilen ışık ölçümsel karakteristiklerinin saptanması için yapılır.

- Armatürün hangi yöne ne kadar ışık akısı gönderdiği,
- Armatürün standart geriverimi,
- Armatürün tepe açısı,
- Armatürün konik diyagramı,
- Aydınlık düzeyi eğrileri ve tabloları,

- Armatürün belli koşullarda oluşturduğu aydınlık düzeyi için izolüks eğrileri,
- Faydalanma faktörü (verim) tablosu,
- Kamaşma tablosu.

Gonyofotometrik bir ölçmenin sonucunda elde edilen verilerin, aydınlatma hesaplamalarında kullanılabilmesi için, ölçme sırasında kullanılan lambanın verdiği ışık akısının doğru olarak bilinmesi gerekir. Bunun için gonyofotometrik ölçmeye alınan 100 saat yaşlandırılmış bir lambanın Şekil 1.29'da görülen bir Ulbricth Küresi ile her yöne ne kadar ışık akısı verdiğinin saptanması gerekir [62].

Şekil 1.29 Ulbricht Küresi [16]

Lambaların ışık akılarının ölçülmesini fotometrik ölçmeler halinde aydınlık düzeyi ölçmeleri ile birlikte ele almak gerekli olacaktır. Ulbricth Küresi, içerisine yerleştirilmiş bir ışık kaynağından yayılan bütün ışık akılarını toplayan ve beyaz iç yüzeye sahip bir küredir. Eğer bütün koşullar yerine getirilirse küre yüzeyindeki aydınlık düzeyi yayılan toplam ışık akısıyla orantılıdır. Bu aletler ile fotometrik ışık dağılımına ihtiyaç olmadan ışık çıktılarını ölçmek mümkündür. Ayrıca toplayıcı küre bir ışık dağılımını ölçen fotometreden daha küçük bir çalışma hacmi gerektirir. Kürenin iç yüzeyinin ρ yansıtma katsayısına sahip olduğu kabul edilir [16]. Genelde direk aydınlık düzeyi kürenin yüzeyine bağlı olarak değişir. A küresinin yüzey alanı ise kaynağın toplam ışık akısı;

$$\Phi = \frac{\pi}{\rho} \int L.dA \qquad (1.17)$$

olacaktır. Burada L küre duvarının bir kısmı bir yüzey parçasının dA başlangıç parıltısıdır. İlk yansımadan sonra yansıyan ışık kürenin fotoselde dâhil eşit bir şekilde bütün kısımlarını aydınlatacaktır. Bu yüzden, kürenin bütün kısımlarından alınan dA yüzeyinden yansıyan ışığa bağlı olarak aydınlık düzeyi;

$$E = \frac{\pi}{A}.L.dA \qquad (1.18)$$

olacaktır. Kürenin bütün kısımlarından yansıyan ışığa bağlı olarak aydınlık düzeyi;

$$E = \frac{\pi}{A} \int L.dA \ ve \ E = \frac{\rho}{A}.\Phi \qquad (1.19)$$

ile gösterilebilir. Benzer şekilde ikinci yansımaya bağlı olarak aydınlık düzeyi;

$$E = \frac{\rho^2}{A}.\Phi \qquad (1.20)$$

olur. Bu işlem sınırsız bir şekilde tekrar edilirse son aydınlık düzeyi;

$$E = \frac{\rho}{A}\Phi + \frac{\rho^2}{A}\Phi + \frac{\rho^3}{A}\Phi + \cdots \qquad (1.21)$$

$$E = \frac{\rho}{A}.\Phi.\frac{1}{(1-\rho)} \qquad (1.22)$$

olur. Bu yüzden E aydınlık düzeyi kaynağın veya armatürün ışık dağılımından bağımsızdır. Teoride bu ilişki ışık için ohm kanunu olarak adlandırılır. Eğer, küre yüzeyinin yansıtması biliniyor ise *E*'yi ölçerek *Φ*'yi hesaplamak mümkündür. Bununla birlikte pratikte, teoride yapılan kabuller işe yaramayabilir. Dolayısıyla küre sadece ışık kaynaklarının karşılaştırılması için kullanılır [16].

Gonyofotometrik ölçme sonuçları, basit olarak bir armatürün hangi yöne ne kadar ışık akısı gönderdiğinin grafiksel olarak görülmesi için kullanılır. Bu, bir aydınlatma projesinin planlanması aşamasında kullanılacak armatürlerin genel seçiminde grafiksel saptama olanağı sağlayarak, armatürlerin seçimine kolaylık getirir. Daha sonraki aşamalarda armatürün belli bir konumda nereye ne kadar ışık akısı gönderdiği verisinden yola çıkarak aydınlık düzeyi hesaplarının yapılabilmesini sağlar. Aydınlık düzeyi hesapları, ölçmeler sonucunda elde edilen grafik, tablolar ve geriverim değeri gibi büyüklükler yardımı ile elle yapılabileceği gibi aydınlık düzeyi hesabı yapan bilgisayar programları aracılığı ile de yapılabilir [23].

b-) Parıltı ölçmeleri

Parıltı ölçmeleri, bir nesneden bir doğruya gelen ışık akısının büyüklüğünün saptanması için yapılır. Algılanabilen tek fotometrik büyüklük parıltı olduğundan bu ölçmeler sanıldığından daha önemlidir. Parıltısı ölçülecek nesne birincil ışık kaynağı yani bir başka tür enerjiyi ışığa dönüştüren bir ışık üreticisi, bir lamba olacağı gibi ikincil ışık kaynağı yani üzerine düşen ışığı yansıtarak ya da geçirerek çevresine ışık yollayan bir nesne ya da yüzeyde olabilir. Parıltı ölçmeleri ile elde edilen sonuçlar iç ve dış aydınlatma tasarımlarında, genelde görme alanı içindeki parıltıların dengelenmesi ve belirli sınırlar içinde tutulması gereken alanlarda kullanılır. Belirli bir noktadaki parıltı, bu noktayı çevreleyen küçük bir yüzey parçasının verilmiş doğrultudaki ışık şiddetinin, bu yüzey parçasının alanına bölümüdür [16].

Parıltının doğrudan ölçülmesi için, parıltıölçer diye anılan özel bir alet geliştirilmiştir. Bu belirli bir alandan gelen ışığı ölçer. Parıltı ölçmelerinin dolaylı olarak yapılabilmesinin yanı sıra daha verimli sonuçlar elde edilebilmesi için Şekil 1.30'daresmi görülen parıltıölçer kullanılır [16].

Şekil 1.30 Parıltıölçer [16]

Parıltıölçerler, yalnızca ölçme açısı ile belirlenen alanı gördükleri için, yanlarda ve arka planda kalan aydınlıklardan etkilenmezler. Belli bir alandan gelen ışık akısının ölçümü söz konusu olduğunda ise parıltı ölçerin ölçülen yüzeyden ne kadar uzakta olduğu teorik olarak önemli değildir. Ancak pratikte, ölçülmesi istenilen yüzeyin parıltıölçerin ölçme alanı ile çakıştırılması gerektiğinden ve bu da ölçme açısı ile uzaklığın bir fonksiyonu olduğundan, ölçme uzaklığı rastgele belirlenmez. Tek bir ölçme ile sınırlı kalınmayıp, değişik noktalardan ölçümler yapılarak bunların ortalamasının alınması daha tutarlı bir sonuç elde edilmesi açısından daha önemlidir [3, 6].

1.2.11 Aydınlatma hesaplamaları

Işık bir enerji çeşididir ve enerjinin korunumu yasasına uygun davranır. Yani, iki veya daha fazla ışık kaynağı tarafından aydınlatılan bir yüzey üzerinde aydınlık düzeyi hesaplanacak noktalarda bu ışık kaynaklarının tek tek oluşturdukları aydınlık düzeylerinin toplamı o noktadaki toplam aydınlık düzeyini verecektir.

Bir ortamın aydınlık düzeyi, aydınlatma problemleri için çok önemli bir büyüklük olmakla birlikte, doğrudan doğruya görülmez. Fakat aydınlık düzeyinin etkilediği yüzeyler yansıtma katsayılarına ve ortamdaki aydınlık düzeyinin değerine bağlı olarak, az ya da çok ışıklı olarak görülürler. Kısacası görülen, aydınlık düzeyi değil parıltıdır. Buradan hareketle görme işlevinin gerçekleşebilmesi için nesnenin parıltısı daha önemli olduğu halde, aydınlatma hesapları yapılırken amaca uygunluğu bakımından öncelikle aydınlık düzeyi seçilir.

1.2.11.1 Işık şiddeti yöntemiyle aydınlatma hesaplamaları

Eğer aydınlatılacak yüzeyin ortalama aydınlık düzeyinden başka çeşitli noktalardaki aydınlık düzeyleri, izolüks eğrileri ve düzgünlük faktörleri de hesaplanmak istenirse bu durumda ışık şiddeti yöntemi ile aydınlatma hesabının yapılması gerekir. Işık şiddeti yöntemi, ışık kaynağının noktasal, doğrusal ve yüzeysel olmasına göre ayrı ayrı uygulanır.

a-) Noktasal ışık kaynağına göre aydınlatma hesabı

Noktasal ışık kaynakları için kaynağın verdiği ışık şiddeti bilinirse kaynaktan belli bir uzaklıktaki aydınlık düzeyi ters kare kanununu ile hesaplanabilir. Aynı zamanda büyük ışık kaynakları da çok sayıda noktasal kaynağın birleşimi gibi düşünülebileceğinden bu ilişki bütün ışık kaynaklarına uygulanabilir. Aydınlık düzeyi ışığın düştüğü alanın büyüklüğüne $(E = d_{\Phi}/d_A)$bağlı olduğu gibi, bu alanın kaynaktan olan uzaklığının karesi ile de ters orantılıdır. Aydınlık değeri, ışık şiddeti ile doğru ve aradaki uzaklığın karesi ile ters orantılıdır. Buna aydınlatmada ters kare kanunu denir(Şekil 1.31) ve aşağıdaki formülde görüldüğü gibi ifade edilir;

$$E=I/d^2 \qquad (1.23)$$

Burada;

E = Aydınlık düzeyi (lüks)

I = ışık şiddeti (candela)

d = mesafe (metre) dir.

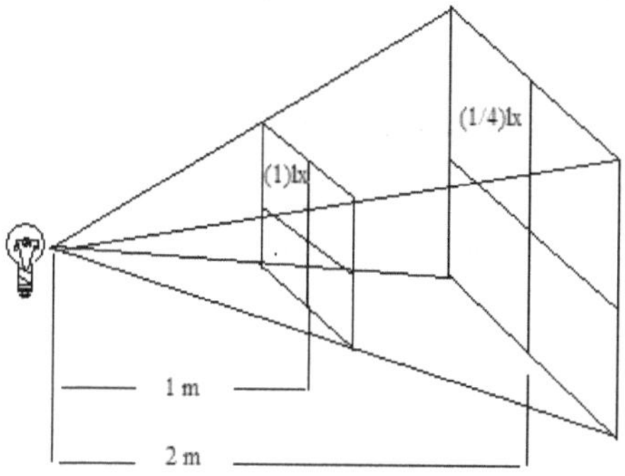

Şekil 1.31 Ters kare kanunu

Eğer ışığın geliş açısı düzleme dik değilse P noktasındaki aydınlık düzeyi kosinüs kanunu ile bulunur. Aşağıdaki Şekil1.32'de bir armatür tarafından çalışma düzlemi üzerinde oluşturulan aydınlık düzeyinin armatürden gelen ışık akısının yatay bir düzlem üzerine geliş açısıyla değiştiği görülmektedir [16, 23, 45].

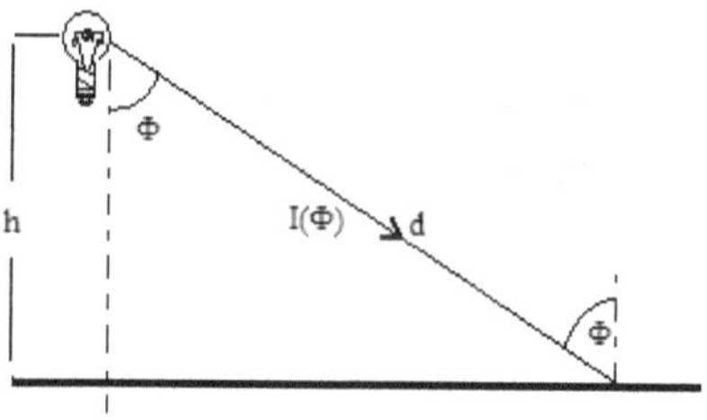

Şekil 1.32 Kosinüs kanunu

$$E=(I_{\Phi}/d^2)cos_{\Phi} \qquad (1.24)$$

İstenilen herhangi bir noktadaki aydınlık düzeyine bir ışık kaynağının katkısı bu yöntemle kolaylıkla hesaplanabilir. Bir düzlem üzerindeki bütün noktalardaki aydınlık düzeylere her bir ışık kaynağı için tek tek hesaplanır.

Daha sonra her bir nokta için, bu aydınlık düzeyleri toplanarak direk aydınlık düzeyi hesaplanmış olur.

Dâhili ortamların çoğunda çalışılan işler yatay bir düzlem üzerinde yapılır. Böyle ortamlarda yatay aydınlık düzeyi hesaplanması için kosinüs kanunu ile ifade edilen formül yüksekliğin (h) bir fonksiyonu olarak kullanılır [16, 23].

$$E=(I_{\Phi}/h^2)cos_{\Phi} \qquad (1.25)$$

Yüzey üzerindeki maksimum aydınlık düzeyi yüzeyin normali ile aynı açıdan ışık akısını aldığı durumda gerçekleşir,

$$E=E_N cos\Phi \quad (1.26)$$

Yatay düzlemdeki aydınlık düzeyleri yanında diğer düzlemlerdeki aydınlık düzeyleri de önemlidir. Sınıflardaki yazı tahtaları, ilan tahtaları ve iş yerlerindeki makinelerin dikey kumanda panelleri örnek olarak verilebilir. Buralardaki aydınlık düzeyleri ise dikey aydınlık düzeyi formülü ile hesaplanabilir [23].

$$ED = (I.sin\alpha.cos\alpha^2)/h^2 \qquad (1.27)$$

b-) Doğrusal ışık kaynağına göre aydınlatma hesabı

Doğrusal ışık kaynağı, boyları yanında enleri çok küçük olan ve pratikte ihmal edilebilen silindirik tüplü ışık kaynaklarıdır. Doğrusal ışık kaynakları pek çok sayıda noktasal ışık kaynağının birleşimi olarak da düşünülebilir. Uygulamadaki durumlarından dolayı hesaplamalarda doğrusal ışık kaynağının çalışma düzlemine paralel olduğu ve birim uzunluğa düşen I_l ışık şiddetinin de sabit olduğu kabul edilebilir.

Aşağıdaki Şekil 1.33'de çalışma düzlemine göre çeşitli yüksekliklerde bulunan çeşitli uzunluklardaki doğrusal ışık kaynaklarının çalışma düzlemi üzerindeki bir P noktasında oluşturdukları aydınlık düzeyleri aşağıdaki gibi hesaplanır [23].

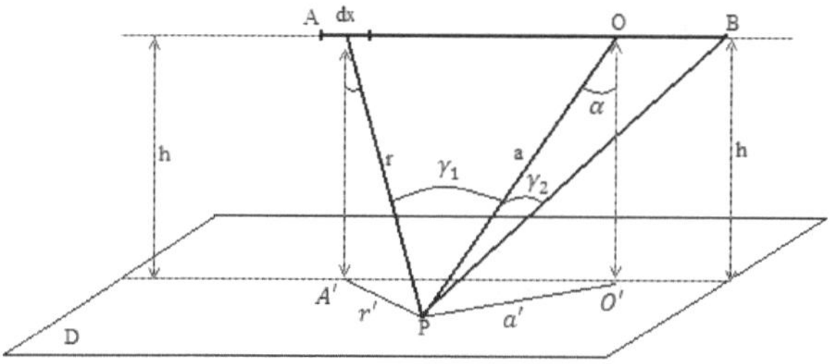

Şekil 1.33 Doğrusal ışık kaynağı için hesaplama [16]

$E = (h/a^2).(I_l).\left(\frac{2\gamma+\sin 2\gamma}{4}\right]_{\gamma_1}^{\gamma_2}$ (1.28)

Eğer doğrusal ışık kaynağı çok uzun ise $\gamma_{1=-}\pi/2$ ve $\gamma_{2=+}\pi/2$ için P noktasındaki aydınlık düzeyi aşağıdaki gibi yazılır.

$E = (\pi/2).(h/a^2).I_l$ (1.29)

Fotometrik hesaplama; aydınlatma aygıtlarının ışık yayma özelliklerinin tanımlanmasıdır. Aydınlatma hesaplamaları ise aydınlatma tasarımı için gerekli bilgileri elde etmede aydınlatma tasarım sürecinin önemli bir parçasıdır. Yani, aydınlatma hesaplamaları karmaşık fiziksel sistemlerin matematiksel modellenmesidir [3]. Bu kitapta dâhili ortamlarda ortalama aydınlık düzeyi hesaplamalarında ışık akısı yöntemi kullanılmıştır. Oluşturulan sinir ağına ağırlık bilgisi olarak ışıksal değerler girilmiştir [23].

1.2.11.2 Işık akısı yöntemiyle aydınlatma hesaplaması

Kullanılacak bir hacimde kaç tane aydınlatma armatürüne ihtiyaç olduğu bu yöntemle kolaylıkla hesaplanabilir. Ortamın kullanım amacına göre aydınlık düzeyi tablolarından gerekli aydınlık düzeyi tespit edilebilir. Hacmin bakım sıklığı göz önüne alınır, faydalanma faktörü ilgili tablolardan seçilerek hacim için gerekli toplam ışık akısı hesaplanır. Daha sonra kullanılacak lamba tipine göre gerekli aygıt sayısı ortaya çıkarılır. Aşağıdaki Şekil 1.34'de ışık akısı yönteminde kullanılan bazı terimler verilmiştir ve hesaplamalarda aşağıdaki Tablo 1.6'daki denklemler kullanılır.

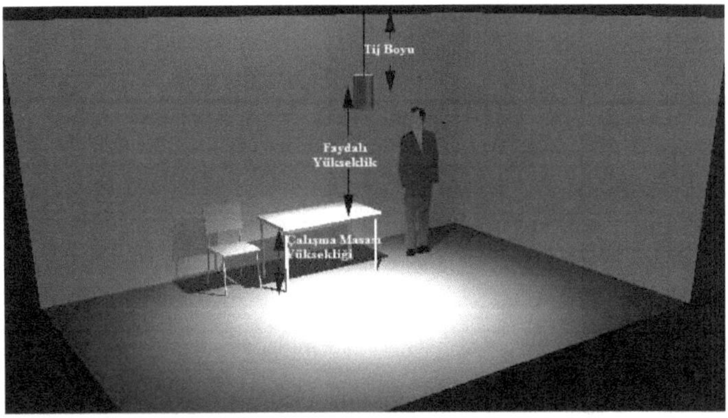

Şekil 1.34 Çalışma ortamı aydınlatma sistemi

Aydınlatılacak bölgenin ortalama aydınlık şiddeti, aydınlatma amacına uygun olarak ilgili tablodan alınır ve diğer veriler yardımıyla en uygun armatür ve ampulün cins ve miktarı hesaplanır. Işık akısı yönteminde kullanılan aydınlatma birimleri ve denklemleri aşağıdaki Tablo 1.6'da, bu yöntem için kullanılanaydınlatma verim tablosuda Tablo 1.7'de verilmiştir [23,64].

Tablo 1.6 Işık akısı yönteminde kullanılan aydınlatma birimleri ve denklemleri

DENKLEMLER		
DENKLEM	SEMBOL	AÇIKLAMA
$Z = \frac{\phi T}{\phi L}$	Z	Ampul sayısı
	ϕT	Gerekli toplam ışık akısı (lm)
	ϕL	Bir ampulün verdiği ışık akısı (lm.)
$k = \frac{a \times c}{h\,(a + c)}$	k	Bölge indeksi (mahal boyutlarına bağlı olarak)
	a	Uzunluk (m)
	c	Genişlik (m)
	h	Işık kaynağının çalışma düzlemine olan yüksekliği. Faydalı yükseklik (m)
	H	Zeminden ışık kaynağına kadar olan yükseklik (m).
	H1	Çalışma düzleminin zeminden yüksekliği
$\phi T = \frac{E \times A \times d}{\eta}$	E	Gerekli aydınlık seviyesi (LUX) tablodan seçilir
	A	Aydınlatılacak bölgenin alanı (m^2)
	dt	Tesisin kirlenme faktörü (Tablodan seçilir)
	η	Tesisin ışığı yansıtma verimi. Aydınlatma sahasını sınırlayan tavan, duvar ve zeminin yansıtma faktörlerine, bölge indeksine ve seçilen armatür tipine bağlı olarak tablodan seçilir.

Tablo 1.7 Aydınlatma verim tablosu (aydınlatma sistemlerindeki değerler % olarak)

Aydınlatma Sistemi Oda Endeksi (a/h),(b/h)	**Direkt Aydınlatma (%)**		**Yarı Direkt Aydınlatma (%)**		**Karma Aydınlatma (%)**		**Endirekt Aydınlatma (%)**		**Yarı Endirekt Aydınlatma (%)**	
	A	C	A	C	A	C	A	C	A	C
0.5	13	9	9	5	12	7	11	6	9	5
0.7	19	13	13	7	16	10	15	8	12	6
1.0	25	19	17	10	21	13	19	12	15	8
1.5	35	30	24	15	27	17	25	16	20	11
2.0	40	36	29	19	32	21	29	19	23	14
2.5	44	40	33	23	35	24	32	22	26	16
3.0	47	43	36	26	38	26	35	24	28	18
4.0	51	47	41	30	43	30	39	28	32	20
5.0	54	50	45	34	46	33	42	30	34	22
7.0	57	53	51	39	51	37	46	34	36	24
10.0	59	55	57	40	55	40	51	37	38	26

Örnek aydınlatma hesaplamaları ve uygulamaları.

Soru: 60 m uzunluğunda, 20 m genişliğinde, 10 m yüksekliğinde olan bir atölyenin aydınlatma tesisatı yapılacaktır. Aydınlatmanın 2x40 W reflektörlü direkt tip flüoresan armatürle yapılması istenmektedir. Atölye içersinde toplam aydınlık şiddetinin 400 lüks olacağı ve 40 W flüoresan ampul için ışık akısı değerinin 3600 lümen alınacağı da ayrıca belirtilmiştir. Aydınlatma için armatürler zeminden 7,5 m yukarıda bulunan vinç yüksekliğindeki profil demir borulara tespit edilecektir. Tesisatta bakır iletken kullanılmış olup, bakırın öz iletkenliği 56 $m/\Omega mm^2$ alınacaktır. (Tavan için P=%50, duvar için P=%35 ve tesisin kirlenme faktörü 1,078 dir).

Çözüm 1: Yukarıda verilmiş olan değerlere göre aydınlatma hesabınınklasik yöntemle aydınlatma verim tablosundan yararlanarak çözümü:

$H_1 = H - 7.5 = 10 - 7.5 = 2.5$ m.

$h = H - H_1 = 10 - 2.5 = 7.5$ m.

$$\frac{a}{h} = \frac{60}{7.5} = 8$$

$$\frac{c}{h} = \frac{20}{7.5} = 2.66$$

a ve c'nin verimleri Tablo 1.7'den bakıldığında; η a= 53,66 ; η c= 40,96 olarak bulunur.

$\eta = \eta c + \frac{1}{3} x (\eta a - \eta c) = 53{,}66 + \frac{1}{3} x (53{,}66 - 40{,}96) = 0.578$ olarak bulunur.

$$\Phi_T = \frac{E\,x\,A\,xd}{\eta} = \frac{400\,x\,60\,x\,20\,x\,1{,}078}{0.578} = 895224 \text{ lümen.}$$

$\phi L = 2 \times 3600$ Lümen

$$Z = \frac{\phi T}{\phi L} = \frac{895224}{3600} = 250 \text{ adet lamba kullanılması gereklidir.}$$

$$n = \frac{\Phi_T}{\Phi_L} = \frac{895021}{2 * 3600} = 125 \text{ adet armatür kullanılır.}$$

Çözüm 2: Aynı aydınlatma hesabının Dos ortamındaki Calculux programı ile hesabı:

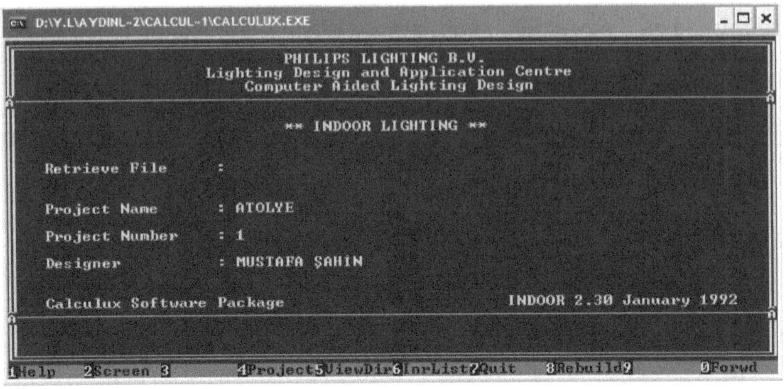

Şekil 1.35 Programa proje adı ve tasarımcı bilgilerinin girilmesi

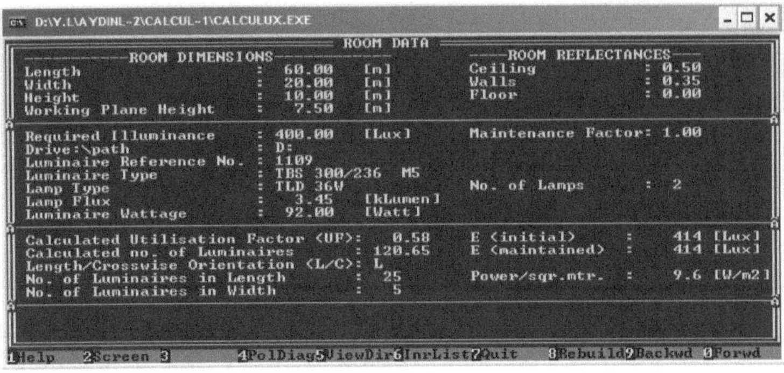

Şekil 1.36 Programa oda boyutlarının ve gerekli aydınlık düzeyi bilgilerinin girilmesi

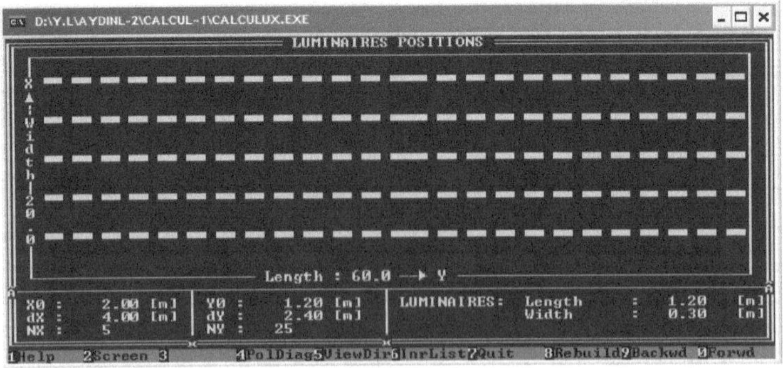

Şekil 1.37 Aydınlatma elemanlarının dağılımı

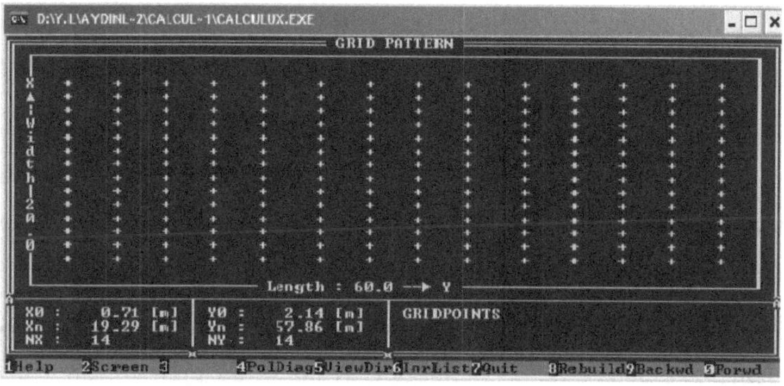

Şekil 1.38 Hesap edilecek aydınlık düzeyi değerlerinin konumları

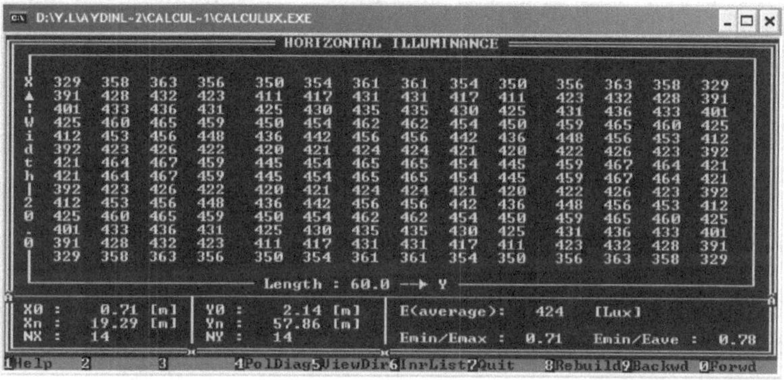

Şekil 1.39 Mekân içerisindeki aydınlık düzeyi dağılımı

Sonuç olarak klasik yöntemle yapılan hesaplamada verim 0.53 programla hesaplamada ise 0.58 olarak bulundur. Armatür sayısı klasik yöntemle yapılan hesaplamadave programla yapılan hesaplamada 125 adet bulunmuştur. Görüldüğü üzere gerek klasik gerekse aydınlatma hesaplama programları sayesinde aydınlatma sistemlerinin ilk kurulum aşaması kolaylıkla yapılabilmektedir.

Fakat asıl sorun bu noktadan sonra başlıyor. Aydınlatma sistemlerinin tasarımları aşamasında gerek klasik yöntemlerle gerekse bilgisayar simulasyon programlarıyla hesaplamaların ve tasarımın yapılması kolaydır. Aksine aydınlatma sisteminde ortalama ömrün tespiti çok zor olduğundan, sistemin çalışma performansı ve bakım zamanının tespiti karmaşık iştir. Bakım zamanının tespiti için ortam içindeki çalışma düzleminde aydınlık düzeyi ölçümleri yapılması gerekmektedir. Ancak aydınlığın uygun olup olmadığının belirlenmesi ortam içerisinde ölçü aleti ile pek çok noktada ölçüm yapılmasını gerektirir. Ölçülen bu aydınlık düzeyi değerlerinden, ortalama aydınlık düzeyi, minimum aydınlık düzeyi ve diğer ölçüm değerlerinden faydalanılarak, düzgünlük faktörü, eş aydınlık düzeyi eğrileri olan izolüks eğrilerinin oluşturulması gerekmektedir. Bu işlemler göz önüne alındığında aydınlatma sisteminin bakımı ve ömrünün tespiti çok uzun zaman alan ve yorucu bir çalışma gerektirdiğigörülür [1]. Bu çalışma ile standartlar göz önünde bulundurularak belirtilen noktalarda aydınlık düzeyleri ölçümleri yapılacaktır. Bu ölçümlerle YSA eğitilip, ortam içerisindeki aydınlık düzeyi dağılımı tahmin edilecektir.

1.2.12 Aydınlatmada bakım gerekliliği ve yıpranma çarpanı

1.2.12.1 Bakım gerekliliği

Bir aydınlatma sistemi ne kadar mükemmel tasarlanırsa tasarlansın başlangıçtaki aydınlık düzeyi; aydınlatma elemanlarındaki ışık akısı azalmasından, lambaların arızalanmasından, aydınlatma armatürü ve aydınlatma elemanlarındaki kirlenmelerden, duvar yüzeylerindeki kirlenmelerden ve tozlanmalardan dolayı zamanla azalacaktır. Bu tür aydınlık düzeyi azalmaları yavaş yavaş ve devamlı bir şekilde olması nedeni ile fark edilmez. Yapılan çalışmalar; yanlış aydınlatmadan ya da zaman içerisinde aydınlatma elemanlarındaki ışık akısı azalmalarından ötürügözün görme yeteneğinin azaldığını, zamanla ortaya çıkan göz ağrılarından iş kazaların arttığını, verimliliğin azaldığını, ticari işlem hacminin azaldığını ve yetersiz aydınlatmanın estetik hislere ve konfora cevap vermediğini, ortaya koymuştur. Bu sebeple kaliteli bir aydınlatma için başlıca unsur bakımdır. Aydınlık düzeyi planlanan bir bakım periyoduna bağlı olarak, çalışmayan veya arızalı çalışan lambaların yenilenmesi, oda yüzeylerinin ve aydınlatma aygıtlarının temizlenmesi vasıtasıyla müsaade edilen en düşük aydınlık değerinde veya üzerinde tutulmaya çalışılmalıdır [16].

Şekil 1.40'da görüldüğü gibi korunmayan sistemde aydınlık düzeyi 3 yıl içinde başlangıç değerinin %40'ına düşmüştür ve azalmaya devam etmektedir. Sadece yıllık temizleme bakım faaliyetleriyle 3 yılın sonunda başlangıç aydınlık düzeyi değeri %60'lara düşmektedir. Üçüncü yılın sonunda armatür temizliği yapılması, lambaların değişimi ve ortam iç duvar yüzeylerinin boyanması şeklinde yapılan bir bakım programıyla ortam içindeki aydınlık düzeyi ilk değerine getirilebilir. Bu sebeple iyi planlanmış bir bakımiç mekânın tatmin edici bir görünüme kavuşmasına yardımcı olacaktır [16].

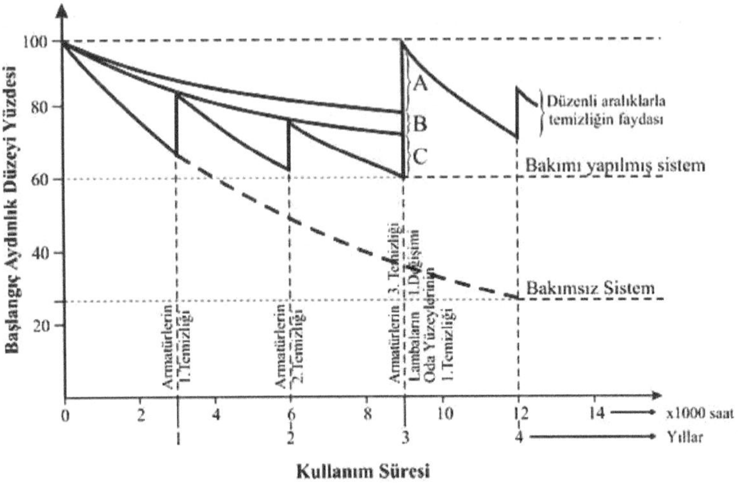

Şekil 1.40 Aydınlık düzeyi üzerinde olumsuz etkiye sahip koşulların etkisi

Aydınlatma elemanlarının çalışma yüzeyine ulaşan ışık akısıazalmalarının temelde dörtsebebi vardır. Bunlar:

- Aydınlatma armatürlerinin yüzeylerinin kirlenmesi,
- İç mekân duvarlarının kirlenmesi,
- Aydınlatma elemanlarındaki ışık akısı azalmaları,
- Aydınlatma elemanlarındaki arızalanmalar [65].

a-)Aydınlatma armatürlerinin yüzeylerinin kirlenmesi

Aydınlatma sistemlerinde ışık akısı kayıplarının başlıca nedeni, lamba ve armatürlerin reflektör gibi ışığın yönlendirilmesine yardımcı olan elemanlarının dış yüzeyinde toplanan kir ve tozlanmadır. Bu tür yansıtıcı yüzeyler üzerinde toplanan kirin yol açtığı ışık akısındaki düşme oranı, yüzeylerin eğimi, yüzey sıcaklığı, armatürün havalandırması, toz yoğunluğu ve armatürü çevreleyen havanın kirliliğinebağlıdır. Açık armatürler ve sadece üstü kapalı armatürler en çok kiri toplayan armatür türüdür. Çok kirli ve tozlu çalışma ortamlarında toz korumalı kapalı tip armatürler tercih edilmelidir. Ayrıca düzenli aralıklarla armatürlerin temizlenmesi ışık kayıplarını azaltacaktır. Armatürlerde kullanılan malzemeler Tablo 1.8'de görüldüğü gibi radyasyon ve ısıdan dolayı zamanla ışığı yansıtma özelliklerini kaybedeceklerdir. Uygun olmayan temizleme malzemeleri ve tekniklerinin kullanımı da iletim ve yansıtma özelliklerinde değişikliğe sebep olacak şekilde yüzeylere zarar verebilir. Armatür bileşenleri genellikle yeni bir tasarıma gidene kadar değiştirilmez. Sadece bazı yansıtıcıların değişimi bile düşük maliyette aydınlatma kalitesini arttırır [16, 66].

Tablo 1.8 Ortamdaki kirlilikten dolayı armatür geriverimlerindeki azalmalar

Armatür Tipi	Başlangıç Geriverimi		1 Yıl Sonra Geriverimi		1 Yıl Sonra Geriverimi		1 Yıl Sonra Geriverimi	
	Normal Kirli	Çok Kirli	Normal Kirli	Çok Kirli	Normal Kirli	Çok Kirli	Normal Kirli	Çok Kirli
Üstü Açık Yansıtıcılı	1	1	0.86	0.83	0.8	0.75	0.74	0.68
Üstü Kapalı Yansıtıcılı	1	1	0.81	0.72	0.69	0.59	0.61	0.52
Toza Karşı Korunmuş	1	1	0.9	0.86	0.86	0.81	0.84	0.79
Açık	1	1	0.82	0.77	0.77	0.71	0.73	0.65
Dolaylı Aydınlatma	1	1	0.81	0.74	0.66	0.57	0.55	0.45

b-) İç mekân duvarlarının kirlenmesi

İç mekân duvarlarında zamana bağlı kirlenmeler mekan içinde yansıyan ışık miktarını azaltmanın yanında ortam içinde komple aydınlık düzeyinin de azalmasına sebep olur. Aydınlık düzeyi hesaplamalarında etkili olan bu durum aynı zamanda armatürün ışık dağılımı ve odanın boyutlarıyla ilgili olduğu Tablo 1.9'da gösterilmiştir. Bu durum en fazla endirekt yansıtıcı bileşene sahip küçük boyutlu odalarda büyük öneme sahiptir [16,23].

Tablo 1.9 Ortamdaki kirlilikten dolayı hacim ve aydınlatma biçimine göre yüzeylerden yansıyan ışık oranındaki azalmalar

Ortam Türü	Aydınlatma Türü	Başlangıç		1 yıl sonra		2 yıl sonra		3 yıl sonra	
		Normal	Kirli	Normal	Kirli	Normal	Kirli	Normal	Kirli
Yüksek Tavanlı Küçük Ortam	Direkt	1	1	0.94	0.93	0.93	0.9	0.92	0.88
	Karma	1	1	0.86	0.82	0.82	0.78	0.79	0.74
	Endirekt	1	1	0.78	0.73	0.73	0.66	0.68	0.59
Normal Boyutlu Ortam	Direkt	1	1	0.96	0.95	0.95	0.94	0.95	0.94
	Karma	1	1	0.88	0.85	0.85	0.81	0.82	0.78
	Endirekt	1	1	0.82	0.77	0.77	0.7	0.72	0.64
Alçak Tavanlı Küçük Ortam	Direkt	1	1	0.96	0.95	0.95	0.94	0.95	0.94
	Karma	1	1	0.88	0.85	0.85	0.81	0.82	0.78
	Endirekt	1	1	0.82	0.77	0.77	0.7	0.72	0.65

c-)Aydınlatma elemanlarındaki ışık akısı azalmaları

Aydınlatma elemanlarındaki ışık akısı miktarı kullanımla birlikte zamana bağlı olarak azalır. Işık akısındaki azalma, lambanın ömrüne bağlı olarak lambanın lümen çıktısının kötüleşmesini tanımlar. Lümen azalma eğrileri, yaşa bağlı olarak farklı ışık kaynaklarının ışık çıktılarının ne kadar düşeceğini gösterir. Aydınlatma elamanındaki ışık akısı miktarındaki azalma iç mekâna en uygun aydınlatma armatürü tipi seçimiile azaltılabilir.

d-)Aydınlatma elemanlarındaki arızalanmalar.

Yukarıdaki üç maddeye ek olarak birde lambaların arızalanmasından, bozulmasındandolayı ortamdaki aydınlık düzeyinde bir azalma söz konusudur. Çalışmayan lambalar sadece aydınlık düzeyinde bir azalmaya sebep olmaz aynı zamanda ortam içindeki aydınlık düzgünlüğününde bozulmasına sebep olur. Lambanın kullanım ömrü kullanılan lambanın tipine bağlı olarak değişir.Bir aydınlatma sistemi için en ekonomik temizleme sıklığı armatürün tipine, kir toplama oranına ve temizleme maliyetine bağlıdır. En ekonomik tasarruf için armatür temizlik aralığı lamba değiştirme sıklığıyla ilgili olmalıdır. Lambalar komple söndükleri zaman bireysel olarak değiştirilebilir. Bu durum nokta değişim olarak isimlendirilir veya bütün tesisat bir defada hepsi birden yenilenebilir. Bu durum ise grup değişim olarak adlandırılır. Genellikle büyük tesisatlarda lambaların tek tek değişimi yerine planlı olarak toplu değişimleri daha ekonomiktir. Lambaların değişimi aydınlatma tasarımcılarının planlarına göre olmalıdır. Eğer aralıklar çok uzun olursa aşırı ışık kayıplarına yol açabilir. Çok kısa olursa da iş gücü ve ekonomik kayıplar ile sonuçlanabilir. Aydınlatmahesaplamaları planlı bir bakım programı ile belirlenir. Bakım faktörü en yüksek değeri “1” olduğu gibi, aydınlık düzeyi hesaplamalarında aydınlık düzeyini doğru orantılı olarak etkiler. Bakım faktörü herhangi bir aydınlatma tesisatı için gerekli aydınlık düzeyini elde etmede gerekli olan lamba ve armatür sayısının tespit edilmesinde büyük öneme sahiptir [16].

1.2.12.2 Yıpranma çarpanı (depresiasyon faktörü)

Aydınlatma sistemlerinde bakım gerekliliğindede belirtildiği gibi aydınlatma sistemi ne kadar iyi tasarlanmış olursa olsun sağladığı aydınlık miktarı zamanla azalır. Periyodik olarak yapılan bakımlar (temizlik, boya, lamba ve armatür yenileme vb.) bu azalmanın hızı düşürülebilir fakat azalma tamamen önlenemez ve bu aydınlık düzeyindeki düşüş, öteki etkenlere bağlı olarak kullanma süresi boyunca (10-20 yıl), sürüp gider ve aydınlık düzeyi, aşağıdaki Şekil 1.41'de görülen bir eğri çizer. Aydınlatma sistemindeki bu azalmayıpranma (depresiasyon) olarak adlandırılır.

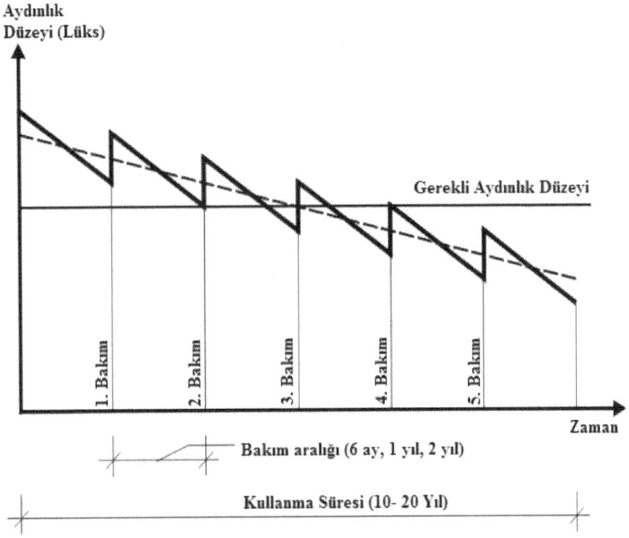

Şekil 1.41 Bir iç mekân içerisindeki aydınlık düzeyinin zamana bağlı grafiği

Hesaplama yöntemlerinde, gerekli aydınlık gereksinimi çizelgelerinde verilen aydınlık düzeyleri, bu eğrinin, kullanım süresi içindeki ortalama değeri olarak alınmaktadır. Başlangıç değeri ile kullanma süresi içindeki ortalama değer arasındaki orana yıpranma çarpanı (depresiasyon faktörü) denmektedir.

$y_ç = Eort_1/Eort_2$ (1.30)

Burada;

$y_ç$ =Yıpranma çarpanı

$Eort_1$= Başlangıştaki ortalama aydınlık düzeyi

$Eort_2$= Kullanım süresi sonundaki ortalama aydınlık düzeyini ifade eder.

1,5 yıpranma çarpanı enerjide üçte bir oranında kayıp olacağını ifade eder. Böyle bir durumda elde edilen aydınlık seviyesi, kullanım süresinin ilk periyodunda gereğinden fazla olmakta, ikinci periyodunda ise giderek yetersiz kalmaktadır. Aydınlık düzeyindeki bu azalmanın, sarf edilen elektrik enerjisi ile hiç bir ilgisi bulunmadığından, bununla ilgili giderler, kullanma süresi boyunca hep aynı kalmaktadır. Yani aydınlatma için harcanan para sabit kalmakta sadece kullanılan aydınlık düzeyi 1. ve 2. periyotlar arasında dengesizlik göstermektedir. Bu da aydnlatma sistemlerinde istenmeyen bir durumdur.

Yıpranma çarpanı, aydınlatma çeşidi ve çevre şartlarına göre normalden yüksek değerlere de çıkabildiğinden uygulamada boşuna harcanan enerji oldukça önem kazanır hale gelmektedir. Yukarıda da belirtildiği gibi, yıpranma çarpanının 1,5 olması durumunda harcanan enerjinin üçte biri gereksiz yere harcanmış olur (Şekil 1.42) [16, 67].

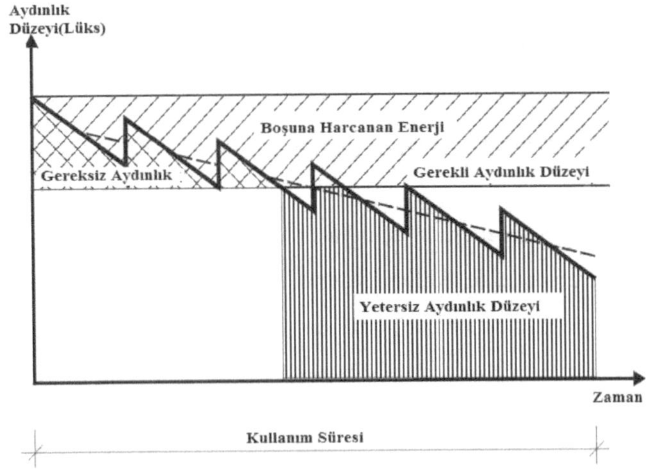

Şekil 1.42 Yıpranma çarpanının 1,5 olması durumunda gereksiz enerji harcanma durumu

Yıpranmadan dolayı meydana gelebilecek kayıplardan kaçınmak için başlangıç aydınlık seviyesi gereğinden fazla olacak şekilde bir tasarım düşünülebilir. Bu yolla aydınlatmanın daha uzun süre yeterli düzeyde kalması sağlansa da çok daha fazla enerji kaybı meydana gelecektir. Yıpranma için en iyi çözüm dimmer sistemleri kullanmaktır. Bu yöntemle armatürlerin harcadığı enerji ve sağladığı aydınlık seviyesi ayarlanabilir. Ancak dim edilebilir armatürlerin seçilmesi gereklidir ve ayrıca fazladan bir ilk yatırım yapılmasını gerektirir. Bir Aydınlatma sisteminde kullanılacak olan gerekli aydınlık düzeyi daha önceden hazırlanmış çizelgelerden belirli çalışmalar sonunda elde edilmiş, uzun deneyimlere dayalı değerlerdir. Aşağıda Şekil 1.43'de bir iç mekânın temizlik derecesine göre yıpranma çarpanının zamana bağlı değişim grafiği görülmektedir [16, 67].

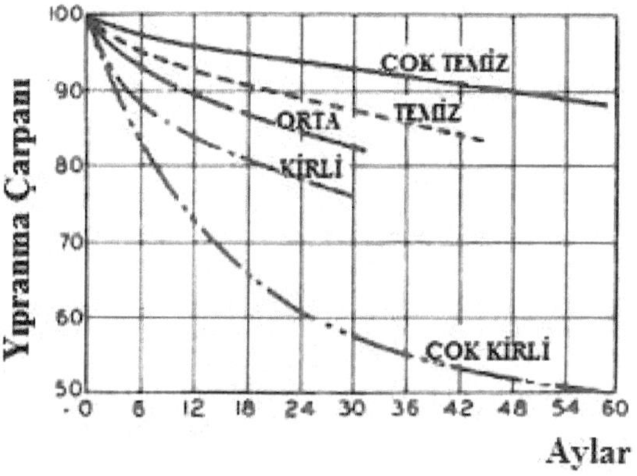

Şekil 1.43 Bir iç mekânın temizlik derecesine göre yıpranma çarpanının zamana bağlı değişim grafiği

Bu uzun çalışmalara bağlı olarak hazırlanmış aydınlatma benzetim programlarıda bu işlevi yerine getirmektedir. Bunlara uyulmadığında, çok kısa sürede, ya da zaman içinde ortaya çıkacak zararlar söz konusudur. Böyle olunca da bir aydınlatma düzeninin, kullanma süresinin yarısından sonra gerekli aydınlığı sağlayamaması kaçınılmaz bir durumdur. Son yıllarda bu düşünce giderek ağırlık kazanmaya başlamış ve sağlanan aydınlığın, kullanma süresi sonuna kadar gerekli aydınlık düzeyi altına inmemesinin gerekliliği yeni yönetmeliklerde yer almaya başlamıştır. Fransa'da1993 yılının ekim ayında işyerleriyle ilgili yayınlanan yeniyönetmelikte bu konuya örnek olarak gösterilebilir. Bu durumda aşağıdaki Şekil 1.44'deki eşit üçgen ve eşit dikdörtgenlerden de anlaşıldığı gibi, yıpranma çarpanının iki katına çıkmasına ve dolayısıyla gereğinden fazla aydınlığın, boşa giden enerjinin de iki katına çıkmasına sebep olacaktır. Yani yukarıdaki örnekte 1.5 olan yıpranma çarpanı 3 olacak ve harcanan enerjinin üçte ikisi Şekil 1.44'de görüldüğü gibi boşa harcanmış olacaktır [16, 68].

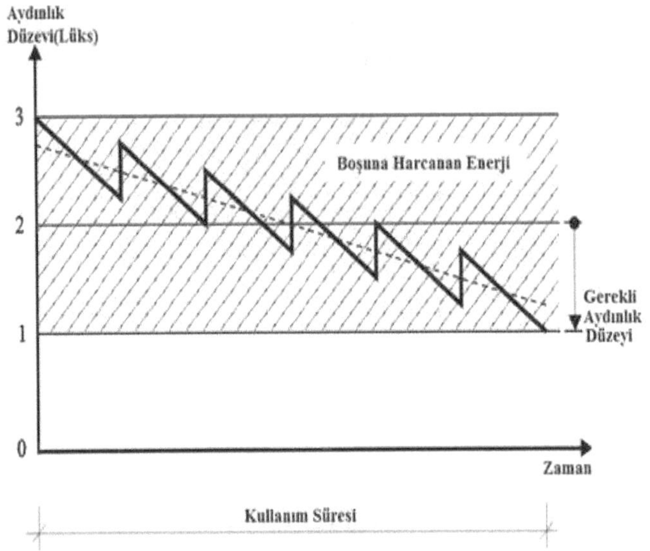

Şekil 1.44 Yıpranma çarpanının 3 olması durumunda boşa harcanan enerjinin grafiği

Aydınlatmada enerjinin verimli kullanımı için; kurulum aşamasında amaca uygun aydınlatma tasarımı yapılmalı, aydınlatma sisteminin kurulu gücü ve yapay aydınlatma sisteminin kullanım süresi en aza indirilmeli, mevcut bir sistemde kullanım esnasında bakım ve temizlik çalışmaları düzenli olarak yapılmalıdır [12]. Çünkü zamana bağlı olarak aydınlatma elemanlarının ışık akısı değerlerinde azalmalar meydana gelmektedir. Yani zamanla aydınlatma elemanlarının ekonomik ömürleri ve ortalama ömürleri dolmaktadır. İstatistiksel bakımdan değerlendirmeye yetecek sayıda lambadan oluşan biraydınlatma sisteminde, lambaların 100 saat kullanımından sonraki toplam ışık akılarının, %30 kayba ulaştıkları ana kadar geçen süreye ekonomik ömür denir. Lambaların ekonomik ömrü genellikle lambaların kataloglarında yazan ortalama ömrün %60'ı olarak tanımlanır. Gereksiz yere enerji tüketip, yeterince aydınlanamama tehlikesini ortadan kaldırmak için, lambaların ekonomik ömürleri sonunda yenileriyle değiştirilmeleri gerekmektedir [69]. Dolayısıyla bir aydınlatma tesisindeki lambaların değiştirilme zamanları ile ilgili karar vermek önemlidir. Bunun için öncelikle lambaların ekonomik ömürleri sonundaki toplam ışık akılarını ve başlangıçtaki toplam ışık akılarını tanımlamak gerekmektedir [70, 71].

$\Phi_0 = N.\Phi_{10}$ ve $\Phi_{te} = n.\Phi_{1te}$ (1.31)

Bu denklemde;

Φ_0 = Tesisin başlangıçtaki toplam ışık akısı

Φ_{10} = Tek bir lambanın ışık akısı

N = Başlangıçta tesiste çalışır durumdaki lamba sayısı

Φ_{te} = Tesisin ekonomik ömür sonundaki toplam ışık akısı

Φ_{1te} = Tek bir lambanın ekonomik ömür sonundaki ışık akısı

n = Ekonomik ömür sonunda hala çalışır durumdaki lamba sayısı

te = Tesisin ekonomik ömrünü ifade etmektedir [16].

Ekonomik ömür sonundaki toplam ışık akısı ile başlangıçtaki toplam ışık akısı oranlanırsa;

$\Phi_{te}/\Phi_0 = n/N = \Phi_{1te}/\Phi_{10}$ (1.32)

$K_{1e} = \Phi_{1te}/\Phi_{10}$ (1.33)

$K_{2e} = n/N$ (1.34)

elde edilir. Burada;

K_{1e}= Ekonomik ömür sonunda lambaların ışık akılarındaki azalma oranı,

K_{2e} = Tüm tesisteki lambaların ekonomik ömür boyunca kullanılabilme oranıdır [72, 23]. Aydınlatma sisteminin ekonomik ömrünün sonunda toplam ışık akısında, lamba ışık akılarında azalma ve lambaların kullanılamaz hale gelmelerinden dolayı %30'luk bir kayıp söz konusu olduğu göz önüne alınarak $(K_{1e}.K_{2e}) < 0,7$ oranların çarpımı 0,7'nin altına düştüğü anda lambaların ekonomik olarak ömrünü tamamladığı düşünülür ve lambaların tamamının değiştirilmesi gerekir. Eğer bu önerilen değişiklik yapılmaz ise uygun aydınlatma koşullarından uzaklaşılır ve çeşitli sağlık şikâyetleri ortaya çıkabilir [72]. Biraydınlatmasisteminde, normal şartlarda lambaların % 50'sinin kullanılmaz halegelmesi için geçen süreye ise ortalama ömür denir. Aşağıdaki Şekil 1.45'de lamba ömrünün zamana bağlı grafiği verilmiştir [72].

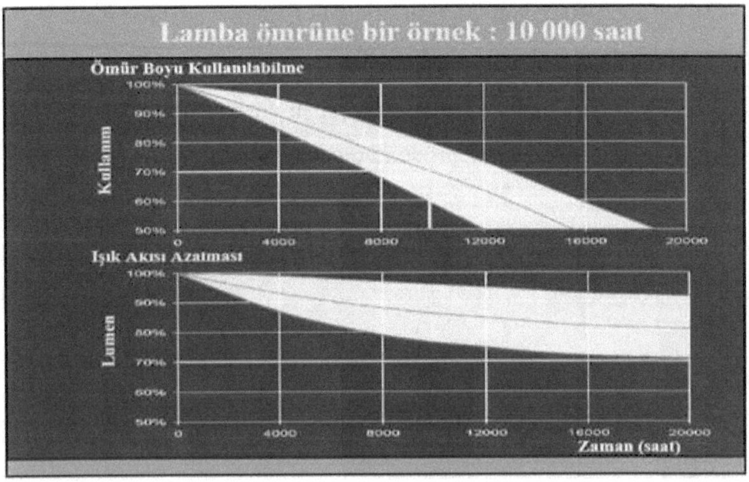

Şekil 1.45 Lamba ömrünün zamana bağlı grafiği

1.3 Yapay Zekâ

Zekâ, Latince 'intellectus' kelimesinden türetilmiştir. 'Intellectus' kelime anlamı olarak, 'akıllı' anlamına gelmektedir. Zekâ kavramlar ve algılar yardımıyla somut ya da soyut nesneler arasındaki ilişkiyi kavrayabilme, soyut düşünme, akıl yürütme, gerçekleri algılama, kavrama, muhakeme etme ve bu tür zihinsel işlevleri uyumlu şekilde belirli bir amaca yönelik olarak kullanıp bir takım çıkarımlar yapabilme yeteneğidir ve kavramsal olarak çeşitli tanımları yapılmıştır:

- Karmaşık bir problemi çözmek için gerekli bilgileri toplayıp birleştirme kabiliyetidir.
- Karmaşık bir problemi, çözüm arama alanını daraltarak kısa yoldan çözebilme kabiliyetidir"[73].
- Cevap vermede, muhtemel çözümleri inceden inceye aramadaki çabukluk ve bir problemin evreleri arasındaki yeni ilişkileri anlayabilme kapasitesidir.
- Yeni bir düzeneği veya kuralı keşfetme ya da bir tahmin yürütme ile ilgili faaliyettir.
- Psikoloji vebilişselbilimin birparçasıdır [74].
- Biyologlar, zekâyı çevreye uyum kabiliyeti olarak görürken, eğitimciler öğrenme, psikologlar ilişkileri anlama, bilgisayarcılar ise bilgiyi işleme kabiliyeti şeklinde değerlendirmektedirler. Şuur, bilinçaltı, ruh gibi açık uçlu bir kelime olduğu için zekânın evrensel bir tarifi yapılamamıştır [75].

Literatürde 'Artificial Intelligence' olarak adlandırılan ve insanlar tarafından yapıldığında zeki olarak adlandırılan davranışların makineler tarafından gerçekleştirilmesine 'Yapay Zekâ' denir. Bazen makine zekâsı (machine ıntelligence)olarak da kullanılmaktadır. Yapay Zekâ kavramının John McCarthy tarafından yapılan tanımı şöyledir. Yapay Zekâ: 'Zeki makineler özellikle de, zeki bilgisayar programları yapma bilimi ve mühendisliğidir'.

Yapay zekâ bir bilgisayar bilimi olup, bilgi ve davranışa dayalı sistemler oluşturur ve zeki davranışlar üzerine araştırmalar yapar. Yapay zekâ, insanın düşünme yapısını anlamak ve bunun benzerini ortaya çıkaracak bilgisayar işlemlerini geliştirmeye çalışmak olarak da tanımlanabilir. Daha geniş bir tanıma göre ise, yapay zekâ, görme, algılama, bilgi edinme, düşünme ve bunların neticesinde bir takım sonuçlar çıkarıp karar verme gibi insan zekâsına özgü kapasitelerle donatılmış bilgisayardır [75].

1.3.1 Yapay zekânın tarihçesi

Bazı kaynaklar [76] 1956 yılında iki genç asistan profesör tarafından başlatıldığını belirtsede yapay zekânın tarihini Ortaçağ'a kadar götürmek mümkündür. Milattan sonra dokuzuncu yüzyılda Abbasiler döneminde (750-1256) Musa kardeşlerin, hidrolik prensiplerine göre çalışan otomatik makineler icad ettikleri, daha sonra Selçuklular döneminde Ebul İzz'in de bu çalışmaları da sürdürdüğü bilinmektedir [77].

Otomatik makinalar konusu, Rönesans döneminde Leonardo da Vinci'nin de dikkatini çekmiştir. Daha sonra Fransız matematikçisi Pascal mekanik bir hesap makinesi geliştirmeye çalıştı. Ondokuzuncu yüzyılda ise, İngiliz bilgini Babbage, Fransız mühendis Jacquard'ın dokuma tezgâhları için icad ettiği bir tekniği kullanarak ilk programlanabilir mekanik bilgisayarı (Analytical Engine) geliştirmeye çalışmıştır [78]. Fakat o zamanki teknoloji yeteri kadar hassas olmadığı için, projesi yarım kalmıştır. (Babbage'in çalışmaları Londra'daki Science Museum'da sergilenmektedir.) Babbage'ın çalışmalarının sürdüğü sıralarda, bir başka İngiliz matematikçi George Boole iki değerli modern mantığın temellerini atmıştır. Sembolik mantığın ondokuzuncu yüzyılın ikinci yarısında Boole ve daha sonra Frege'nin çalışmalarıyla başlayıp yirminci yüzyılda Russell ve Whitehead'in çalışmalarıyla gelişmesi de bilgisayar bilimlerinin ve yapay zekânın gelişmesinde önemli rol oynamıştır [78].

İkinci Dünya Savaşı öncesinde Turing'in hesaplanabilirlik teorisi üzerine yaptığı çalışmalar zeki sistemler üzerine yapılan önemli çalışmaların başında gelmiştir. 1940'larda sibernetik alanında yapılan çalışmalar insan ve makine arasındaki birçok paralellikleri ortaya çıkarmıştır. 1948 yılında Norbert Wiener sibernetik üzerine yayınladığı yazısında, insan beynindeki tüm fonksiyonların elektronik olarak kopyalanmasının mümkün olduğunu iddia etmiştir. İleriki yıllarda sibernetik, bilgi teorisi, geri beslemeli kontrol sistemleri ve elektronik bilgisayarlarla ilgili kavramları birleştiren önemli bir araştırma alanı haline gelmiştir. 1940'larda John von Neumann günümüz bilgisayarlarının temelini oluşturan özellikleri açıklamış ve modern bilgisayarların mimarisini tasarlamıştır [78].

1950'lerde bilgisayarların ticari şirketlerde kullanılmaya başlaması ile yapay zeka ayrı bir araştırma alanı olarak ortaya çıkmıştır. Claude Shannon ve Allen Newell'in geliştirdikleri satranç programları ve diğer oyunları oynayan programlar ortaya çıkmıştır. Otomatik çeviri programları üzerine çalışmalar da bu yıllarda başlamıştır.1956 yılında IBM tarafından düzenlenen konferansa yapay zekânın öncüleri olarak sayılan Marvin Minsky, Allen Newell, Claude Shannon ve Herbert Simon katılmış ve aynı toplantıda John McCarthy bu alandaki çalışmalara "yapay zekâ" adını vermiştir. Allen Newell ve Herbert Simon daha sonra ilk teorem ispatlayıcısı olan Logic Theorist programını geliştirmişlerdir. Bu program Whitehead ve Russell'ın eseri Principia Mathematica'daki teoremleri ispatlamak üzere düşünülmüştür. Bu çalışma, Newell ve Simon'ın sonraki projesi GPS sistemi (Genel Problem Çözücü) için de bir temel oluşturmuştur. GPS sistemi, sembolik integral almadan yamyamlar-misyonerler problemine kadar çeşitli problem çözümleri için geliştirilmiştir. Herbert Gelernter tarafından geliştirilen geometri teoremi ispatlama makinesi ortaokul düzeyi düzlem geometrisi problemlerini çözmüştür.1950'lerin sonlarına doğru çalışmalar şekil tanıma ve kendi kendine adapte olan sistemler üzerine yoğunlaşmıştır. Aynı dönemde John McCarthy MIT(Massachusetts Institute of Technology)'de önemli yapay zekâ programlama dillerinden biri olan Lisp'i geliştirmiştir. 1965 yılında kimyasal bileşenler ve kütle spektrometri verilerinden moleküler yapıları bulan DENDRAL programı çalışması J. Lederberg, Edward Feigenbaum ve Carl Djerassi tarafından Stanford Üniversitesi'nde başlatılmıştır. DENDRAL programı, ilk bilgi tabanlı uzman sistem olarak geliştirilmiştir [3,79].

1965 yılında Weizenbaum ELIZA adındaki ilk psikiyatrist programını geliştirmiştir. Bu basit fakat etkileşimli bir programdır. 1968'de ise bir çok matematik problemini çözen MACSYMA programının çalışmaları MIT'de Carl Engelman,William Martin ve Joel Moses tarafından başlatılmıştır.
1972'de yapay zekâ dili Prolog, Alan Colmaurer tarafından geliştirilmiştir. Bu programlama dili 1975'te D. Warren tarafından bilgisayarlarda uygulanmıştır. Prolog, bu gün yapay zekâ çalışmalarında kullanılan önemli bir programlama dilidir[79].

1981 yılında Japonlar yeni başlattıkları "5. Nesil Bilgisayar Projesi"nde Prolog programlama dilini kullanmayı planladıklarını duyurmuşlardır. Bilgi tabanlı sistemlerin başarılı uygulamaları daha sonra genel bilgi sistemlerinin geliştirilmesine yol açmış ve 1983'de Amerika' da CYC, 1984'de Japonya'da EDR Projeleri başlatılmıştır [80].

Son 60 yıldaki yapay zekâ çalışmalarını üç safhada özetlemek mümkündür;
1) Algılayıcılar ve Yapay Sinir Ağları üzerinde yapılan çalışmalar: Bu safhadaki çalışmalar 1940-1965 yılları arasında ve 1982'den günümüze kadar devam etmiştir.

2) Sembolik Yapay Zekâ dönemi: 1965-1975 yılları arasında ön plana çıkmıştır.

3) Bilgi Tabanlı Sistemler alanındaki çalışmalar: 1975'ten günümüze kadar gelmektedir.

Yukarıda bahsi geçen tüm bu çalışmaların sonunda yapay zekâ araştırmacıları iki gruba ayrılmışlardır. Bir grup insan gibi düşünen sistemler yapmak için çalışırken, diğer grup ise rasyonel karar verebilen sistemler üretmeyi amaçlamıştır. Aşağıda bu yaklaşımlar kısaca açıklanmıştır [80].

1.3.2 Yapay zekâ yaklaşımları

İnsan gibi düşünen sistemler, İnsan gibi davranan sistemler ve Rasyonel düşünen sistemler olmak üzere üç farklı yapay zekâ yaklaşımı vardır [3].

1.3.2.1 İnsan gibi düşünen sistemler

İnsan gibi düşünen bir program üretmek için insanların nasıl düşündüğünü saptamak gerekir. Bu da psikolojik deneylerle yapılabilir. Yeterli sayıda deney yapıldıktan sonra elde edilen bilgilerle bir kuram oluşturulabilir. Daha sonra bu kurama dayanarak bilgisayar programı üretilebilir. Programın giriş/çıkış ve zamanlama davranışı insanlarınkine benzerse, programın düzeneklerinden bazılarının insan beyninde de mevcut olabileceği söylenebilir. İnsan gibi düşünen sistemler üretmek bilişsel bilimin araştırma alanına girmektedir. Bu çalışmalarda asıl amaç genellikle insanın düşünme süreçlerini çözümlemede bilgisayar modellerini bir araç olarak kullanmaktır [3].

1.3.2.2 İnsan gibi davranan sistemler

Yapay zekâ araştırmacılarının baştan beri ulaşmak istediği ideal, insan gibi davranan sistemler üretmektir. Turing zeki davranışı, bir sorgulayıcıyı kandıracak kadar bütün bilişsel görevlerde insan düzeyinde başarım göstermek olarak tanımlamıştır. Bunu ölçmek içinde Turing testi olarak bilinen bir test önermiştir. Turing testinde denek, sorgulayıcıyla bir terminal aracılığıyla haberletirilmiş. Sorgulayıcı, deneğin insan mı yoksa bir bilgisayar mı olduğunu anlayamazsa denek Turing testini geçmiş sayılırmış. Turing, testini tanımlarken; zekâ için bir insanın fiziksel benzetiminin gereksiz olduğunu düşündüğü için sorgulayıcıyla bilgisayar arasında doğrudan fiziksel temastan söz etmekten kaçınmıştır. Burada vurgulanması gereken nokta, bilgisayarda zeki davranışı üreten sürecin insan beynindeki süreçlerin modellenmesiyle elde edilebileceği gibi tamamen başka prensiplerden de hareket edilerek üretilmesinin olası olmasıdır [3].

1.3.2.3 Rasyonel düşünen sistemler

Bu sistemlerin temelinde mantık yer alır. Burada amaç çözülmesi istenen sorunu mantıksal bir gösterimle betimledikten sonra çıkarım kurallarını kullanarak çözümünü bulmaktır. Yapay zekâ'da çok önemli bir yer tutan mantıkçı gelenek, zeki sistemler üretmek için bu çeşit programlar üretmeyi amaçlamaktadır. Bu yaklaşımı kullanarak gerçek sorunları çözmeye çalışınca iki önemli engel karşımıza çıkmaktadır. Mantık, formel bir dil kullanır. Gündelik yaşamdan kaynaklanan, çoğu kez de belirsizlik içeren bilgileri mantığın işleyebileceği bu dille göstermek hiç de kolay değildir. Bir başka güçlük de en ufak sorunların dışındaki sorunları çözerken kullanılması gerekecek bilgisayar kaynaklarının üstel olarak artmasıdır [3].

1.3.2.4 Rasyonel davranan sistemler

Amaçlara ulaşmak için inançlarına uygun davranan sistemlere rasyonel davranan sistemler denir. Bu yaklaşıma göreyapay zekâ, rasyonel ajanların incelenmesi ve oluşturulması olarak tanımlanmaktadır. Rasyonel bir ajan olmak için gerekli koşullardan biri de doğru çıkarımlar yapabilmek ve bu çıkarımların sonuçlarına göre harekete geçmektir. Ancak, yalnızca doğru çıkarım yapabilmek yeterli değildir. Çünkü bazı durumlarda doğruluğu ispatlanmış bir çözüm olmadığı halde yine de bir şey yapmak gerekebilir. Bunun yanında çıkarımdan kaynaklanmayan bazı rasyonel davranışlar da vardır. Örneğin, sıcak bir şeye dokununca insanın elini çekmesi bir refleks harekettir ve uzun düşünce süreçlerine girmeden çok kısa bir zaman zarfında yapılır.Bu yüzden yapay zekâyı rasyonel ajan tasarımı olarak gören araştırmacılar, iki avantaj öne sürmüşlerdir. Birincisi düşünce yasaları yaklaşımından daha genel olması, ikincisi ise bilimsel geliştirme yöntemlerinin uygulanmasına daha uygun olmasıdır [3,99].

1.3.3 Yapay zekâ'nın amaçları

Yapay zekânın amaçları aşağıdaki gibi özetlenebilir;

- İnsan beyninin fonksiyonlarını bilgisayar modelleri yardımıyla anlamaya çalışmak,
- İnsanların sahip olduğu zihinsel yetenekleri, bilgi kazanma, öğrenme ve buluş yapmada uyguladıkları strateji, yöntem ve teknikleri araştırmak,
- Bu öğrenme yöntemlerini biçimsel hale getirmek ve bilgisayarlarda bilgi sistemleri halinde uygulamak,
- İnsanların bilgisayar kullanımını kolaylaştıracak insan-bilgisayar arabirimleri geliştirmek,
- Belli bir uzmanlık alanı içindeki bilgileri bir bilgi sistemi veya uzman sistem halinde toplamak,
- Geleceğin bilgi toplumunun kurulmasında önemli rol oynayacak genel bilgi sistemleri geliştirmek,
- İş yardımcıları ve zeki robot timleri geliştirmek,
- Bilimsel araştırma ve buluşlarda yararlanmak üzere, araştırma yardımcıları geliştirmektir [99].

1.3.4 Yapay zekâ uygulamaları ve teknikleri

Yapay zekâ uygulamaları aşağıdaki gibi sıralanabilir;

- Uzman Sistemler [81]
- Robotik [82-83]
- Doğal Diller [84]

- İnsan Duyularının Taklidi,
- Yapay Sinirsel Ağlar,
- Sanal Gerçeklik.

Yapay zekâ teknikleri ise aşağıdaki gibi gruplandırılabilir;

- Yapay Sinir Ağları,
- Bulanık Mantık,
- Sezgisel Algoritmalar (Genetik Algoritmalar, Tabu Arama, Karınca Algoritması, Isıl İşlemler, Bağışıklık Sistemi vb.) [85,99]

1.3.5 Yapay sinir ağları

Yapay Sinir Ağları (YSA)Yapay Zekâbilimi adı altında, bilim adamlarının çok yoğun ilgi gösterdikleri bir araştırma alanıdır. Bilgisayar ortamında, beynin yaptığı işlemleri yapabilen, karar veren, sonuç çıkaran, yetersiz veri durumunda var olan mevcut bilgiden yola çıkarak sonuca ulaşan, sürekli veri girişini kabul eden, öğrenen, hatırlayan bir algoritma, kısaca "Yapay Sinir Ağı" olarak adlandırılır. Yapay sinir ağları (ANN), insan beynindeki nöronlara benzer olarak, yapay nöronların değişik bağlantı geometrisi ile birbirlerine bağlanmasıyla oluşan karmaşık sistemlerdir. Bu karmaşık sistemler klasik yöntemlerle çözülemeyen problemleri insan beyninin çalışma sistemine benzer yöntemlerle çözmeye çalışır. Bu yüzden yapay sinir ağları karmaşık ve kötü şartlanmış problemlerin çözümünde oldukça geniş kabul görmüş yöntemdir. Yapay sinir ağları insan beyninin fonksiyonel özelliklerine benzer şekilde [3,99],

- Öğrenme
- İlişkilendirme
- Sınıflandırma
- Özellik belirleme

- Optimizasyon
- Genelleme
- Tahmin

gibi konularda başarılı bir şekilde uygulanmıştır. Günümüzde kullanılan tahmin yöntemlerinde genellikle analitik bilgisayar kodları kullanılmaktadır. Kullanılan algoritmalar ise genellikle karmaşık diferansiyel eşitliklerin çözümüne dayanmakta ve doğru sonuçların elde edilebilmesi için güçlü bilgisayarlara ve zamana gereksinim duyulmaktadır. Oldukça karmaşık matematiksel yöntem ve algoritmalar yerine ANN'lar anahtar bilgi örneklerini çok boyutlu veri tabanından öğrenebilirler [86]. Bunlara ilave olarak, sinir ağları gürültülü ve eksik verileri işleyebildiklerinden hata toleransları yüksektir.

Yapay sinir ağları (ANN) ile ilgili çalışmalar XX. yüzyılın ilk yarısında başlamış ve günümüze kadar büyük bir hızla devam etmiştir [87]. Yaklaşık yetmiş yıldır kullanımda olan ve son yıllarda özellikle elektrik, elektronik, kimya, üretim, robotik, malzeme bilimi [88-90], ekonomi [91], fiziksel metalürji, otomotiv, savunma ve telekomünikasyon [92], gibi birçok alanda başarılı şekilde kullanılmış olan yapay sinir ağlarıyla ilgili günümüzde başarılı uygulamalarından söz eden saygın uluslararası bilimsel dergilerde yayınlanmış yüzlerce makale bulunmaktadır.

1.3.5.1 Yapay sinir ağlarının tarihi gelişimi

1950'li yılların sonlarında, büyük ölçekli işlemcilerin geliştirilmesiyle, beynin yaptığı işlemleri yapabilecek sinir ağlarının oluşturulabilmesi mümkün hale gelmiştir. Gerçekten de, YSA'lar dijital işlemcilerin geliştirilmesinden sonra işlem yöntemi olarak önemli bir yeni yaklaşım olarak görülmüşler. YSA simülasyonları, nispi olarak yeni bir gelişme olarak görülmüş. Bununla beraber, bu alan bilgisayarın çıkışından önce ortaya çıkmış ve bir bocalama devresi geçirdikten sonra yoluna devam etmiştir. Bilgisayarların yaygın bir şekilde kullanılmaya başlanmasıyla birlikte, YSA alanında oldukça önemli gelişmeler olmuştur. Bu alandaki araştırmalar ve çalışmalar büyük bir ilgi ile başlamış fakat beklenen gelişmelerin gerçekleşmemesi sonucunda ilgi azalmış ve bir suskunluk dönemi yaşanmıştır. Profesyonel ve maddi katkının en az olduğu bu dönemde, sadece birkaç araştırmacı tarafından katkı sağlanmıştır. Bu araştırmacılar, Minsky ve Papert tarafından tanımlanan sınırlamaları etkisiz kılan bir teknoloji geliştirmişlerdir. Minsky ve Papert, 1969 yılında bir kitap yayınlamışlar ve bu kitapta, araştırmacılar arasında ön plana çıkan ve ekstra analiz yapılmadan kabul gören YSA'na karşı bazı olumsuzlukları toplamışlardır. YSA tarihi, 4 dönem halinde incelenebilir: [3,93]

a-) İlk girişimler

Bu dönemde, genel mantığı kullanan başlangıç simülasyonları yapılmıştır. McCulloch ve Pitts 1943'te, kendi nöroloji anlayışları çerçevesinde YSA modelleri geliştirmişlerdir. Bu modeller, nöronların çalışma şekilleri hakkında bazı varsayımlarda bulunmuştur. Oluşturdukları ağlar, sabit eşiklere sahip ikili aletler olarak görülen basit nöronları temel almıştır. Modellerinin sonuçları, "a veya b" ve "a ve b" gibi basit mantıksal fonksiyonlardır. Diğer bir girişim, bilgisayar simülasyonları kullanılarak yapılmıştır. Bu noktadaki katkılar iki araştırmacı grubu tarafından (Farley ve Clark (IBM araştırmacıları), modellerini çalıştıramamışlar ve McGill Üniversitesinden nörobilimcilerle ortak bir çalışma yapmışlardır. Bu etkileşim, günümüze kadar süren çok disiplinli bir eğilim oluşturmuştur [76, 93].

b-) Umut verici gelişmeler

YSA'ların gelişmesinde tek etkisi olan nörobilim değildir. Psikologlar ve mühendisler de YSA simülasyonundaki ilerlemeye katkı sağlamıştır. Rosenblatt 1958'de Perceptron'u tasarlayıp geliştirdikten sonra, bu alandaki ilgi ve etkinlik canlanmaya başlamıştır. Perceptron üç tabaka içermektedir ve orta tabaka birleştirme tabakası olarak adlandırılmaktadır. Bu sistem, bir veri girdi kümesinin bir çıktıya bağlanma veya birleşme şeklini öğrenebilmektedir. Burada öğrenme kelimesi, bağlantı ağırlıklarının ilişkiye göre ayarlanması anlamında kullanılmaktadır. Diğer bir sistem (ADALINE – Adaptive Linear Element) ise Stanford Üniversitesinden Widrow ve Hoff tarafından 1960 yılında geliştirilmiştir. Basit bileşenlerden oluşan bir analog elektronik alet olan ADALINE, kullanılan öğrenme yöntemi ile Perceptrondan farklılaşmıştır. Bu sistemde "En Küçük Ortalama Kareler" yaklaşımı, öğrenme kuralı olarak kullanılmıştır [93].

c-)Olumsuz gelişmeler

1969 yılında, Minsky ve Papert bir kitap yazmış ve bu kitapta çok tabakalı sistemlere göre tek tabakalı perceptronların sahip olduğu sınırlamaları ortaya koymuşlardır. Kitabın ana fikri şu şekilde özetlenebilir: "...bizim sezgisel görüşümüz çok tabakalı sistemlere genişlemenin verimsiz olduğudur.". Kitapta ortaya konulan bu önemli sonuç sonrasında YSA simülasyonlarına yönelik araştırmalar hem ilgi hem de kaynak kaybına uğramıştır. Sonuç olarak, bu alana yönelik önemli bir önyargı oluşmuştur [99].

Yenilikler, ilgi ve kaynağın minimum düzeyde olmasına rağmen bazı araştırmacılar yapı tanımlama gibi problemlerin çözümüne yönelik çalışmalarını sürdürmüşlerdir. Bu dönem süresince bazı ortak değer ve anlayışlar ortaya çıkmıştır. Carpenter ve Grossberg tarafından yapılan çalışmalar, yankı algoritmaları araştıran bir düşünce okulunun temellerini atmıştır. Bu araştırmacılar, temeli biyolojik olarak teorik gelişmelerle ilgilenmişler ve adaptif yapı sınıflandırması konusu üzerine bir makale yayınlamışlardır. Bu makalede bir öğrenme temeli (hata düzeltme metodu) için bir matematiksel teori oluşturulmuştur [76, 99].

Fukushima ise el yazısı karakterlerini yorumlamak için, adım adım eğitilmiş çok tabakalı bir YSA oluşturmuştur. Cognitron olarak adlandırılan bu model 1975 yılında yayınlanmıştır. Makul modellere dayanan ART (Adaptif Rezonans Teorisi) ağlarını geliştirmiştir. Anderson ve Kohonen ise birbirlerinden bağımsız olarak benzer teknikler geliştirmişlerdir. Klopf, 1972 yılında, yapay nöronlarda öğrenme işlemi için, "heterostasis" olarak adlandırılan ve nöronsal öğrenmenin biyolojik prensiplerine dayanan bir temel oluşturmuştur. Werbos, 1974'te geri-besleme öğrenme metodunu geliştirmiş, kullanmış ve bir kaç yıl sonrasında bu metot oldukça popülarite kazanmıştır. Geri besleme ağı, aslında yapay nöronunda farklı bir eşik fonksiyonuna sahip, daha sağlam ve yetenekli öğrenme kuralı olan birçok tabakalı perceptrondur [3, 76].

d-)Yeniden Canlanma

1970'li yılların sonlarında ve 1980'li yılların başlarındaki ilerleme, YSA alanına ilginin yeniden canlanması bakımından önemlidir. Bu hareketi bir kaç faktör etkilemiştir. Örneğin, ayrıntılı kitaplar ve konferanslar çok farklı alanlarda uzmanlaşmış insanlara bir forum imkânı ve dolayısı ile bir etkileşim sağlamıştır. Akademik programlar oluşturulmuş ve en önemli üniversitelerde dersler açılmıştır. Artan ilgi ile beraber, bu alandaki araştırmalara yönelik fonlar artmış ve enstitüler ortaya çıkmıştır. Günümüzde ise yapay sinir ağları alanında daha ileri araştırmalar için gerekli ilgi ve bilgi birikimini sağlamıştır. Sinir sistemi tabanlı işlemciler oluşturulmakta ve karmaşık problemlerin çözümüne yönelik uygulamalar gelişmektedir. Kısacası, bu alan günümüzde bir geçiş dönemi içinde görülmektedir. YSA'lar 1950'li yıllarda ortaya çıkmalarına rağmen, ancak 1980'li yılların ortalarında genel amaçlı kullanım için yeterli seviyeye gelebilmişlerdir [93].

1.3.6 Biyolojik ve yapay sinir hücreleri

1.3.6.1 Biyolojik sinir hücresinin yapısı ve temel elemanları

İnsan beyninin nasıl çalıştığı henüz tam olarakanlaşılabilmiş değildir. Ancak bu konuda beynioluşturan milyarlarca sinir hücresinin önemli roloynadıkları bilinmektedir. Beynin çalışması genelolarak 3 aşamadan oluşur:

1. Bilgi girişi,
2. Sentezleme ve karşılaştırma,
3. Bilgi çıkışı ve eylem.

Beynin bu işlevlerini yerine getirebilmesini sağlayan ise temel yapı elemanı olan sinir hücreleri yani nöronlardır. Sinir hücreleri birbirleri ile ilişki halindedirler. Bu sıkı ilişki, sinirsel işlevin temelini oluşturan bilgi akışını sağlar. Biyolojik sinir ağını oluşturan insan beynindeki nöronlar Şekil 1.46'da görüldüğü gibi 3 temel bölgeden oluşur.

1.Çekirdek ve Soma (Hücre gövdesi): Hücrenin gövde kısmında bulunan çekirdek, hücrenin temel işlevlerini belirleyen ve DNA molekülü üzerinde kodlanmış halde bulunan genetik bilgiyi içerir [3, 94].

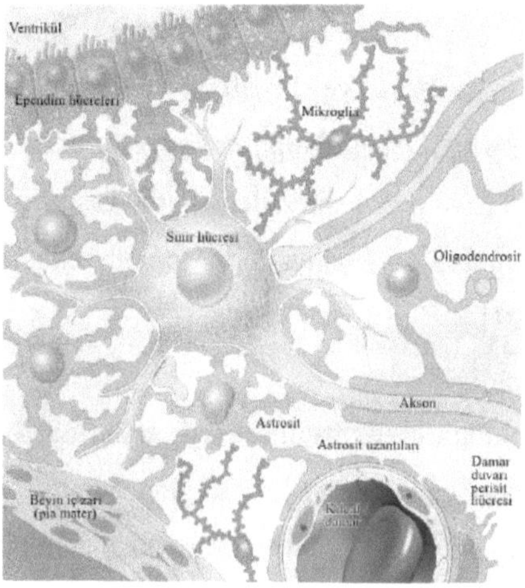

Şekil 1.46 Biyolojik sinir hücresinin yapısı

DNA üzerindeki bilgi, hücrenin bulunduğu ortama, ortamdaki değişimlere ve hücrenin iç çevresine bağlı olarak deşifre edilerek, hücre içi olayların meydana gelmesini sağlar. Hücre etkinliklerine ilişkin yapım/yıkım (metabolizma) faaliyetlerinin büyük bir çoğunluğu ise hücre gövdesinde yürütülür. Hücre gövdesi, jel kıvamındaki hücre plazması (sitoplazma) içinde, mitokondri, golgi aygıtı, endoplazmik retikulum gibi birçok hücre organelini de içeren bölümdür [3, 94].

2. Dendritler ve Akson: Hücre gövdesinden çıkan uzantılardır. Kısa, ağaç dalları biçiminde ve genellikle çok sayıda olan yapılar dendrit adını alır. Diğer hücrelerin aksonlarıyla gelen sinir sinyallerini alarak ait oldukları hücre gövdesine taşırlar. Akson ise uzun ve tek olup, uç kısımlarından genellikle dallanmalar gösterir. Hücre gövdesinde üretilen sinyalleri diğer nöronların dendritlerine taşımakla yükümlüdür [3].

3. Sinapslar: Akson ve dendritlerin veri iletişimi amacıyla bir araya geldikleri birleşim yerlerine sinaps adı verilir. Sinapslar, bir hücrede üretilen sinyalleri, yapısına ve biyofiziksel özelliklerine bağlı olarak sonraki hücreye iletirler. Genel olarak bir sinir hücresi, gövde ve dendritleri aracılığıyla sinyalleri alır. Bu sinyaller akson vasıtasıyla, hücre içindeki genel duruma ve gelen tüm sinyallerin toplam etkisine göre diğer bir hücreye aktarılır [94].

Şekil 1.47'de görüldüğü gibi nöronlar kendi aralarında bağlantılar kurarak, elektrik devrelerine benzer yollarla iletişim sağlayıp, beyin işlevlerinin ortaya çıkmasını sağlayan ana elemanlardır. Bu sistem bir bütün olarak, bir sinir bilimcinin bile hayal edebileceğinin çok ötesinde bir karmaşıklığa sahiptir [94].

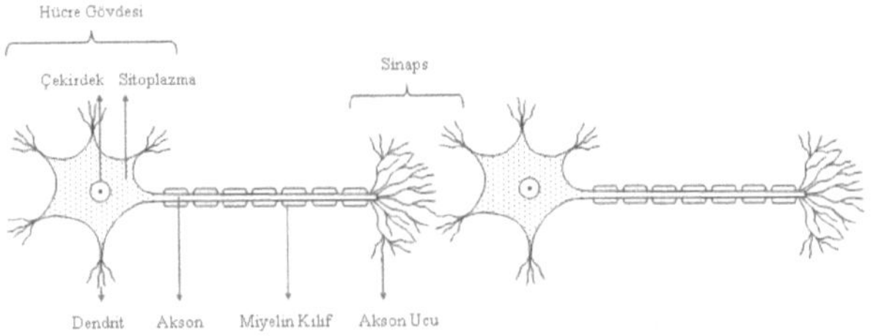

Şekil 1.47 Sinir hücrelerinin bağlantılarının basitleştirilmiş şematik yapısı

1.3.6.2 Yapay sinir hücresinin yapısı ve temel elemanları

Bilgisayar ortamında, beynin yaptığı işlemleri yapabilen, karar veren, sonuç çıkaran, yetersiz veri durumunda var olan mevcut bilgiden yola çıkarak sonuca ulaşan, sürekli veri girişini kabul eden, öğrenen, hatırlayan bir algoritma kısaca “Yapay Sinir Ağları” olarak adlandırılır. Yapay sinir ağları, insan beyni esas alınarak modellenmiş bir sistemdir. Klasik yöntemlerle çözülemeyen problemleri insan beyninin çalışma sistemine benzer yöntemlerle çözmeye çalışırlar [95]. İnsan beynindeki nöronlara benzer olarak meydana getirilen yapay nöronların değişik bağlantı geometrisi ile birbirlerine bağlanmasıyla oluşan karmaşık sistemlerdir [96].

Yapay sinir hücresi (Şekil 1.48), insan beyninin ve gerçek sinir hücrelerinin bilgi işleme teknolojilerinden esinlenerek, biyolojik sinir sisteminin çalışma şekli simüle edilmek suretiyle geliştirilmiş bir bilgi işlem teknolojisidir.

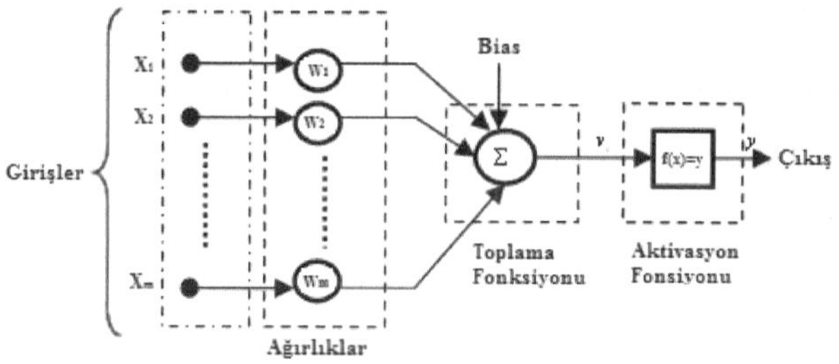

Şekil 1.48 Yapay nöron

Yukarıda da tanımladığımız gibiyapay sinir hücreleri biyolojik sinir hücrelerine benzer yapıdadır. Yapay bir sinir hücresinin elemanları, gerçek bir sinir hücresi elemanlarıyla aşağıdaki gibi eşleştirilmektedir;

- Nöron - İşlemci eleman
- Dentrit - Girdi
- Hücre Gövdesi - Transfer Fonksiyonu
- Akson - Yapay nöron çıkışına karşılık gelir (Şekil 1.49) [97, 98].

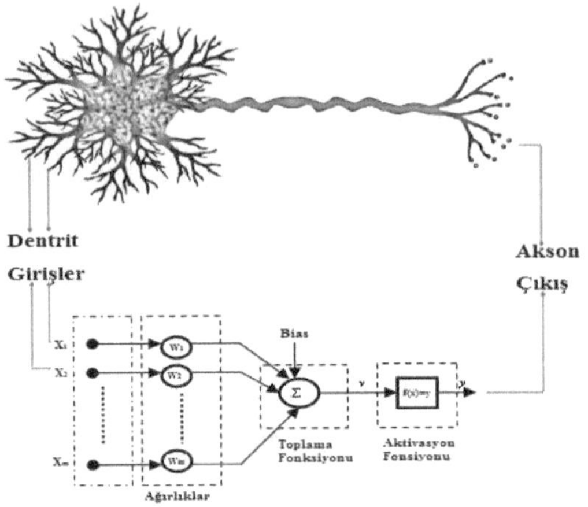

Şekil 1.49 Yapay bir sinir hücresi ile gerçek bir sinir hücresi elemanlarının karşılaştırılması

Biyolojiksinir ağlarının sinir hücreleri olduğu gibi yapay sinir ağlarının da yapay sinir hücreleri vardır. Yapay sinir hücreleri mühendislik biliminde proses elemanları olarak da adlandırılmaktadır. Her proses elemanının 5 temel elemanı vardır (Şekil 1.50).

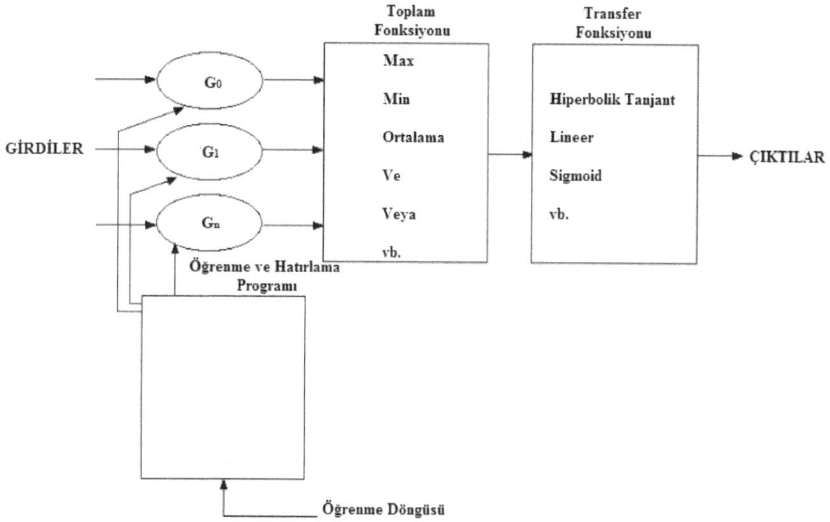

Şekil 1.50 Proses elemanının temel elemanları

Bunlar:

Girdi: Yapay bir sinir hücresine (proses elemanına) dış dünyadan gelen bilgilerdir. Bunlar ağın öğrenmesi istenen örnekler tarafından belirlenir. Yapay sinir hücresine dış dünyadan olduğu gibi başka hücrelerden veya kendisinden de bilgiler gelebilir [99].

Ağırlıklar: Ağırlıklar yapay bir hücreye gelen bilginin önemini ve hücre üzerindeki etkisini gösterir. Ağırlıkların büyük ya da küçük olması önemli veya önemsiz olduğu anlamına gelmez. Bir ağırlığın değerinin sıfır olması o ağ için en önemli olay olabilir. Eksi değerler önemsiz demek değildir. O nedenle artı veya eksi olması etkisinin pozitif veya negatif olduğunu gösterir. Ağırlıklar değişken veya sabit değerli olabilirler [99].

*Toplama Fonksiyonu:*Bu fonksiyon, bir hücreye gelen net girdiyi hesaplar. Bunun için değişik fonksiyonlar kullanılmaktadır. En yaygın olanı ağırlıklı toplamı bulmaktır. Burada her gelen girdi değeri kendi ağırlığı ile çarpılarak toplanır. Böylece ağa gelen net girdi bulunmuş olur [99].

NET $=\sum_i^n$ Gi Ai (1.35)

Burada G girdileri, A Ağırlıkları, n ise bir hücreye gelen toplam girdi (proses elemanı) sayısını göstermektedir. Yalnız yapay sinir ağlarında daima bu formülün kullanılması şart değildir. Uygulanan yapay sinir ağı modellerinden bazıları kullanılacak toplama fonksiyonunu belirleyebilmektedir. Literatürde yapılan araştırmalarda toplama fonksiyonu olarak değişik formüllerin kullanıldığı görülmektedir. Tablo 1.10'da değişik toplama fonksiyonlarına örnekler verilmektedir.

Tablo 1.10 Değişik toplama fonksiyonları

Net Giriş	**Açıklama**
Çarpım Net Girdi=$\prod_i Gi\ Ai$	Ağırlık değerleri girdiler ile çarpılır ve daha sonra bulunan değerler birbirleri ile çarpılarak net girdi hesaplanır.
Maksimum Net Girdi=Max(GiAi), i= 1...N	N adet girdi içinden ağırlıklar ile çarpıldıktan sonra en büyüğü yapay sinir hücresinin net girdisi olarak kabul edilir.
Minimum Net Girdi=Min(GiAi), i= 1...N	N adet girdi içinden ağırlıklar ile çarpıldıktan sonra en küçüğü yapay sinir hücresinin net girdisi olarak kabul edilir.
Çoğunluk Net Girdi=$\sum_i sgn(GiAi)$	N adet girdi içinden ağırlıklar ile çarpıldıktan sonra pozitif ve negatif olanların sayısı bulunur. Büyük olan sayı hücrenin net girdisi olarak kabul edilir.
Kumilatif toplam Net Girdi=Net(eksi) + $\sum(GiAi)$	Hücreye gelen bilgiler ağırlıklı olarak toplanır ve daha önce gelen bilgilere eklenerek hücrenin net girdisi bulunur.

Görüldüğü gibi, bazı durumlarda gelen girdilerin değeri dikkate alınırken bazı durumlarda ise gelen girdilerin sayısı önemli olabilmektedir. Bir problem için en uygun toplama fonksiyonunu belirlemek için bulunmuş bir formül yoktur. Genellikle deneme yanılma yoluyla toplama fonksiyonu belirlenmektedir. Bir yapay sinir ağında bulunan proses elemanlarının tamamının aynı toplama fonksiyonuna sahip olmaları gerekmez. Her proses elemanı bağımsız olarak farklı bir toplama fonksiyonuna sahip olabilecekleri gibi hepsi aynı proses elemanına sahip olabilirler. Hatta ağın bazı proses elemanları grup halinde aynı toplama fonksiyonuna sahip olabilirler. Diğerleri ise farklı fonksiyon kullanabilirler. Bu tamamen tasarımcının kendi öngörüsüne dayanarak verdiği karara bağlıdır [99].

*Aktivasyon Fonksiyonu:*Bu fonksiyon, hücreye gelen net girdiyi işleyerek hücrenin bu girdiye karşılık üreteceği çıktıyı belirler. Toplama fonksiyonunda olduğu gibi aktivasyon fonksiyonu olarak ta çıktıyı hesaplamak içinde değişik fonksiyonlar kullanılmaktadır. Bazı modeller (mesela çok katmanlı algılayıcı) bu fonksiyonun türevinin alınabilir bir fonksiyon olması şart koşulmaktadır. toplama fonksiyonunda olduğu gibi aktivasyon fonksiyonunda da ağın proses elemanlarının hepsinin aynı fonksiyonu kullanması gerekmez. Bazı elemanlar aynı fonksiyonu diğerleri farklı fonksiyonları kullanabilirler. Bir problem için en uygun fonksiyonda yine tasarımcının denemeleri sonucunda belirleyebileceği bir durumdur. Uygun fonksiyonu gösteren bir formül bulunmuş değildir. Günümüzde en yaygın olarak kullanılan çok katmanlı algılayıcı modelinde genel olarak aktivasyon fonksiyonu olarak sigmoid fonksiyonu kullanılmaktadır. Bu fonksiyon bu formülle gösterilmektedir [99].

$$F(NET) = \frac{1}{1+e^{-net}} \quad (1.36)$$

Burada net proses elemanına gelen net girdi değerini göstermektedir. Bu değer toplam fonksiyonu kullanılarak belirlenmektedir [99].

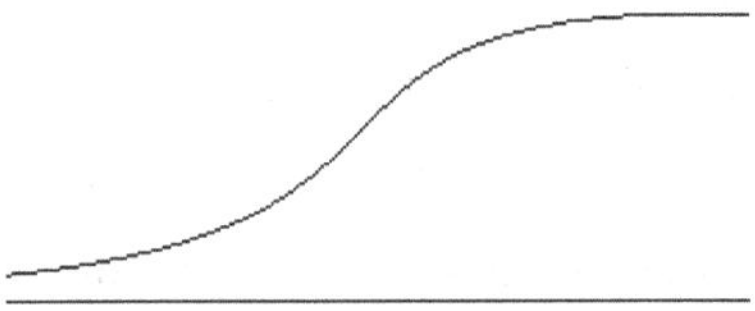

Şekil 1.51 Sigmoid fonksiyonun şekilsel gösterimi

Sigmoid fonksiyonu şekilsel olarak Şekil 1.51'de gösterilmiştir. Aktivasyon fonksiyonu olarak kullanılacak olan diğer fonksiyonlara örnekler ise Tablo 1.11'de verilmiştir [3, 99].

Tablo 1.11 Aktivasyon fonksiyonu örnekleri

Aktivasyon Fonksiyonu	**Açıklama**
Lineer fonksiyon F(NET)=NET	Gelen girdiler olduğu gibi hücrenin çıktısı olarak kabul edilir.
Step fonksiyonu F(NET)= $\begin{cases} 1\ if\ NET > eşik\_değer \\ 0\ if\ NET \leq eşik\_değer \end{cases}$	Gelen net girdi değerinin belirlenen bir eşik değerinin altında veya üstünde olmasına göre hücrenin çıktısı 1 veya 0 değerlerini alır.
Sinüs fonksiyonu F(NET) = Sin (NET)	Öğrenilmesi düşünülen olayların sinüs fonksiyonuna uygun dağılım gösterdiği durumlarda kullanılır.
Eşik değer fonksiyonu	Gelen bilgilerin 0 veya 1 den büyük veya küçük olmasına göre bir değer alır. 0 ve 1

F(NET)= $\begin{cases} 0 & if\ NET \leq 0 \\ NET & if\ 0 < NET < 1 \\ 1 & if\ NET \geq 1 \end{cases}$	arasında değerler alır bunların dışında değerler alamaz.
Hiperbolik tanjant fonksiyonu F(NET) = $(e^{net} + e^{-net})/(e^{net} - e^{-net})$	Gelen net girdi değerinin tanjant fonksiyonundan geçirilmesi ile hesaplanır.

Çıktı: Aktivasyon Fonksiyonu tarafından belirlenen çıktı değeridir. Üretilen çıktı dış dünyaya veya başka bir hücreye gönderilir. Hücre kendi çıktısını kendisine girdi olarak ta gönderebilir [99, 101].

1.3.7 Biyolojik ve yapay sinir hücrelerinde öğrenme kavramı

Yapay sinir ağlarında öğrenme kavramının tanımının yapılabilmesi için öncelikle biyolojik sinir sistemlerinde öğrenme kavramının tanımlanması gereklidir. Bu bağlamda önce biyolojik sinir sistemlerinde öğrenme konusuna değinilecektir.

1.3.7.1 Biyolojik sistemlerde öğrenme kavramı

Biyolojik sistemlerde öğrenme, nöronlar arasındaki sinaptik bağlantılar ile olur. Nörobilim alanındaki araştırmalar ve elde edilen veriler, öğrenmenin diğer kuramlardan farklı bir şekilde tanımlanması gerektiğini savunur. Buna göre öğrenme, yeni dentritler ya da yeni beyin yapısı oluşturmaktır yani insan beyni doğumdan itibaren sürekli bir öğrenme süreci içindedir. Beyin sürekli bir gelişme gösterir. Bu gelişim sadece yeni beyin hücrelerinin oluşumuyla değil, özellikle nöronlar arasındaki bağlantı ya da diğer bir ifadeyle sinaps sayısının artmasıyla meydana gelir [102]. Başka bir ifadeye göre; insan sürekli öğrenmektedir, çünkü beyin kendi sinirsel yapılarını değiştirebilmektedir [103]. Araştırmacılar 'neural plasticity' (sinirsel esneklik) kavramını kullanarak öğrenmeyi, değişme, uyum sağlama ve yeni deneyimler faaliyeti olarak tanımlamışlardır [104]. Eğitimcilere göre öğrenme "fiziksel uyarımlar sonucu beyinde oluşan biyolojik ve kimyasal bir değişim", bir başka ifade ile "hücreler arasında sinaptik değişmelerin bir neticesi" olarak tanımlamaktadır [105, 107].

1.3.7.2 Yapay sinir ağlarında öğrenme kavramı

Bir önceki bölümde yapay sinir ağlarının yapısı anlatılmıştı. Şimdi bu temel üzerine, yapay sinir hücresinin öğrenme sürecini açıklanacaktır. Yani bir yapay sinir hücresinin nasıl öğrendiği ve bu öğrenme sürecinin neye göre belirlendiği anlatılacaktır. Öğrenmede ilk adım aktivasyon olarak nitelendirilebilir. Sinir hücresine giren sinyallerin toplamı o hücreyi aktif hale getirebilecek bir değere sahip mi? Eğer toplam sinyal hücreye eşik değerini atlatabilecek kadar yüksek ise o hücre aktiftir (y=1) aksi durumda o hücre pasiftir (y=0). Alınan bu cevap yardımıyla yapay sinir hücresinin sınıflandırma yapabildiği sonucuna ulaşılacaktır. Çok basit anlamda; girdi örüntülerine 1 ya da 0 cevabını vererek sınıflandırma yapabilen böyle bir hücre, hangi girdi örüntüsüne 1, hangi örüntüye 0 diyeceği hakkında karar vermiş sayılmaktadır. "Karar vermek" ve "sınıflandırmak", öğrenme sürecinin temellerini oluşturmaktadır.

Yapay bir sinir hücresi hangi kurala göre girdi değerlerini 0 ya da 1 olarak adlandırmaktadır. Bu noktada sinir hücresinin ağırlıkları olarak adlandırılan wn değerleri devreye girmektedir. Dışarıdan alınan her bir girdi ile her defasında ayarlanan bu ağırlıklar öğrenmenin gerçekleştiğinin temsilcisidirler. Matematiksel bir ifadeyle wn ağırlıkları, tüm girdi örüntülerini en iyi temsil etmeye çalışan ve tüm girdi örüntülerinin uzaklıklar toplamının minimum olduğu regresyon eğrisinin temsil edildiği geometrik şeklin en belirleyici noktalarını oluşturmaktadır. Bu sayede girilen örüntüye en doğru olan cevap verilebilmektedir [99].

Örneğin; X_1=10, X_2=18, X_3=24, X_4=6 olarak belirtilen 4 girdili bir hücrenin başlangıç ağırlıkları şöyle varsayılsın; W_1=W_2=W_3=W_4=0,4. Bir başka girdi kombinasyonu da şöyle tanımlansın:X_1=11, X_2=18, X_3=20, X_4=2. Eğer hücre iki örüntüye de 1 cevabi vermiş ise ağırlıkları örneğin şu şekilde değişime uğratacaktır, X_1 yükseldiği için W_1=0,45; X2 değişmediği için X_2=0,4; X_3 düştüğü için W3=W_3; X_4düştüğü için W_4=0,35 olur. Böylece hücre her iki girdi ile karşılaştığında 1 cevabi verecek şekilde ağırlıkları ayarlar. Diğer bir ifadeyle iki girdi örüntüsünü öğrenir.

Teoride bu şekilde belirtilen açıklamanın formüle dökülmüş hali aşağıdaki gibidir;

$$y_{in} = \sum_{i=1}^{p} X_i . W_i \quad (1.37)$$

Yukarıdaki formülde X_i sinyali kendine ait olan katsayı ile çarpılarak toplam sinyale eklenmektedir. Aynı şeklinde toplanan değer çekirdek tarafından akson kullanılarak sinapsise gönderilir. Sinapsis gelen toplam sinyal değerini eşikleyerek çıktı değerini vermektedir.

$$y = f\ (y_{in}) \qquad (1.38)$$

Yukarıda "f" olarak tanımlanan fonksiyon matematiksel herhangi bir fonksiyona denk olabilir. Fakat yapay sinir ağı modellerinde esas alınan 4 tip fonksiyon vardır. Bunlar sırasıyla hard limiter fonksiyonu, doğrusal fonksiyon, threshold fonksiyonu, sigmoid fonksiyonlarıdır [108,110].

Öğrenme süreci 2 temel prensip ile gerçekleştirilmektedir; "öğretmenli öğrenme (supervised learning)" ve "kendi kendine öğrenme (unsupervised learning)".Öğretmenli öğrenmede (Supervised learning), yapay sinir ağının dışarıdan eğitilmesi söz konusudur. Bu tip bir öğrenmede, girilen $X_i(t)$ değerlerinin ne tür bir çıktı vermesi gerektiği önceden bilinmekte (d(t)) ve yapay sinir ağı ağırlıkları bu korelasyona göre güncellenmektedir. Bu öğretimde temel bilinen "d(t)" ile yapay sinir ağının verdiği "y" sonucu arasındaki hatanın "W_i" ağırlıklarına öğretilmesidir. Bunu bir örnekle açıklayacak olursak; herhangi bir insanı tarif ederken şu özellikler dikkate alalım: boy, kilo, ayakkabı numarası vs. Bu kriterlere göre bir kişininvaleybol oynayabilir ya da oynayamaz şeklinde ayrımı yapılmak istensin. Bir antrenarün verdiği bilgiler ışığında kişivaleybol "oynayabilir", "oynayamaz" bilgisi atansın. Eğer yapay sinir ağı30 kişilik bu şekilde bir grubu öğrenirse ve ardından 30 kişinin içinden herhangi birinin boyu, kilosu ve ayakkabı numarası yapay sinir ağına verilip sorulsa, yapay sinir ağı o kişinin valeybol oynamaya elverişli olupolmayacağına karar verir. Çünkü yapay sinir ağı her bir özellik için (boy kilo vs...) ağırlık güncellemesini yapacak ve antrenarün gösterdiği her kişiyi ve onunla alakalı her karararasındaki korelasyonu "W" ağırlıkları üzerinde güncelleyerek öğretir. Yapay sinir ağı burada öğrenmesini bir öğretmenle yapmış olur.

Kendi kendine öğrenme (Self, Unsupervised Learning) ise yapay sinir ağının dışarıdan herhangi bir etki olmaksızın aldığı bilgileri kendi içerisinde kıyaslama yaparak sınıflandırması ile oluşan öğrenme sürecinden oluşur. Bunu yapabilmek için yapay sinir ağı ilk aldığı örneği veya örnekleri bir grup olarak tanımlar ve ardından gelecek tüm girdi değerlerini o gruba benzetmeye çalışır. Bu şekilde, tüm girdi örüntülerini kendi aralarında benzeyip benzemediklerine göre ayırt eder. Doğal olarakyapay sinir ağı sınıflandırma yaparken bazı hatalı cevaplar üretecektir. Fakat girdi örüntüleri sisteme çok defalar öğrenim için verilecek olunursa, elde edilen sonuç % 3,5 -4 gibi bir yanılma oranına kadar düşecektir [99, 110].

Yukarıda anlatılanlar öğretmenli öğrenmede olduğu gibi bir örnekle somutlaştırılacak olursa, 30 kişilik bir sınıfın boy, kilo ve ayakkabı numarası vs. yine yapay sinir ağının girdi değerleriolsun. Yapay sinir ağı ilk gelen kişiyi bir sınıf olarak belirler ve ardından sisteme beslenen tüm girdileri bu ve buna benziyor ya da benzemiyor diye ayırt eder. Bu ayrımı yapabilmesi için 30 kişilik grubun değerleri tekrar tekrar yapay sinir ağına verildiği takdirde, yapay sinir ağı en sonunda öğrenmesini tamamlar ve iki sınıf öğrenmiş olur. 1.girdiye benzeyenler ve benzemeyenler. Adını koyamadığı bu sınıflar yardımıyla "valeybol oynamaya elverişli" ve "valeybol oynamaya elverişli değil" şeklinde iki gruba ayrılmış daha doğrusu bu iki grubu başarıyla öğrenmiş olur. Böyle bir ağ modeline herhangi bir kişininbilgileri verilirse, sinir ağı bu kişiye doğru valeybol oynamay elverişli olup olmadığını söyler [111, 112].

Yapay sinir ağları temelde bu iki öğrenme yönteminden birini ya da hibrid denilen karma modeli kullanır. Ancak öğrenmede "*W*" ile gösterilen ağırlıkların güncellenmesinin bu metotlara göre yapılması, öğrenme ile ilgili başka etkin rol oynayan etmenlerin var olmadığı anlamına gelmemektedir. Güncellemede kullanılan "*m*" ile sembolize edilmiş bir öğrenme katsayısı da öğrenmenin sürecini etkileyen bir faktördür."*m*" katsayısı öğrenmenin süresinin ve doğruluğunun ilişkisini düzenleyen önemli bir değişkendir. Uzayda bir merkez düşünülse ve bir başlangıç noktasından interpolasyon yöntemiyle merkeze yaklaşılmak istense, merkeze doğru atılacak her adımın büyüklük değeri önem taşır. Örneğin çıkış noktasından merkeze doğru 10cm atlayarak gidilmeye çalışılsa merkez belki de 3 adim sonrasında ulaşılmanın ötesinde üstünden atlanıp geçilmiş bile olacaktır [3, 99]. Eğer adım uzaklığı 1cm şeklinde belirlenecek olunursa, merkeze 24 adım sonra tam olarak ulaşılmış olunacaktır. Örnekten görüldüğü gibi, "m" değişkeninin değeri büyük alınırsa öğrenme kaba ve kısa süreli, küçük alınırsa hassas ve uzun süreli olacaktır. Bu noktada "*m*" değeri mümkün olduğunca optimum tutulmalıdır yani ne çok büyük ne de çok küçük alınmalıdır. Çünkü büyük alınan değer yüzünden istenilen sonuca ulaşılamayacak, çok küçük alındığı takdirde ise istenen hedefe çok düşük bir performans ile ulaşacaktır. Bunun için yapay sinir ağlarının öğrenme algoritmalarında genelde belli bir iterasyon (döngü sayısı) geçtikten sonra, "*m*" değeri azaltılır. Böylelikle, başlangıçta algoritma büyük adımlar atarak hedefe doğru yönelir, belli bir süre sonra adımlarını küçültmeye başlar. Bu sayede algoritma hızlı bir biçimde sonuca, hassas bir yaklaşımla ulaşır. Bunun gerçekleştirilmesi için "*m*" değeri belirli sabit bir '*k*'katsayı ile çarpılmaktadır ($m' = m.k$) [99].

Öğrenmenin başka bir kritik öğeside verilerin büyüklüğü ve iterasyon sayısıdır. Yapay sinir ağının çözüme ulaşabilmesi için problemin karakteristiğini yakalayabilecek kadar girdi örüntüsüne yani veriye sahip olması gerekir. Örneğin bir ülkenin yağmur yağış miktarını tahmin edebilmek için 31 günlük verilerin kullanılması, o problemin çözüme ulaşabilmesini engelleyen bir faktör olacaktır. Bu yüzden problemin çözümünden önce kullanılacak veriler üzerinde istatistiksel bir yorumlamanın yapılmış olması, yapay sinir ağlarının o verileri kullanarak istenilen hedefe ulaşması için faydalı olacaktır. Kullanılacak veri grubunun büyüklüğü her probleme göre değişik olabilir, bu nedenle yapay sinir ağlarının başarıya ulaşması için gereken iterasyon (döngü) sayısı problemden probleme değişir. Bunun yanı sıra yapay sinir ağının problemi daha iyi öğrenebilmesi, cevap üretirken daha hassas derecelerde doğru cevap üretebilmesi için problemin kendi içinde de iterasyon sayısı değiştirilir. Örneğin, bir ülkenin yağışının modellenebilmesi için 5 senelik veri, yapay sinir ağına bir kere beslenirse vereceği cevap çok kaba ve yuvarlamalı olacak iken, 500 kere aynı verilerinverilmesi daha hassas derecelere kadar öğrenmesi sağlanmış olacaktır. Bu noktada iterasyon sayısı problemden probleme ve problemin kendi içindeki hassasiyete göre değişir. Çok fazla döngü ağ performansını azaltıp sonuca ulaşmayı uzun bir zamana yayarken, az sayıda döngü de sonuca ulaşmayı engelleyecek kadar kaba sonuçlar üretmeye neden olur. Bu yüzden yapay sinir ağları, her bir problem için uygulanırken iterasyon sayısı deneme yanılma yöntemiyle tespit edilmeye çalışılır [111].

Öğrenmenin üzerinde etkin rol oynayan bir başka faktörde yapay sinir ağı üzerinde kullanılan katman sayısıdır. Burada kısaca şu söylenebilir. Modelden modele katman sayısı değişiklik gösterse de, şu an yaygın olan görüşe göre; 3 katmandan oluşan bir yapay sinir ağı modelinin en karmaşık problemlere dahi yeterli olduğudur. Ancak bu bir kısıtlama değildir, 3 katmandan az katmanlı ya da daha çok katmanlı yapay sinir ağı modelleriyle problemler çözülemez anlamına gelmez. Bu 3 katman sırasıyla; girdi karmanı, gizli katman ve çıktı katmanı olarak adlandırılırlar. 4 katmanlı bir yapıda ise 1.katman girdi katmanı, 4.katman çıktı katmanı ve arada kalan iki katmanlarda gizli katmanlar olarak adlandırılırlar.

Öğrenmede etkili olan bir diğer faktör, her katman üzerinde kullanılan sinir hücresi sayısıdır. Örneğin şekil 1.52'de girdi katmanında 30, saklı katmanda 6 ve çıktı katmanında 8 tane sinir hücresi yer almaktadır.

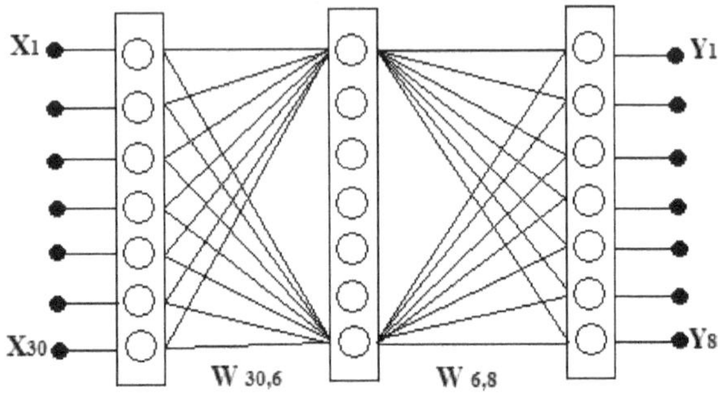

Şekil 1.52 Girdi katmanı 30 hücreli, saklı katmanı 6 hücreli, çıktı katmanı 8 hücreli yapay bir sinir ağı

Buradaki sayılar probleme giriş için kullanılan tamamen kullanıcının kurgusuyla belirlenmiş sayıları ifade etmektedir. Bu yüzden her katmanda olması gereken hücre sayısı gibi sabit bir belirleme söz konusu olmaz (Şekil 1.53) yani iterasyon sayısı gibi bu da deneme yanılma yöntemiyle tespit edilmektedir. Yani çok sayıda yapay sinir hücresi kompleks fonksiyonlarla çalışıp düşük performans sergilemesine, az sayıda hücre ise problemin öğrenilmemesine neden olacaktır [111].

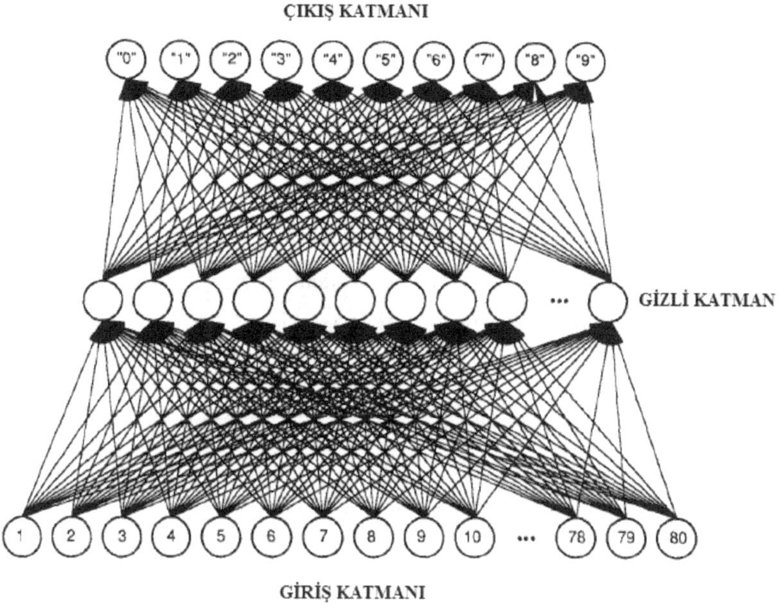

Şekil 1.53 Girdi katmanı 80 hücreli, çıktı katmanı 9 hücreli bir yapay sinir ağı

Yukarıdada bahsedildiği gibi yapay sinir ağılarının en temel işlevi öğrenmedir. Öğrenme işlevinin yanısıra öğrendiğini sorgulaması gerekmektedir. Ancak dikkat edilmesi gereken nokta, yapay sinir ağı modellerine daha önce hiç öğrenmediği bir örüntünün sorulmasıyla, yapay sinir ağının bu örüntüyü daha önce öğrendiği örüntülerden birine benzeterek cevap vermeye çalışmasıdır. Bu çalışma prensibi sayesinde, yapay sinir ağı modelleri hata-toleranslı "fault tolerant " olarak bilinirler. Hata-toleranslı yapıya yüz tanıma ile uğraşan yapay sinir ağı modelleri örnek olarak verilebilir. Bu sistem yüz tiplerini tanıyıp öğrenmeye yönelik çalışmaktadır ve çok sayıda iterasyon yaparak bir kişinin yüzündeki bazı karakteristikleri öğrenmek suretiyle, insan yüzünü tanımaya çalışır. Eğer bu sistem bir kişinin yüzünü öğrendiyse, yüzün bir parçasının kapatılarak sorgulanması, sistemin yine doğru cevap vermesini etkilemeyebilir. İşte girdi örüntüsünün belli bir miktarı yok olsa dahi, yapay sinir ağının o girdi örüntüsüne doğru cevap veriyor olması, yapay sinir ağlarının hataya olan toleranslı yaklaşımını göstermektedir [111, 112].

Sorgulama esnasında kullanılan çok basit teknikler vardır. Bu tekniklerden bazıları; Hamming Distance (HD), Eucledean Distance (ED), Partitioned Generalized Eucledean Distance (PGED) olarak isimlendirilen uzaklık ölçüm teknikleridir. Girilen örüntünün saklanan (öğrenilmiş) olan örüntülerle matematiksel olarak uzaklıklarını bulmak için kullanılan bu teknikler sayesinde, girdi örüntüsüne en yakın olan öğrenilmiş örüntü cevap olarak yapay sinir ağı tarafından dışarı verilir [112].

Yapay sinir ağlarının hepsi ayrı ayrı sorgulama teknikleri kullanıyor olabilirler. Bazıları ise söz edilen geçen sorgulama tekniklerini hibrid şeklinde birlikte kullanımını da uyguluyor olabilirler. Bu bağlamda sorgulama tekniğinin belirlenmesi, modeli geliştiren kişinin tercihine ve problemin karakteristiğine bırakılmıştır. Ancak basit bir genelleme ile şu vurgulanabilir; HD, ED, PGED gibi matematiksel uzaklık hesaplama fonksiyonları görüntü işleme problemlerinde, örüntü tanıma problemlerinde sık sık kullanılmaktadır. Optimizasyon (en iyisini elde etme) problemlerinde hücre aktivasyonuna göre sorgulamanın sağlandığı görülmektedir [111,112].

1.3.8 İlk Yapay sinir ağları

Bu bölümde yapay sinir ağlarının temelini oluşturan tek katmanlı algılayıcılar, Perseptron (tek katmanlı algılayıcı), ADALINE ve

MADALINE modellerinin yapısı incelenecektir. Çünkü bu modeller daha sonra geliştirilen modellerin temelini oluşturdukları için önem arzetmektedirler [99].

1.3.8.1 Perceptron (basit algılayıcı modeli)

İlk olarak Rosenblat tarafından 1958 yılında sınıflandırma (örüntü) amacı ile geliştirilmiştir. Tek katmanlı perceptronlar sadece doğrusal problemlerin çözümünde kullanılırlar. Bir sinir hücresinin birden fazla girdiyi alarak bir çıktı üretmesi prensibine dayanmaktadır. Ağın çıktısı 1 veya 0'dan oluşan mantıksal değerlerdir. Çıktı hesaplanmasında eşik değeri fonksiyonu kullanılır. Perceptronun yapısı aşağıdaki şekil 1.54'de verilmiştir.

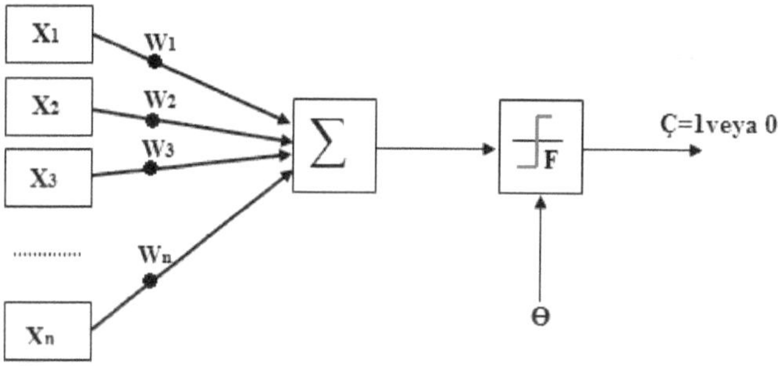

Şekil 1.54 Perceptronun yapısı

Şekil 1.54'degörüldüğü gibi perceptron eğitilebilen tek bir yapay sinir hücresinden (proses elemanından) oluşur. Burada eğitilebilirden kasıt ağırlık değerlerinin (W) değiştirilebilir olmasıdır. Girdiler perceptrona gösterilir ve her girdi setine karşılık gelen çıktı değeri de ağa gösterilir. Sonrasında öğrenme kuralına göre ağın çıktı değeri hesaplanır. Eğer ağın çıktı değeri olması gereken çıktı değerinden farklı ise ağırlıklar ve eşik değerleri değiştirilir. Bu değişikliğin işleyişini ise öğrenme kuralı belirler.

Girişlere karşılık gelen çıktı değerleri 1 veya 0 dan oluşmaktadır. Aşağıda perceptronla ilgili terimler verilmiştir [99].

Epoch: Olası girdiler için ağırlıkların güncellenme sayısıdır.

Error: Ölçülen çıktı değeriyle beklenen değer arasındaki farktır. Örneğin, eğer biz çıktı olarak 0 bekleyip de 1 aldığımızda hata (error) değeri -1' dir.

Target Value (T) : Perceptrondan öğrenmesinin beklediğimiz değerdir. Örneğin, eğer AND fonksiyonuna [1,1] girdisini verirsek bekleyeceğimiz sonuc 1 'dir.

Output (O) : Perceptron'un verdiği çıktıdır.

x_i: Neuron' a verilen girdi

w_i: Xi inci girdinin ağırlık değeri

LR: Learning rate. Bir perceptron'un hedefe varması için gereken adım büyüklüğü.

Perceptron doğrusal bir fonksiyonla ayrılabilen bütün fonksiyonlarda kullanılabilir. Perceptronlar 'Perceptron Öğrenme' kuralını kullanırlar [113].

Perceptron öğrenme kuralı

Aşağıda basit bir algılayıcının öğrenme işlemi adım adım verilmiştir:

Adım 1: Ağa giriş verileri ve girişlere karşılık olarak çıkışlar (hedefler) uygulanır. Girdi değeri sayısı birden çok olabilir ($X=X_1$, X_2, X_3, ...X_n). Hedef çıkış, 1 ve 0 değerlerinden birini alır.

Adım 2: Perceptron ünitesine gelen net giriş şu şekilde hesaplanır:

NET= $\sum_{i=1}^{m} w_i x_i$ (1.39)

Adım 3: Ağın çıkış değeri hesaplanır. Net girişin eşik değerinden büyük veya küçük olmasına göre ağın çıkış değeri 1 ve 0 değerlerinden birisini alır.

Ç: Ağ çıkışı (gerçekleşen çıkış) olmak üzere,

$$Ç=\begin{cases} 1 & eğer \quad NET > \quad 0 \\ 0 & eğer \quad NET \leq \quad 0 \end{cases}$$

Eğer gerçekleşen çıkış ile beklenen (hedef) çıkış aynı olursa ağırlıklarda herhangi bir değişiklik yapılmaz. Gerçekleşen çıkış ile beklenen çıkış farklı olursa iki durum söz konusudur:

a) Ağın beklenen çıkışı 0 değerindedir. Fakat NET giriş eşik değerinin üstündedir. Yani ağın gerçekleşen çıkışı 1 değerindedir. Bu durumda ağırlık değerleri azaltılır. Ağırlıkların değişim oranı girdi değerlerinin belirli bir oranı kadardır. Yani vektörel olarak,

$$W_n = W_0 - \lambda x \qquad (1.40)$$

şeklinde gösterilir. Burada λ öğrenme katsayısıdır ve ağırlıkların değişim miktarını belirlemede sabit bir değer olarak alınır.

b) Ağın beklenen çıkışının 1 olması ve ağın gerçek çıkışının 0 olması durumudur. Yani net giriş eşik değerinden küçüktür. Bu durumda ağırlıkların değerlerinin arttırılması gerekmektedir. Yani vektörel olarak,

$$W_n = W_0 + \lambda X \qquad (1.41)$$

ile hesaplanır.

Adım 4: Önceki adımlar giriş setindeki (kümesindeki) bütün örnekler için doğru sınıflandırmalar yapılıncaya kadar tekrarlanır [99,113].

Perceptron öğrenmesine bir örnek

Bu örnekte iki girdi ve bir çıktıdan oluşan bir perceptron kullanılmıştır. Sinir ağının öğrenmesi gereken iki adet örnek bulunmaktadır. Belirtilen örneklerin girdileri (X), ağırlıklar (W), beklenen çıktıları (B) ve eşik değeri (θ) aşağıdaki şekilde verilmiştir [99]:

X: Ağa uygulanan örnekler

B: Hedef (Beklenen) çıkışlar

Ç: Gerçekleşen çıkışlar (Ağın çıkışı)

1. örnek : $X_1 = (x_1, x_2) = (1,0)$; $B_1 = 1$

2. örnek : $X_2 = (x_1, x_2) = (0,1)$; $B_2 = 0$

Ağırlıklar: $W = (w_1, w_2) = (1,2)$

Eşik Değeri: $\theta = -1$

Öğrenme Katsayısı: $\lambda = 0.5$

1. Adım (İterasyon) :

1. örnek ağa uygulanır. Burada perceptronun net girdisi:

NET = $W_1 X_1 + W_2 X_2$= 1x1 + 2x0 = 1

NET >0 olduğu için $Ç_1$= 1 olur. $Ç_1 = B_1$ olduğundan ağırlıklardeğiştirilmez [99].

2. Adımı (İterasyon) :

2. örnek ağa uygulanır. Burada perceptronun net girdisi:

NET = $W_1 X_1 + W_2 X_2$ = 1x0 + 2x1 = 2

NET > θ olduğu için Ç2 = 1 olur. Ç2 >B_2 olduğundan ağırlıklar $W_n = W_0 - \lambda X$ ile değiştirilir.

$W_1 = W_1 - \lambda X_1$ = 1- (0,5)x0 = 1

$W_2 = W_2 - \lambda X_2$= 2- (0,5)x1 = 1,5

3. Adım (İterasyon) :

1. örnek ağa uygulanır. Burada perceptronun net girdisi [99]:

NET = $W_1 X_1 + W_2 X_2$ = 1x1 + (1,5)x0 = 1

NET > θ olduğu için Ç1 = 1 olur. Ç1 = B1 olduğundan ağırlıklar değiştirilmez.

4. Adım (İterasyon) :

2. örnek ağa uygulanır. Burada perceptronun net girdisi [99]:

NET = $W_1 X_1 + W_2 X_2$ = 1x0 + (1,5)x1 = 1,5

NET > θ olduğu için Ç2 = 1 olur. Ç2 >B2 olduğundan ağırlıklar $W_n = W_0 - \lambda X$ ile değiştirilir.

$W_1 = W_1 - \lambda X_1$= 1- (0,5)x0 = 1

$W_2 = W_2 - \lambda X_2$ = 1,5–(0,5)x1 = 1

5. Adım (İterasyon) :

1. örnek ağa uygulanır. Bu durumda perceptronun net girdisi [99]:

NET = $W_1 X_1 + W_2 X_2$ = 1x1 + 1x0 = 1

NET > θ olduğu için Ç1 = 1 olur. Ç1 = B1 olduğundan Ağırlıklar değiştirilmez.

6. Adım (İterasyon) :

2. örnek ağa uygulanır. Bu durumda perceptronun net girdisi [99]:

NET = $W_1 X_1 + W_2 X_2$ = 1x0 + 1x1 = 1

NET > θ olduğu için Ç2 = 1 olur. Ç2 >B2 olduğundan

ağırlıklar $W_n = W_0 - \lambda X$ ile değiştirilir.

$W_1 = W_1 - \lambda X_1$ = 1- (0,5)x0 = 1

$W_2 = W_2 - \lambda X_2$ = 1- (0,5)x1 = 0,5

7. Adım (İterasyon) :

1. örnek ağa uygulanır. Bu durumda perceptronun net girdisi [99]:

NET = $W_1 X_1 + W_2 X_2$ = 1x1 + (0,5)x0 = 1

NET > θ olduğu için Ç1 = 1 olur. Ç1 = B1 olduğundan

Ağırlıklar değiştirilmez.

8. Adım (İterasyon) :

2. örnek ağa uygulanır. Bu durumda perceptronun net girdisi [99]:

NET = $W_1 X_1 + W_2 X_2$ = 1x0 + (0,5)x1 = 0,5

NET > θ olduğu için Ç2 = 1 olur. Ç2 >B2 olduğundan

Ağırlıklar$W_n = W_0 - \lambda X$ ile değiştirilir.

w1 = w1-λx1 = 1- (0,5)x0 = 1

w2 = w2-λx2 = (0,5)- (0,5)x1 = 0

9. Adım (İterasyon) :

1. örnek ağa uygulanır. Bu durumda perceptronun net girdisi [99]:

NET = $W_1 X_1 + W_2 X_2$ = 1x1 + 0x0 = 1

NET > θ olduğu için Ç1 = 1 olur. Ç1 = B1 olduğundan

Ağırlıklardeğiştirilmez.

10. Adım (İterasyon) :

2. örnek ağa uygulanır. Bu durumda perceptronun net girdisi [99]

NET = $W_1 X_1 + W_2 X_2$ = 1x0 + 0x1 = 0

NET > θ olduğu için Ç2 = 1 olur. Ç2 >B2 olduğundan

Ağırlıklar$W_n = W_0 - \lambda X$ ile değiştirilir.

w1 = w1-λx1 = 1- (0,5)x0 = 1

w2 = w2-λx2 = 0- (0,5)x1 = (-0,5)

11. Adım (İterasyon) :

1. örnek ağa uygulanır. Bu durumda perceptronun net girdisi [99]:

NET = $W_1 X_1 + W_2 X_2$ = 1x1 + (-0,5)x0 = 1

NET > θ olduğu için Ç1 = 1 olur. Ç1 = B1 olduğundan

Ağırlıklar değiştirilmez.

12. Adım (İterasyon) :

2. örnek ağa uygulanır. Bu durumda perceptronun net girdisi [99]:

NET = $W_1 X_1 + W_2 X_2$ = 1x0 + (-0,5)x1 = (-0,5)

NET > θ olduğu için Ç2 = 1 olur. Ç2 >B2 olduğundan

Ağırlıklar $W_n = W_0 - \lambda X$ ile değiştirilir.

w1 = w1-λx1 = 1- (0,5)x0 = 1

w2 = w2-λx2 = (-0,5)-(0,5)x1 = (-1)

13. Adım (İterasyon) : Bu durumda perceptronun net girdisi [99]:

1. örnek ağa uygulanır.

NET = $W_1 X_1 + W_2 X_2$ = 1x1 + (-1)x0 = 1

NET > θ olduğu için Ç1 = 1 olur. Ç1 = B1 olduğundan

Ağırlıklar değiştirilmez.

14. Adım (İterasyon) : Bu durumda perceptronun net girdisi [99]:

2. örnek ağa uygulanır.

NET = $W_1 X_1 + W_2 X_2$ = 1x0 + (-1)x1 = (-1)

NET = θ olduğu için Ç2 = 0 olur. Ç2 = B2

Olduğundan ağırlıklar değiştirilmez.

Son Adım (İterasyon) :

Ağırlıkların son durumu: W = (W_1, W_2) = (1,-1) olduğunda örnekler doğru sınıflandırılabilir demektir. Bu ağırlık değerleri kullanılarak iki örnek ağa tekrar uygulanırsa ağın çıktıları:

1. Örnek için = $\boldsymbol{W_1 X_1 + W_2 X_2}$ = 1x1 + (-1)x0 = 1 > θ $Ç_1 = \mathbf{1} = \boldsymbol{B_1}$

2. Örnek için = $\boldsymbol{W_1 X_1 + W_2 X_2}$ = 1x0 + (-1)x1 = (-1)= θ $Ç_2 = \mathbf{0}$ = $\boldsymbol{B_2}$

Görüldüğü gibi her iki örnek içinde ağ doğru sınıflandırmayı gerçekleştirmiştir. Bu sebepten ağ öğrenmeyi gerçekleştirmiştir [99].

1.3.8.2 ADALINE

1959'da, Stanford Üniversitesinden Bernard Widrow, basit nöron benzeri elemanlara dayanan ve "Adaline" (Adaptive Linear Nöron) olarak adlandırılan bir adaptif lineer elemanı geliştirmiştir. Adaline yapısı tüm sinir ağlarının en basitidir ve öğrenme için danışmanlı öğrenmeyi kullanır. Perceptronlar gibi tek katmanlı algılayıcıdır. Perceptrondan tek farkı öğrenim kuralıdır. Perceptronlar 'Perceptron Öğrenme' kuralını kullanırken ADALINE ağı delta öğrenim kuralını kullanır. Daha sonraları adaline, ayrık bir çıkış yerine sürekli bir çıkış üretmek için geliştirilmiştir. Widrow, telefon hatları üzerindeki ekoları elimine etmeye yarayan adaptif filtreleri geliştirmede, adaptif lineer eleman algoritmasını kullanmıştır. Bununla birlikte YSA'lar ilk defa gerçek bir probleme uygulanmıştır. Adaline birçok uygulama için oldukça iyi çalışmasına rağmen lineer problem uzayıyla sınırlıdır. Lineer transfer fonksiyonu kullanırlar. Giriş ve istenilen çıkış desenlerinin tekrar tekrar ağa uygulanmasıyla eğitim gerçekleştirilir. Desenlerin doğru sınıflara ayrılmasıyla, hatalar minimize edilerek öğrenme gerçekleştirilir. Eğitimden sonra adaline, yeni girişleri kazandığı deneyime göre sınıflandırabilir.

Aşağıdaki Şekil 1.55'de ADALINE ünitesi verlmiştir. ADALINE ünitesi perceptrona çok benzemektedir. Aralarındaki fark öğrenme kuralındadır [99].

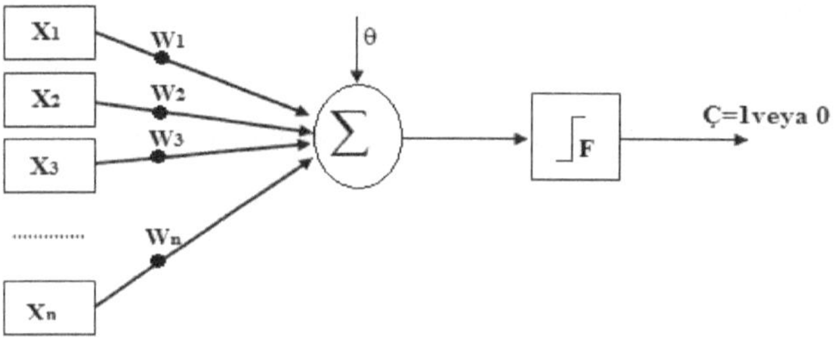

Şekil 1.55 ADALINE Ünitesi

Şekil 1.55'de görüldüğü gibi ADALINE ünitesişu notasyon ile gösterilmektedir.

N adet girdi: $X_1, X_2, X_3, \ldots\ldots\ldots X_N$

Her girdinin ADALINE elemanı üzerinde etkisini gösteren ağırlıklar:

$W_1, W_2, W_3, \ldots\ldots\ldots W_N$

ADALINE biriminin çıktısının sıfırdan farklı bir değer olmasını sağlayan eşik değeri **θ**

ADALINEÖğrenmesi

ADALINEağına örnek olarak şu verilebilir.

Bir akvaryun balığı ihracatçısı Japon Balığı ve Koileri (Japon balığına benzer bir balık türü) depolara geldiklerinde karışmalarını önlemek amacıyla akıllı bir sistem yapmak ister. Bu amaçla bir yapay sinir ağı tasarlamaya karar verir.

Burada yapılacak ilk iş balık türlerini gösteren ve aralarındaki farklılıkları ortaya koyan verileri hazırlamak. Bunun için balıkları ve özelliklerini gösteren vektörleri belirlemek gerekmektedir. Balıkların türlerine göre şeklini, görüntüsünü ve büyüklüğünü temsil etmek üzere 3 boyutlu bir vektör oluşturulabilir. Japon balığı ve koitürlerinin prototipleriaşağıdaki vektörler ile gösterildiği varsayılırsa örnek setinde iki örnek olacaktır. Japon Balığı ve Koi türlerinin prototipleri aşağıdakişekilde olsun.

1. Prototip =Japon balığı X_1= (1.0) ; Bu örneğin beklenen çıktısı $Ç_1$=-1
2. Prototip = KoiX_2 = (0.1) ; Bu örneğin beklenen çıktısı $Ç_2$= 1

Buradaki balık türünün ayrışımını yapabilmek için 2 adet girdisi olan bir ADALINE ünitesi tasarlamak gerekecektir (Şekil 1.56). Öğrenmenin amacı girilen balık türlerini doğru sınıflandıracak ağırlık değerlerini ve eşik değerini bulmaktır.

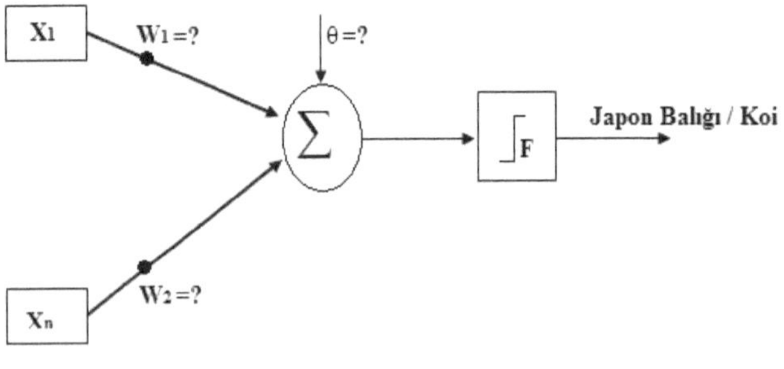

Şekil 1.56 İki adet girişi olan bir ADALINE ağı

Problemin çözümü için ağırlık değerleri ve eşik değeri çözüme başlamadan önce rastgele seçilmektedir. Bu değerlerin aşağıdaki gibi olduğu varsayılsın.

$W_1 = 0.3$

$W_2 = 0.2$

$\alpha = 0.5$

$\theta = 0.1$ olsun.

Birinci İterasyon:

Birinci girdi vektörünün ağa gösterilmesi sonucu ağın çıktısı aşağıdaki formüle göre hesaplanır.

$\text{NET} = \sum_{i=1}^{m} w_i x_i + \theta$

$\text{NET} = [0.3, 0.2] \binom{1}{0} + 0.1$

NET=0.3+0+0.1= 0.4

0.4 >0 => Ç= 1

NET değeri sıfırdan büyük bir değer olduğundan ağın çıktı değeri 1 kabul edilir. Burada beklenen değer:

B=-1 olduğundan ağın ağırlıklarının değiştirilmesi gerekmektedir. Beklenen ve gerçekleşen çıktılar arasındaki hata *E* ile gösterilir.

Burada hata:

E= B-Ç= -1-1=-2 dir.

Ağın ağırlıklarında yapılacak olan değiştirme yukarıda verilen formüle göre yapılacaktır.

$w_y = w_e + \alpha(B\text{-}Ç)X$

w_y =[0.3, 0.2] + 0.5x(-2) [1, 0]

w_y = [0.3, 0.2]+ (-1) [1.0]

w_y = [0.3-1, 0.2-0] =[-0.7, 0.2]

Eşik değeri de benzer şekilde değiştirilir.

$\theta_y = \theta_e + \alpha(B\text{-}Ç)$

$\theta_y = 1 + 0.5x(-2) = -0.9$

Bu şekilde öğrenme işleminde birinci iterasyon tamamlanmış olur.

İkinci İterasyon: İkinci iterasyonda benzer işlemler ikinci örnek için yapılır. Fakat burada ağırlıkların ve eşik değerinin yeni değerleri kullanılır [99].

NET = [- 0.7 , 0.2] $\binom{0}{1}$- 0.9

NET = -0.7x0+0.2x1-0.9 = - 0.7

- 0.7 < 0 => Ç=-1 olur.

Bu örnek için beklenen değer B= 1 olması gerektiğinden bir hata oluşmuş olacaktır.

Oluşan bu hata:

E=B-Ç= 1-(-1)=2 olur.

Yeni ağırlık değerleri ise:

$w_y = w_e + \alpha(B\text{-}Ç)X$

Wy= [-0.7, 0.2] + 0.5x2 [0, 1]

Wy= [-0.7, 0.2]+ [0, 1]

Wy= [-0.7, 1.2]

Eşik değeri de benzer şekilde değiştirilir.

$\theta_y = \theta_e + \alpha(B\text{-}Ç)$

θ_y = -0.9 + 0.5x(2)

θ_y= 0.1 olur.

Üçüncü İterasyon:

NET = [- 0.7 , 1.2] $\binom{1}{0}$ + 0.1

NET = -0.7+0+0.1= -0.6

-0.6 < 0 => Ç= -1olur.

Bu örnek için B= -1 olması gerektiğinden ağın sınıflandırması doğrudur. Bu ağırlıklarda bir değişiklik yapılmasını gerektirmez. Çünkü B-Ç=0 olacak ve formülde herhangi bir değişiklik olmayacaktır.

Dördüncü İterasyon:

NET = [- 0.7 , 1.2] $\binom{0}{1}$ + 0.1

NET = 0+1.2+0.1=1.3

1.3 > 0 => Ç= 1

Bu örnek için beklene değer B=1 olması gerektiği için ADALINE ağının yaptığı sınıflandırmadoğrudur. Her iki balı türünüde doğru sınıflandırdığı için öğrenme işlemi tamamlanmıştır. Ağırlıkların ve eşik değerinin belirtildiği gibi olması durumunda eğittiğimiz ADALINE ağıbalık türlerini sınıflandırıcı olarak kullanılabilir [99].

1.3.8.3 MADALINE

ADALINE üniteleri birleşerek MADALINE ünitesini meydana getirir. ADALINE ve iki tabakalı biçimi olan "madaline" (Multiple Adaline); ses tanıma, karakter tanıma, hava tahmini ve adaptif kontrol gibi çok çeşitli uygulamalar için kullanılmıştır.

MADLINE ağları genelde iki katmandan oluşur. Her katmanda değişik sayıda ADLINE ünitesi bulunur. Ağ çıktısı 1 ve (-1) değerleri arasındadır. Aşağıdaki şekil 1.57'de iki adet ADLINE ağından oluşan MADLINE ünitesi görülmektedir.

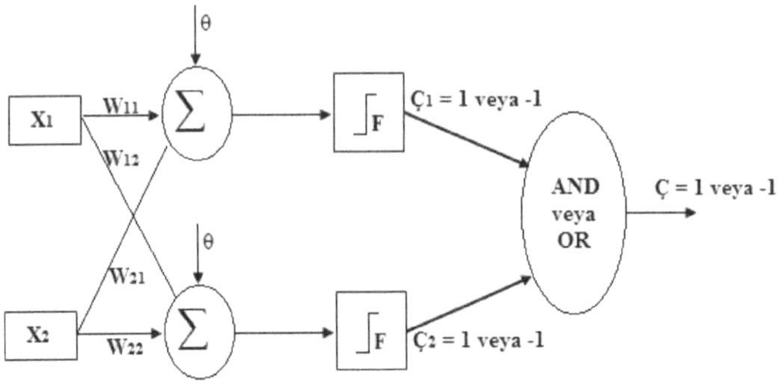

Şekil 1.57 İki adet ADLINE ağından oluşan MADLINE ünitesi

MADALINE Öğrenmesi

MADALINE öğrenme kuralı ADALINE öğrenme kuralıyla aynıdır. Burada AND ve OR önem arzetmektedir. Klasik mantık sürecinde olduğu gibi AND'in sonlandırıcı olması durumunda bütün ADALINE ünitelerinin 1 sonucunu vermesi neticesinde MADALINE ağının çıkışı 1 olur. Aksi durumda -1 (veya sıfır) değerini alır. OR'un sonlandırıcı olması durumunda ADALINE Ünitelerinin birisinin 1 üretmesi MADALINE ağının çıktısının 1 olması için yeterlidir [99].

1.3.9 Yapay sinir ağlarının sınıflandırılması

Genel olarak, yapay sinir ağları birbirleri ile bağlantılı işlemci birimlerden veya işlemci elemanlardan (neurons) oluşurlar. Her sinir hücresi arasındaki bağlantının yapısı ağın yapısını belirler. İstenilen hedefe ulaşmak için bağlantıların nasıl değiştirileceği öğrenme algoritması tarafından belirlenir. Kullanılan bir öğrenme kuralına göre, hatayı sıfıra indirecek şekilde, ağın ağırlıkları değiştirilir. Yapay Sinir Ağları yapılarına ve öğrenme algoritmalarına göre sınıflandırılırlar (Şekil 1.58) [114].

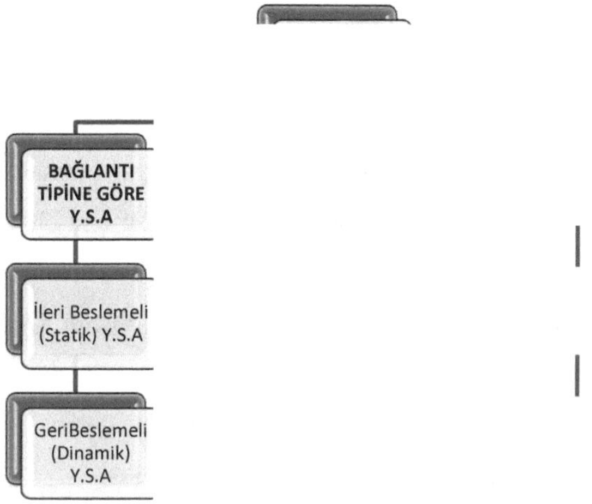

Şekil 1.58 Yapay sinir ağlarının sınıflandırılması

1.3.9.1 Bağlantı tipine yapay sinir ağları

Yapay sinir ağları, bağlantı tipine göre, ileri beslemeli (fe
geri beslemeli (feedback) ağlar olmak üzere iki şekilde sınıfla

a-) İleri beslemeli (statik) yapay sinir ağları

İleri beslemeli bir ağda işlemci elemanlar katmanlara ayrılmışlardır. İşaretler, girişten çıkışa doğru tek yönlü iletilir. İşlemci elemanlarında bir katmandan diğer bir katmana bağlantı kurarken, aynı katman içerisinde bağlantıları bulunmaz. Şekil 1.59'da ileri beslemeli ağ için blok diyagram gösterilmiştir. İleri beslemeli ağlara örnek olarak çok katmanlı perceptron (Multi Layer Perceptron-MLP) ve LVQ (Learning Vector Quantization) ağları verilebilir [99, 115].

$$n_1 = F_1 (w_1 x_1 + b_1) \qquad (1.42)$$

$$n_2 = F_2 (w_2 x_2 + b_2) \qquad (1.43)$$

$$n_3 = F_3 (w_3 x_3 + b_3) \qquad (1.44)$$

$$n_4 = F_4 (w_4 x_4 + b_4) \qquad (1.45)$$

$$m_1 = F_4 (q_1 n_1 + q_2 n_2 + b_4) \qquad (1.46)$$

$$m_2 = F_5 (q_3 n_3 + q_4 n_4 + b_5) \qquad (1.47)$$

$$y = F_6[\begin{matrix} r_1 (F_4 [q_1 F_1 (w_1 x_1 + b_1) + q_2 F_2 (w_2 x_2 + b_2)] + b_4) + \cdots \\ \ldots r_2 (F_5 [q_3 2(w_2 x_2 + b_2) + q_4 F_3 (w_3 x_3 + b_3)] + b_5]) + b_6 \end{matrix}]$$

(1.48)

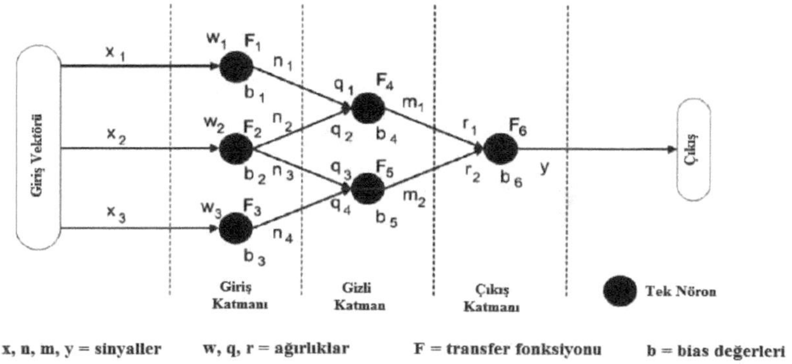

Şekil 1.59 İleri beslemeli yapay sinir ağının yapısı

b-) Geri beslemeli (dinamik) yapay sinir ağları

Bir geri beslemeli sinir ağı, çıkış ve ara katlardaki çıkışların, giriş birimlerine veya önceki ara katmanlara geri beslendiği bir ağ yapısıdır. Böylece, girişler hem ileri yönde hem de geri yönde aktarılmış olur. Şekil 1.60'da bir geri beslemeli ağ görülmektedir. Bu çeşit sinir ağlarının dinamik hafızaları vardır ve bir andaki çıkış hem o andaki hem de önceki girişleri yansıtır. Bundan dolayı, özellikle önceden tahmin uygulamaları için uygundurlar. Bu ağlar çeşitli tipteki zaman-serilerinin tahmininde oldukça başarı sağlamışlardır. Bu ağlara örnek olarak Hopfield, SOM (Self Organizing Map), Elman ve Jordan ağları verilebilir [114, 116].

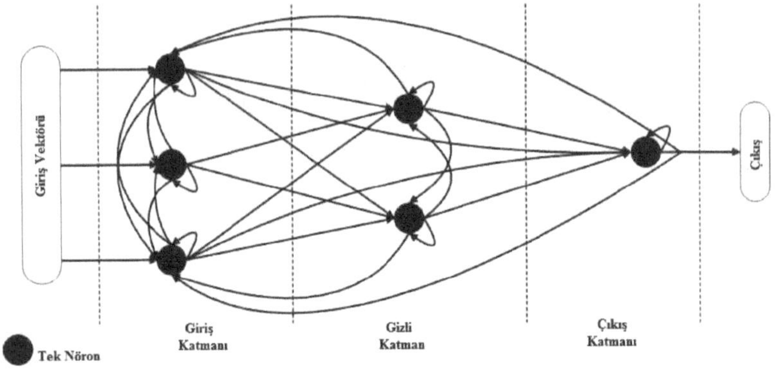

Şekil 1.60 Geri beslemeli yapay sinir ağının yapısı

Şekil 1.61'deİleri beslemeli (Feed-forward (FNN)) ve Geri Beslemeli (Recurrent (RNN)) türü yapay sinir ağlarının topolojisi karşılaştırılmıştır [114, 117].

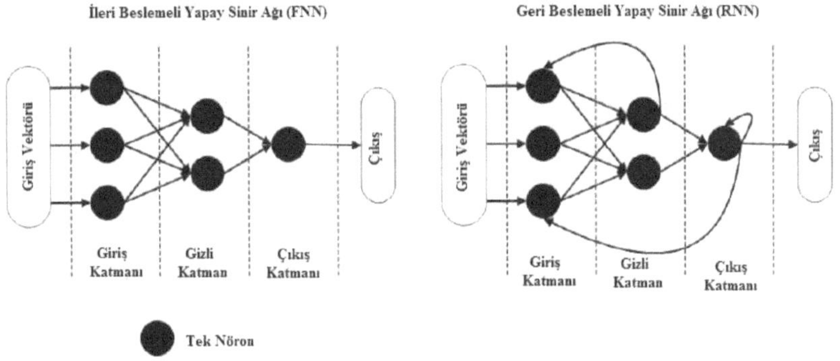

Şekil 1.61 İleri beslemeli (Feed-forward (FNN)) ve Geri Beslemeli (Recurrent (RNN)) türü yapay sinir ağlarının topolojisi

1.3.9.2 Uygulama alanına göre yapay sinir ağları

a-) Tahmin (prediction) yapabilen yapay sinir ağları

Tahmin yapabilmek amacıyla tasarlanmış yapay sinir ağları girişlerine uygulanan bilgiler ve bu bilgilere karşılık gelen hedef değerleri arasında bir örüntü kurmak kaydıyla tahmin işlemini gerçekleştirirler. PV modüllerinin güç tahmini [118] sıcaklık tahmini [119]ve coğrafik tahminler bu türe örnek olarak gösterilebilir [120].

b-)Sınıflandırma (classification) yapabilen yapay sinir ağları

Sınıflandırma yapmak amacıyla tasarlanmış yapay sinir ağları kendisine sunulan bilgileri istenilen düzende kategorize etme işlevini gerçekleştirirler. Makine, tıp, vb. alanlarda çeşitli uygulamaları mevcuttur [121, 122].

c-) Tanıma (recognition) yapabilen yapay sinir ağları

Farklı şekil ve örüntülerin tanınması, eksik ve bulanık bilgilerin işlenerek eşleştirme ve tanıma fonksiyonları gerçekleştirilebilir. Görüntü tanıma, darbe görüntüsü tanıma ve iris tanıma gibi uygulamalar bu tür yapay sinir ağlarına örnek olarak gösterilebilir [123-125].

d-) Teşhiş (diagnostic) yapabilen yapay sinir ağları

Teşhis amacıyla geliştirilen yapay sinir ağları bir modelin olumsuz yönlerini ortaya kyar ve problemlerin teşhis edilmesi işlemini yerine getirir. Özellikle makine uygulamaları ve tıp alanında bu tür sistemler yaygın olarak kullanılmaktadır [126,127].

e) Yorumlama (interpreting) yapabilen yapay sinir ağları

Modellerin birbirleriyle kıyaslanması ya da bir model üzerindeki giriş ve çıkışların ilişkilendirilip bu ilişkinin yorumlanabilmesi uygulamada istenilen bir özelliktir. Bir durum hakkında toplanan veriler ile eğitim sonucu oluşturulan bilgileri kullanıp yeni durumlar hakkında yorum yapılması bu kapsamda düşünülmektedir. Herhangi bir olay ile ilgili verilerin yorumlanıp istatiksel dağılımlarının tespiti yorumlama yapabilen yapay sinir ağlarının işlevine örnek olarak verilebilir [128].

1.3.9.3 Yapılarına göre yapay sinir ağları

Yapılarına göre yapay sinir ağları: tek katmanlı yapay sinir ağları, çok katmanlı yapay sinir ağları, kendinden düzenlenen haritalar (Self Organizing Maps (SOM)), olmak üzere 3 ana gruba ayrılırlar.

a-) Tek katmanlı yapay sinir ağları

Tek katmanlı yapay sinir ağları sadece girdi (X) ve çıktı (Ç) katmanlarından oluşurlar. Çıktı üniteleri bütün girdi ünitelerine bağlanmaktadır ve her bağlantının bir ağırlık değeri (W) vardır. Dört girdi ve dört çıktıdan oluşan tek katmanlı bir yapay sinir ağı Şekil 1.62'de verilmiştir.

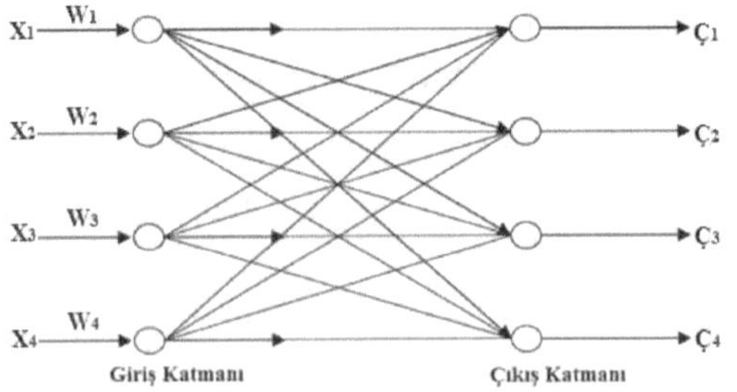

Şekil 1.62 Dört girdi ve dört çıktıdan oluşan tek katmanlı bir yapay sinir ağı

Bu ağlarda süreç elemanlarının değerlerinin ve dolayısıyla ağın çıktısının sıfır olmasını önleyen bir de eşik değeri (θ) vardır ve değeri daima 1'dir. Ağın çıktısı ağırlıklandırılmış girdi değerlerinin eşik değeri ile toplanması sonucu bulunur. Bu girdi ile bir aktivasyon fonksiyonundan geçirilerek ağın çıktısı hesaplanır. Tek katmanlı algılayıcılarda çıktı fonksiyonu doğrusal bir fonksiyondur ve 1 veya -1 değerlerini almaktadır. Eğer çıktı 1 ise birinci sınıfa -1 ise ikinci sınıfa kabul edilmektedir [99, 114, 129].

b-) Çok katmanlı yapay sinir ağları

Çok katmanlı yapay sinir ağları bir veya daha fazla gizli katmanı olan ileri beslemeli yapay sinir ağlarıdır. Genel olarakçok katmalı yapay sinir ağları bir adet girdi katmanı, en az bir gizli katman ve bir de çıkış katmanından oluşurlar (Şekil 1.63). Gizli katmanlara ihtiyaç duyulmasının sebebi girdi katmanlarından gelen genellikle işlenmemiş sinyallerin özelliklerini belirlemek, ağırlıklandırmak ve sonuçları çıktı katmanına iletmektir.

Çok katmanlı perseptron (MLP), yapay sinir ağı uygulamalarında geniş kabul görmüş bir YSA türüdürve optimizasyon alanında çok yaygın olarak kullanılmaktadır [130].

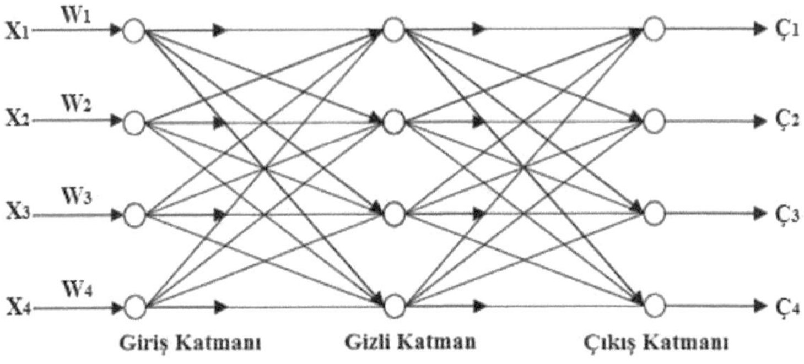

Şekil 1.63 Çok katmanlı bir yapay sinir ağının yapısı

*c-) Öz düzenleyici haritalar (*self organizing *maps) (SOM)*

Kendinden düzenlenen haritalar(Self Organizing Maps) genellikle yüksek boyutlu girdilerin daha düşük boyutlu çıktılar ile temsil edilmesi amacıyla kullanılan özel bir Y.S.A çeşididir. Çok boyutlu verilerin görsel olarak ifade edilmesinde büyük kolaylık sağlar. Bu model ilk olarak Finlandiya'lı ProfesörTeuvo Kohonen tarafından ortaya konulmuş olduğundan literatürde bazen "Kohonen Haritası (Kohonen Map)" olarak da geçmektedir.

Kendinden düzenlenen haritalar, danışmansız öğrenen yapay sinir ağı modellerinden en önemli ve en yaygın kullanılanıdır. Dikdörtgen biçiminde 2 boyutlu düğümlerden oluşan bir ızgara ile gösterilir (Şekil 1.64). Her bir düğüm bir ağırlık vektörü ile ilişkilendirilmiştir. Ağırlık vektörlerinin boyutu ile ağa uygulanan giriş desenlerinin boyutları birbirine eşittir [131].

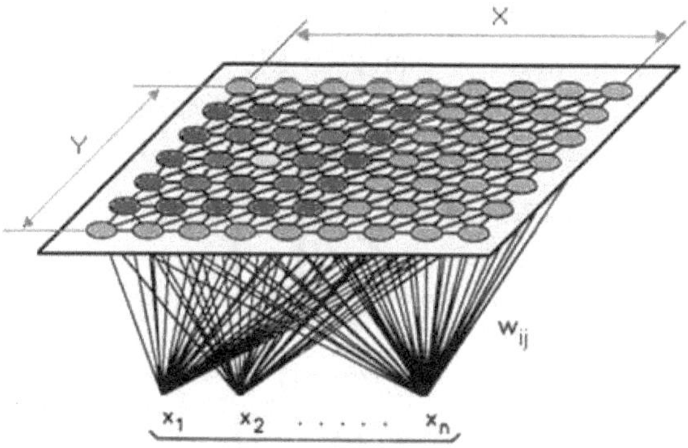

Şekil 1.64 Kendinden düzenlenen haritaların gösterimi

1.3.9.4 Öğrenme türüne göre yapay sinir ağları

Öğrenme; gözlem, eğitim ve hareketin doğal yapıda meydana getirdiği davranış değişikliği olarak tanımlanmaktadır. O halde, birtakım metot ve kurallar, gözlem ve eğitime göre ağdaki ağırlıkların değiştirilmesi sağlanmalıdır. Bunun için genel olarak üç öğrenme metodundan ve bunların uygulandığı değişik öğrenme kurallarından söz edilebilir. Bu öğrenme kuralları aşağıda açıklanmaktadır.

a-) Danışmalı öğrenme (supervised learning)

Bu tip öğrenmede, YSA'ya örnek olarak bir doğru çıkış verilir. İstenilen ve gerçek çıktı arasındaki farka (hataya) göre işlemci elemanları arası bağlantıların ağırlığını en uygun çıkışı elde etmek için sonradan düzenlenebilir. Bu sebeple danışmanlı öğrenme algoritmasının bir "öğretmene" veya "danışmana" ihtiyacı vardır. Şekil 1.65'de danışmanlı öğrenme yapısı gösterilmiştir. Widrow-Hoff tarafından geliştirilen delta kuralı ve Rumelhart ve McClelland tarafından geliştirilen genelleştirilmiş delta kuralı veya geri besleme (back propagation) algoritması danışmanlı öğrenme algoritmalarına örnek olarak verilebilir [3].

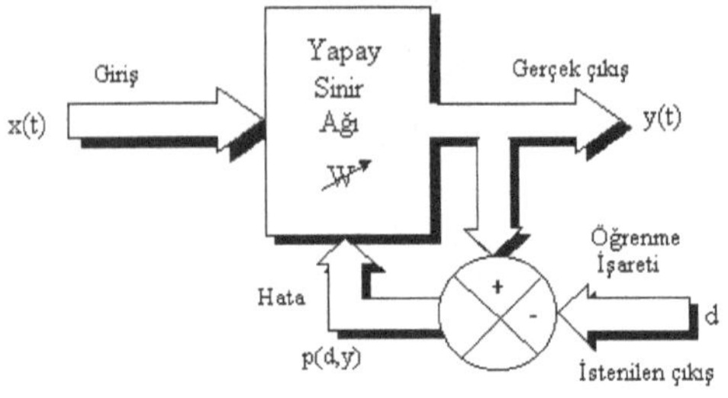

Şekil 1.65 Danışmalı öğrenme yapısı

b-) Danışmasız öğrenme (unsupervised learning)

Girişe verilen örnekten elde edilen çıkış bilgisine göre ağ sınıflandırma kurallarını kendi kendine geliştirmektedir. Bu öğrenme algoritmalarında, istenilen çıkış değerinin bilinmesine gerek yoktur [132]. Öğrenme süresince sadece giriş bilgileri verilir. Ağ daha sonra bağlantı ağırlıklarını aynı özellikleri gösteren desenler (patterns) oluşturmak üzere ayarlar. Şekil 1.66'da danışmasız öğrenme yapısı gösterilmiştir. Grossberg tarafından geliştirilen ART (Adaptive Resonance Theory) veya Kohonen tarafından geliştirilen SOM (Self Organizing Map) öğrenme kuralı danışmansız öğrenmeye örnek olarak verilebilir [132,133].

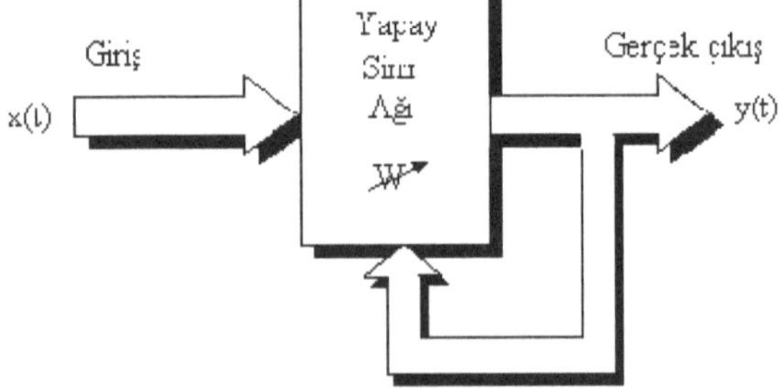

Şekil 1.66 Danışmansız öğrenme yapısı

c-) Takviyeli öğrenme (reinforcement learning)

Bu öğrenme kuralı danışmalı öğrenmeye yakın bir öğrenme kuralıdır. Yapay sinir ağı bu öğrenme türünde, her iterasyonun sonunda elde ettiği sonucun iyi ya da kötü olduğu hakkında bir bilgi verir. Ağ bu bilgilere göre kendini yeniden düzenler. Bu sayede ağ herhangi bir girdi dizisiyle hem öğrenerek hem de sonuç çıkararak öğrenmeye devam eder. Örneğin;oyun oynayan bir yapay sinir ağı yaptığı her hamlenin iyi veya kötü olduğunu o an ayırt edemez fakat yinede hamleyi yapar. Oyun sonuna gelindiğinde program oyunu kazandıysa yaptığı hamlelerin iyi olduğunu varsayar ve bundan sonraki oyunlarıda benzer hamleleri iyi olarak değerlendirir ve oynar. Şekil 1.67'de takviyeli öğrenme yapısı gösterilmiştir. Optimizasyon problemlerini çözmek için Hinton ve Sejnowski'nin geliştirdiği Boltzmann kuralı veya GA takviyeli öğrenmeye örnek olarak verilebilirler [3-133].

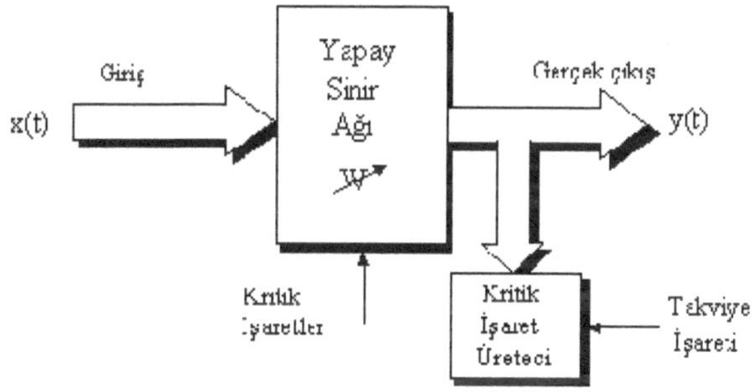

Şekil 1.67 Takviyeli öğrenme yapısı

1.3.10 Matlab ve yapay sinir ağları

Matlab, MATrix LABoratuary kelimelerinden türetilmiş, daha çok matematiksel işlemler yaptırmaya yönelik tasarlanmış bir bilgisayar programıdır. Neural Network ise bilgisayar ortamında yapay sinir ağları uygulamalarının gerçekleştirildiği, simüle edildiği matlab programına ait bir ara yüzdür. Tıpkı biyolojik sinir sistemi gibi yapay bir sinir ağı öğrenebilir, deneyim kazanabilir, gelecek olayların tahminini yapabilecek seviyeye ulaşabilir [134, 135].

Sinir ağları birbirlerine paralel olarak çalışan basit öğelerden oluşurlar. Bu öğeler, biyolojik sinir sistemlerinden esinlenerek elde edilmiştir. Doğal nöronlarda olduğu gibi, yapay nöronların arasındaki bağlantılarda büyük ölçüde ağ fonksiyonlarının kararlarını verirler. Yani, belirli bir fonksiyonu gerçekleştirmek için bir sinir ağının öğelerinin (ağırlıklarının) arasındaki bağlantıların değerleri ayarlanarak özel bir görevi yapması için eğitilebilir. Sinir ağları eğitilir, yani özel bir giriş, özel bir hedef çıktısına götürür. Bu durum aşağıdaki Şekil 1.68'de verilmiştir. Ağın çıkışı istenilen hedefe ulaşıncaya kadar çıkış ile hedef karşılaştırılarak ağın eğitimi (ağırlık değerlerlerinin ayarlanması) gerçekleştirilir. En basit tanımıyla yapay sinir ağları, bilinen en iyi eğri uydurma tekniklerinden bir tanesidir.

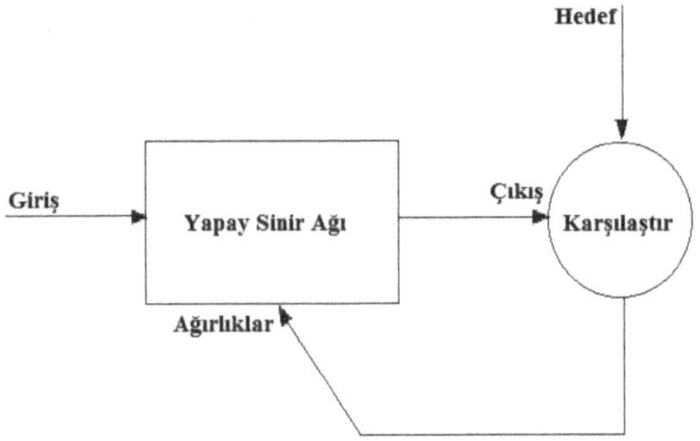

Şekil 1.68 Yapay bir sinir ağı

Yapay bir sinir hücresinin (Şekil 1.68) (proses elemanının) nasıl çalıştığını bir örnek üzerinde inceleyelim. Bir proses elemanına gelen bilgiler ve ağırlıklar aşağıdaki şekilde verildiği gibi olsun. Görüldüğü üzere proses elemanının 4 adet girdisi ve 4 adet ağırlık değeri vardır (Şekil 1.69) [99].

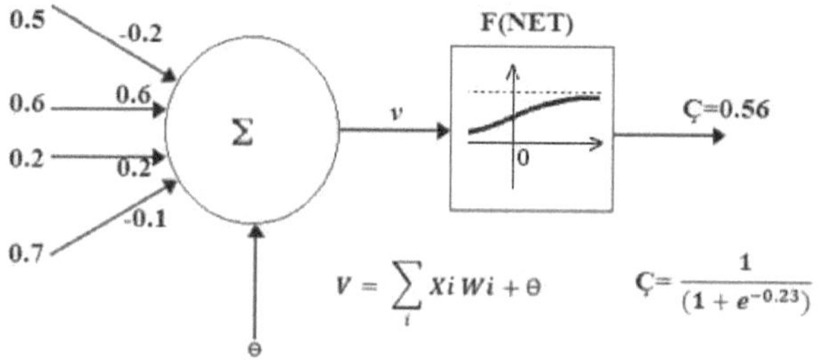

Şekil 1.69 Yapay bir sinir hücresinin çalışma örneği

Hücreye gelen NET bilgi, ağırlıklı toplam alınarak şu şekilde hesaplanır.

NET = [0.5*(-0.2)] + [0.6 * 0.6] + [0.2 * 0.2] + [0.7 *(-0.1)]

NET = (-0.1) + (0.36) + (0.04) + (-0.07)

NET = 0.23

Hücrenin sigmoid fonksiyonuna göre çıktısı (Ç) hesap edilecek olursa;

$$Ç = \frac{1}{(1 + e^{-0.23})}$$

Ç = 0.56

Bir ağdaki bütün proses elemanlarının çıktılarının bu şekilde hesaplanması sonucu ağın girdilere karşılık gelen çıktıları nasıl ürettiği görülür [99, 136].

1.3.10.1 Basit bir nöron modeli

Basit bir yapay nöron, bir veya birden çok skaler girişe ve bir çıkışa sahip hesaplama elemanıdır. Tek girişi olan nöron modeli aşağıda Şekil 1.70'de verilmiştir.

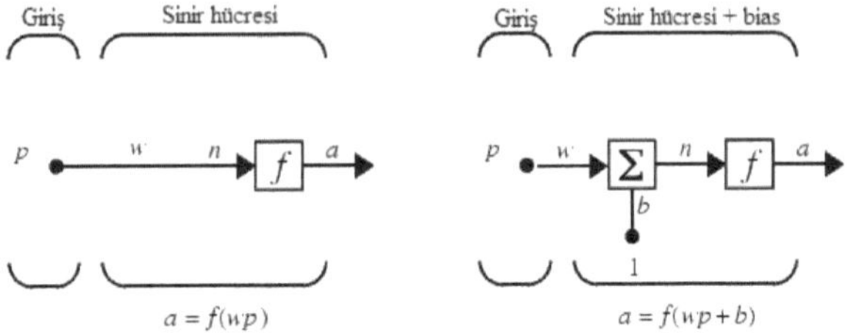

Şekil 1.70 Basit bir nöron modeli

burada, *p:* nöronun girişi olan skaler değeri, *w: p* girişi ile nöron arasındaki ağırlık değerini, *b*: nöronun bias değerini, *f*: transfer fonksiyonunu, *a:* nöronun çıkışını simgelemektedir. İlk olarak *p* girişi w ağırlığı ile çarpılır. Daha sonra *b* bias değeri ile toplanır ve transfer fonksiyonundan geçirilerek a çıkışı hesaplanır. Transfer fonksiyonu doğrusal ya da doğrusal olmayan türevlenebilir bir fonksiyondur. Bu basit nöron modelinde, giriş ile çıkış arasında basit bir matematiksel bağıntı kurulmuştur. Fakat nöronun arzu edilen çıkışı verebilmesi için *w* ve *b* ağırlık değerlerinin en iyi olacak şekilde ayarlanması gerekmektedir. Aşağıda birden fazla girişi bulunan bir nöron modeli verilmiştir (Şekil 1.71) [3].

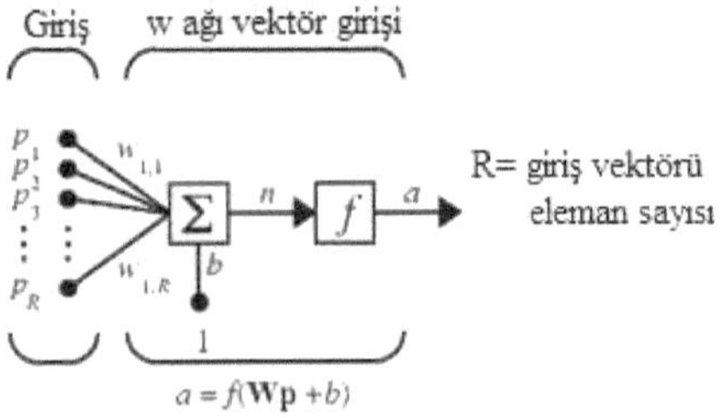

Şekil 1.71 Çok girişli nöron modeli

Yukarıdaki çok girişli nöron modelinde, R nöronun giriş sayısıdır. Görüldüğü üzere giriş sayısı kadar da w ağırlık değeri vardır. Bu durumda yukarıdaki modelin matematiksel ifadesi şu şekilde olur:

$a = f\sum_{i-1}^{R} WiPi + b$ (1.49)

Yukarıda "f" olarak tanımlanan fonksiyon matematiksel herhangi bir fonksiyona denk olabilir. Fakat yapay sinir ağı modellerinde esas alınan 4 tip fonksiyon vardır. Burada en çok kullanılan transfer fonksiyonu çeşitlerine değinilecektir.

a-) Hard-limit transfer fonksiyonu

Hard-limit transfer fonksiyonunun grafiği aşağıdaki Şekil 1.72'de verilmiştir. Burada, n fonksiyonun girişi, a ise çıkışıdır [a=f (n)]. Bu fonksiyon girdi değerlerine göre ayrık (discrete) sonuç elde etmek için kullanılır. Bu fonksiyonda, giriş değeri 0'dan büyükse çıkış değeri 1 , giriş değeri 0 'dan küçükse çıkış değeri 0 olmaktadır. . Böylece kesin bir limit alınması sağlanmış olur. Genelde sınıflandırma uygulamalarında kullanılmaktadır [137].

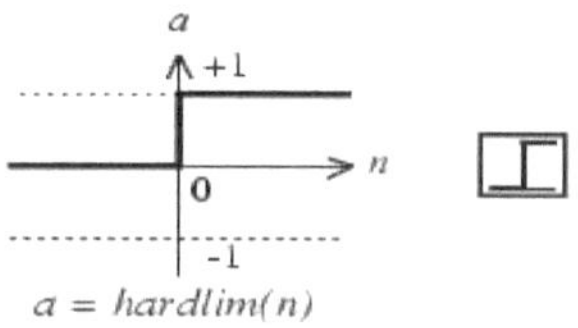

Şekil 1.72 Hard-limit transfer fonksiyonu

b-) Doğrusal (lineer) transfer fonksiyonu

Doğrusal (lineer) transfer fonksiyonunun grafiği Şekil 1.73'de verilmiştir. Aşağıdaki şekilde görüldüğü gibi giriş hiçbir değişikliğe uğramadan aynen çıkmaktadır (a=n). Doğrusal süzgeç problemlerinde sıklıkla kullanılmaktadır.

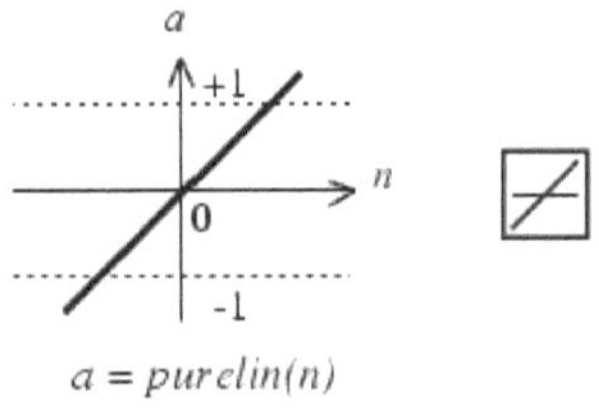

Şekil 1.73 Doğrusal (linear) transfer fonksiyonu

c-) Threshold fonksiyonu

Bu fonksiyonda (Şekil 1.74) Hard Limiter fonksiyonuna benzemenin yanı sıra girdi örüntüsünün toplam değerine belli bir eşik değerine kadar doğrusal (lineer) artan değerlerle cevap vermektedir. Üst limite ulaşıldığında ise eşik değeri (threshold) yine kesinlik göstermektedir. Artan bir eğilim göstermez [99, 3].

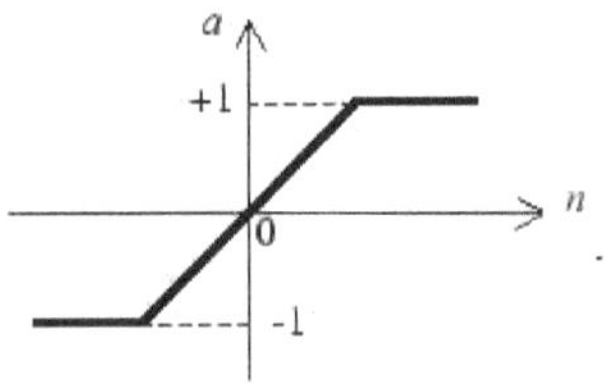

Şekil 1.74 Threshold fonksiyonu

d-) Sigmoid transfer fonksiyonu

Bu fonksiyonda (Şekil 1.75) girdi örüntüsüne devam eden, süreklilik gösteren cevaplar verilmektedir. Cevaplar kesinlikle ayrık değildir. Bu yüzden sigmoid fonksiyonu yaygın bir kullanıma sahiptir. Çünkü hassas değerlendirmelerin kullanılacağı problemler için uygulanması en uygun olan fonksiyonu temsil etmektedir. Sigmoid fonksiyonu yerine yine süreklilik arz eden tanjant fonksiyonu ya da benzeri fonksiyonlarda kullanılabilir. Önemli olan fonksiyonun türevinin alınabilecek bir fonksiyon olmasıdır [3]

Sigmoid fonksiyonunu aşağıdaki grafikte görüldüğü gibidir. Sigmoid, doğrusal olmayan logaritmik bir fonksiyondur. Giriş değerleri hangi aralıkta olursa olsun, çıkış 0 ile 1 arasında olmaktadır. Türevlenebilir olduğu için geriye yayılım algoritmaları ile de kullanılabilir. Tercihen doğrusal olmayan problemlerin çözümünde kullanılmaktadır. Matematiksel olarak ifade edecek olursak [99];

$$(\log_{sig}(n) = 1/(1 + \exp(-n)) \qquad (1.50)$$

dir.

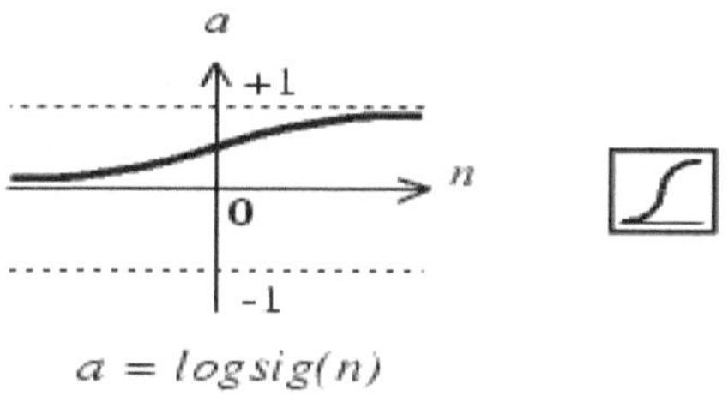

Şekil 1.75 Sigmoid transfer fonksiyonu

1.3.10.2 Çok katmanlı perceptron (ÇKP)

Yapay sinir ağlarında çok fazla ağ yapısı modelleri vardır. Bunların içinden en çok kullanılan ağ yapılarından birisi çok katmanlı perseptrondur (Şekil 1.76). Çok katmanlı prseptronda bilgi akışı ileri yönlüdür. Öğrenme ve eğitme algoritması olarak genelde türeve dayalı geriye yayılım (back propagation) algoritmaları tercih kullanılır. Aşağıdaki şekilde de görüldüğü gibi nöronlar katmanlar şeklinde organize edilmiştir. Her katmanda en az bir nöron bulunur. Bir önceki katmandaki tüm nöronlar bir sonraki katmandaki nöronlar ile bağlantılıdır. Bu şekilde istenilen sayıda katman oluşturulabilir [3].

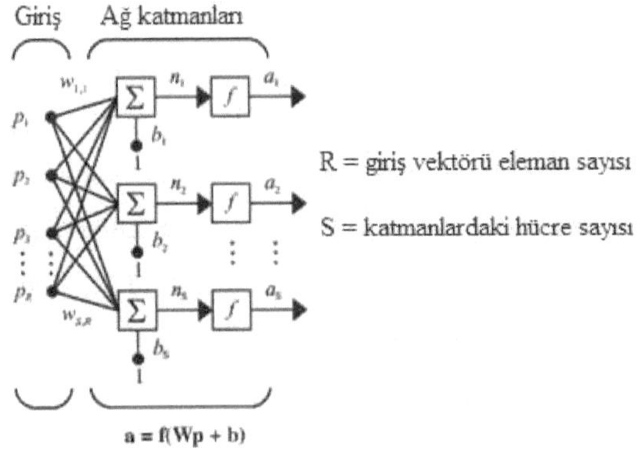

Şekil 1.76 Çok katmanlı perseptron

Aşağıdaki Şekil 1.77'de ise üç katmanı olan çok katmanlı perseptron YSA yapısı verilmiştir. Burada giriş vektörleri, aslında nöron olmamalarına rağmen bir sonraki katmana her biri birer çapraz bağlantı içermektedir. Üç adet nöron katmanı bulunmaktadır. Son katman çıkış katmanı olarak da isimlendirilir. Giriş ile çıkış katmanı arasında yer alan katmanlar gizli katman (hidden layer) olarak adlandırılmaktadır. Giriş ile çıkış arasında paralel matematiksel ilişki kurulmuştur. Uygun bir öğrenme algoritması ile ağırlık değerleri ağın arzu edilen çıkışını verecek şekilde ayarlanmaktadır [3].

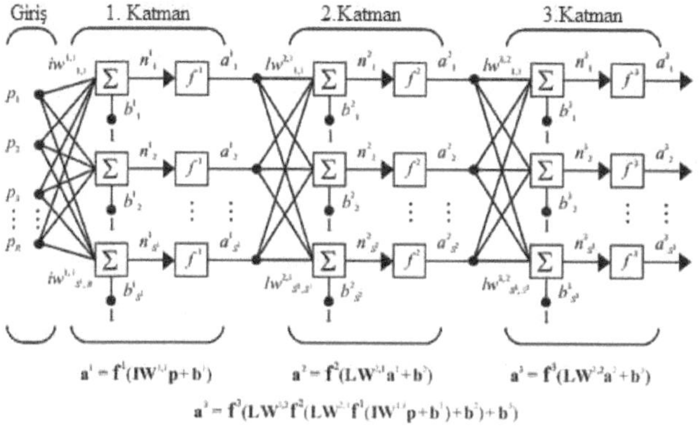

Şekil 1.77 Üç katmanlı bir yapay sinir ağı modeli

1.3.10.3 MATLAB ile çok katmanlı ağ tasarımı

Aşağıdaki kod ile 2 katmanlı bir ağ oluşturmaktayız. Bu problemde iki elemanlı bir giriş vektörü vardır. Giriş vektörünün ilk parametresinin değer Aralığı -1 ve 2 olarak belirtilmiştir. İkinci parametrenin değer aralığı ise 0 – 5 olarak verilmiştir. İlk katmanda 3 nöron, ikinci katmanda bir diğer ifadeyle çıkış katmanında ise 1 nöron bulunmaktadır. İlk katmanın transfer fonksiyonu tanjant sigmoid, ikinci katmanınki ise lineer'dir. Öğrenme algoritması, gradyent azaltım algoritması traingd'dir. Problem iki girişli bir çıkışlı bilinmeyen bir sistem olarak düşünülebilir. Amacımız örnek giriş ve çıkış verileri vererek sistemi karakterize etmektir [3].

net=newff([-1 2; 0 5],[3,1],{'tansig','purelin'},'traingd');

Bu komut ağ nesnesi oluşturur ve aynı zamanda ağırlık ve bias değerlerinin ilklendirme işlemini rastgele değerler atamak suretiyle gerçekleştirir. Haliyle ağ eğitime hazır olarak beklemektedir. Bazı durumlarda ağı tekrar resetlemek gerekebilir. Bu durumda;

net = init(net);

komutu kullanılır.

Tasarlanan ağın simülasyonu için 'sim'' komutu kullanılır. Simülasyon'dan kasıt, ağa bir giriş değeri verip ağın çıkışını hesaplatmaktır.

p = [1;2];

a = sim(net,p)

a = -0.1011

Burada p ağın giriş verisini temsil etmektedir. Ağın iki girişi olduğu için p matrisi iki satırdan meydana gelmektedir. Görüleceği üzere ağ bir çıkış üretmektedir. Fakat bu ağ henüz eğitilmediği ve ağırlık değerleri rastgele atandığı için arzu edilen çıkış değildir.

Diğer bir yandan ağı çoklu örneklerle de simüle edebiliriz.

p = [1 3 2;2 4 1];

a=sim(net,p)

a = -0.1011 -0.2308 0.4955

Burada iki girişli ağ için 3'er adet değer verilmiştir. Yani ağ her bir örnek için bir çıkış üretmiştir. Buradan açıkça görülüyor ki ağın girişi için (simülasyon veya eğitim aşamasında) organize edilecek matrisin satırları parametrelere, sütunları ise örneklere karşılık gelmektedir.

Ağırlıklar ve bias değerleri ilklendirildikten sonra ağ eğitime hazırdır. Eğitim işleminde ağın davranışını ortaya koyacak giriş (p) ve çıkış (t) verileri gereklidir. Bunlar eğitim verisi olarak adlandırılır. Eğitim verileri çözüm uzayının tamamını veya en azından büyük bölümünü temsil edecek şekilde seçilmelidir. Eğitim esnasında ağırlık ve bias değerleri iteratif olarak hata fonksiyonunu minimize edecek şekilde güncellenir. Hata fonksiyonunun MSE olması durumunda hata, arzu edilen çıkış (t) ile ağın o anki çıkışı arasındaki farkın karesinin ortalamasıdır [3].

YSA'da kullanılan en temel öğrenme algoritması geriye yayılım (back propagation) algoritmasıdır. Basit anlamda ağırlıklar negatif gradyent yönünde güncellenir. Pek çok geriye yayılım algoritması vardır. En temel yapısı şu şekildedir:

$$X_{k+1} = X_k - \alpha_k g_k \qquad (1.51)$$

burada, X_k ağırlık vektörünün k anındaki değerlerini, g_k k anındaki gradyenti, α_k ise öğrenme oranını temsil etmektedir.

Toplu gradyent azaltım (batch gradient descent) eğitme algoritması MATLAB'de traingd ile temsil edilir.

Verdiğimiz problemin eğitim verilerini oluşturup ağın eğitimini şu şekilde gerçekleştirdik:

p = [-1 -1 2 2;0 5 0 5];

t = [-1 -1 1 1];

Burada, p matrisi ağın eğitimi için kullanılacak giriş verisini temsil etmektedir. Görüldüğü üzere 2 satırdan ve 4 sütundan oluşmaktadır. Problem iki parametreli olduğu için satır sayısı 2'dir. Ağın eğitimi için ise 4 adet örnek verilmektedir. Ağın çıkışını t matrisi temsil etmektedir. Tek satır olduğuna göre tek çıkış parametresi vardır (sistemimiz 2 girişli 1 çıkışlıydı). Her bir örnek için birer çıkış verilmiştir. Daha açık bir ifadeyle verilen sistemin doğruluk tablosu şu şekildedir (Tablo 1.12):

Tablo 1.12 Sistemin doğruluk tablosu

P1	-1	-1	2	2
P2	0	5	0	5
T	-1	-1	1	1

Ağın eğitimi ile ilgili temel parametreleri şu şekilde düzenleyebilirsiniz:

```
>> net.trainParam.show = 50;
net.trainParam.lr = 0.05;
net.trainParam.epochs = 300;
net.trainParam.goal = 1e-5;
```

burada;

show parametresi kaç iterasyonda bir eğitim durumunun MATLAB ekranına aktarılacağını belirmekte,

epoch parametresi iterasyon sayısını,

goal parametresi hedeflenen hata değerini,

lr ise geriye yayılım algoritması için öğrenme oranını belirtmektedir.

epoch veya goal parametrelerinden birisi sağlandığında eğitim işlemi durdurulacaktır.

Ağın eğitimine başlamak için train komutu kullanılır [139].

```
>> net = train(net,p,t);
```

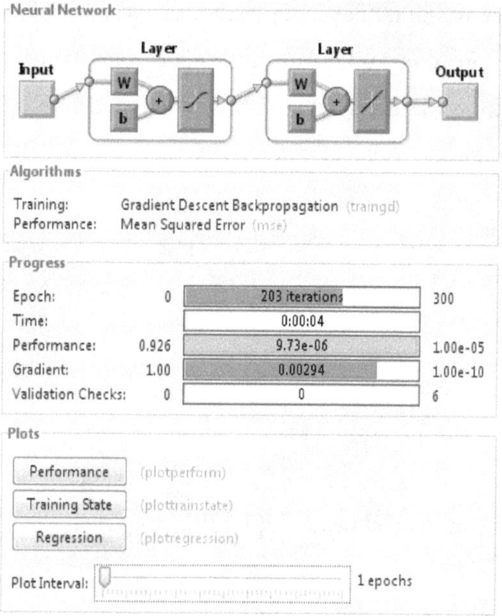

Şekil 1.78 Ağın eğitim durumu

Şekil 1.78'de görüldüğü üzere 203. iterasyonda hedeflenen hata oranına erişilmiş ve ağın eğitimi durdurulmuştur. Ağın eğitilip eğitilmediğini test etmek için giriş verisi (p) ile ağı tekrar simüle edelim:

>> ***a=sim(net,p)***

a = -1.0043 -0.9961 1.0001 0.9977

Görüleceği üzere ağ arzu edilen çıkışları sağlamaktadır. Yani YSA verilen sistemi modellemiştir. Sistem giriş ve çıkış arasındaki bağıntıyı kurmuştur. Bunu da uygun ağırlık değerlerini seçerek yapmıştır. Bu aşamadan sonra eğitim verisinde kullanmadığımız yeni veriler vererek ağı test edebiliriz.

Öğrenme algoritmasını etkileyen en önemli unsurlardan biri de performans fonksiyonudur. En çok kullanılan performans fonksiyonu olarak karesel ortalama hata kullanılmaktadır. Aşağıda yapay bir sinir ağının matematiksel ifadesi görülmektedir;

$$p = \sum x_i w_i + \Theta, \quad y = f(p) \qquad (1.52)$$

Burada;

w: Hücrenin ağırlıklar matrisi,

x: Hücre giriş vektörü,

*p(v):*Hücre net girişi

t(y): Hücre çıkışını ifade etmektedir [3-138].

MATLAB' da kullanabileceğimiz pek çok eğitim algoritması bulunmaktadır. En temel algoritma yukarda bahsedilen geriye yayılım tabanlı toplu gradyent azaltım algoritmasıdır. Fakat MATLAB' da varsayılan eğitim algoritması olarak Levenberg-Marquardt (trainlm) seçilmiştir. Bu algoritma çok hızlıdır ancak çalışabilmesi için fazla hafızaya ihtiyaç duymaktadır. Bunların yanı sıra trainbfg ve trainrp algoritmaları da tercih edilebilir [3-139].

Levenberg – Marquardt metodu (LMM)

Temel olarak, bu algoritma maksimum komşuluk fikri üzerine kurulmuş bir en az kareler hesaplama metodudur. Bu algoritma, Gauss-Newton ve Steepest-Descent algoritmalarının en iyi özelliklerinden oluşur ve bu iki metodun kısıtlamalarını ortadan kaldırır. Genel olarak bu metot yavaş yakınsama probleminden etkilenmez.

Levenberg-Marquardt algoritması için Hessian matrisinin değeri yaklaşık şekilde aşağıdaki gibi bulunur [140].

$$H(t) = J(t)^T J(t) + \mu I \qquad (1.53)$$

Denklemdeki μ, Marquardt parametresi, I birim matristir. Burada J matrisi, Jakobien matrisi olarak adlandırılır ve ağ hatalarının ağırlıklara göre birinci türevlerinden oluşur.

$$J(t) = \frac{\partial E(t)}{\partial W(t-1)} \qquad (1.54)$$

Denklemdeki E, ağ hataları vektörüdür. Jakobien matrisi, hesaplamada Hessian matrisinden daha kolay olduğu için tercih edilir. Ağın gradyeni,

$$g(t) = J(t)^T E(t) \qquad (1.55)$$

olup, ağırlıklar ise,

$$w(t+1) = w(t) - [H(T)]^{-1} g(t) \qquad (1.56)$$

denklemindeki gibi ifade edilir. Marquardt parametresi μ, skaler bir sayıdır. Eğer μ sıfırsa, bu yöntem yaklaşık Hessian matrisi kullanan Newton algoritması; eğer μ büyük bir sayı ise, küçük adımlı gradyen azalması yöntemi haline gelir [140, 141].

1.3.11 Normalizasyon yöntemleri

Yapay sinir ağı ağırlık ve hedef verileri arasında normalden çok büyük veya çok küçük değerler görülebilir. Bunlar yanlışlıkla eğitim setine girmiş olabilir. Net girdiler hesaplanırken bu değerler aşırı büyük veya küçük değerlerin doğmasına neden olarak ağı yanıltabilirler. Bütün eğitim verilerinin belirli bir aralıkta yani çoğunlukla 0-1 aralığında ölçeklendirilmesi hem farklı ortamlardan gelen bilgilerin aynı ölçek üzerine indirgenmesine hem de yanlış girilen çok büyük ve küçük şekildeki değerlerin etkisinin ortadan kalkmasına neden olur. Bu yüzden yapay sinir ağlarının eğitim aşamasında hemen önce bazı ön işlemler gerçekleştirilerek YSA'nın öğrenme performansı arttırılabilir. Yani ağ eğitiminde kullanılacak ağırlık ve hedef verileri belirli işlemlerden geçirilmek suretiyle yapay sinir ağının eğitimi daha verimli hale getirilebilir. Normalizasyon işlemi ham eğitim verilerine uygulanır. Çünkü ham eğitim verileri doğrudan YSA eğitiminde kullanılamaz [141].

Yapay sinir ağında katmanlar arasında geçişlerde veriler eşik fonksiyonlarından geçerler ve bu eşik fonksiyonlarının çıkış aralıkları [-1, 1] veya [0,1] aralığında olur. Ham verilerin YSA üzerinde kullanılması için bu aralıklara çekilmesi gerekir. Yani enformasyon bölgesi birçok uygulamada, gerçek değerin "0" ile "1" arasında normalize edilmesi gerekir. Normalizasyon En temel ön-işleme yöntemlerden birisidir ve ön işlemleri gerçekleştirerek YSA'nın eğitim ve öğrenme performanısı artırabilir [143]. Normalize etmek; gerçek değeri 72 olan bir girişi 0.72 şeklinde ağa uyarlanmasıdır. Normalizasyon aynı anda bütün girişlere uygulanabilir. Öncelikle giriş değerlerinin ve çıkış değerinin minumum ve maksimum değerleri belirlenir. Bunun nedeni, eldeki mevcut verilerin bu aralık içinde bulunmasıdır. YSA 'nın bu aralıkların dışındaki durumlar için mantıklı tahminde bulunması beklenemez.

Yapay sinir ağlarının eğitim verilerinin normalizasyonu işlemi için farklı teknikler uygulanmaktadır. Literatürde birçok veri normalizasyon çeşidi vardır. Bunlar; Minimum kuralı, Maximum kuralı, Medyan, Sigmoid kuralı ve Z-Score kuralı şeklinde sıralanabilir [143].

1.3.11.1 İstatiksel normalizasyon(z-score normalizasyonu)

Aynı veri seti üzerindeki bazı değerlerin 0'dan küçük, bazılarının ise daha büyük değerlere sahip olması, veriler arasındaki bu uzaklıkların özellikle uç verilerin sonuçlar üzerinde daha etkin olacağını göstermektedir. Verilerin normalleştirilmesi işlemiyle, eğitim giriş setindeki her bir parametrenin, modelin tahmin işlemine eşit ölçüde katkıda bulunması sağlanır. Her bir değişkene karşı gelen sütunların aritmetik ortalaması ve standart sapması bulunmuştur. Daha sonra, aşağıdaki eşitlikte belirtilen formül ile veriler normalleştirilerek, veriler arasındaki uzaklıklar ortadan kaldırılır ve verilerdeki uç noktaları azaltır.

$$x' = \frac{x_i - \mu_i}{\sigma_i} \quad (1.57)$$

Yukarıdaki denklemde;

x' = Normalizasyonu yapılmış veri

x_i = Girdi değerleri

μ_i = Girdi değerlerinin ortalaması

σ_i = Girdi setinin standart sapmasını ifade etmektedir [141, 143].

1.3.11.2 Min-Max normalizasyonu

Min-Max yöntemi, verileri doğrusal olarak normalize eder. Minimum; bir verinin alabileceği en düşük değer iken, maksimum; verinin alabileceği en yüksek değeri ifade eder. Bir veriyi Min-Max yöntemi ile 0 ile 1 aralığına indirgemek için aşağıdaki denklem kullanılır.

$$x' = \frac{x_i - x_{min}}{x_{max} - x_{min}} \quad (1.58)$$

Yukarıdaki denklemde;

x' = Normalizasyonu yapılmış veri

x_i = Girdi değerleri

x_{max} = En büyük girdi değeri

x_{min}= En küçük girdi değerini ifade etmektedir.

1.3.11.3 Medyan normalizasyonu

Medyan normalizasyonu yönteminde her girdinin medyan değerini alarak, her örneklem için medyan normalize yöntemini kullanılır. Medyan aşırı sapmalardan etkilenmez. Bunun için aşağıdaki eşitlik kullanılır.

$$x' = \frac{x_i}{medyana_i} \quad (1.59)$$

Yukarıdaki denklemde;

x' = Normalizasyonu yapılmış veri

x_i = Girdi değerleri

a_i = Girdi setinin meydanını ifade etmektedir [141].

1.3.11.4 Sigmoid normalizasyonu

Sigmoid normalizasyonu fonksiyonu verileri 0 ile 1 veya -1 ile 1 arasında sınıflandırır. Bir kaç tane doğrusal olmayan sigmoid fonksiyon çeşidi vardır. Tan-jant sigmoid fonksiyonu süreçleri hızlandırmada iyi bir seçim olabilir. Bu yöntem için aşağıdaki eşitlik kullanılır.

$$x' = \frac{e^{xi} - e^{-xi}}{e^{xi} + e^{-xi}} \qquad (1.60)$$

Yukarıdaki denklemde;

x' = Normalizasyonu yapılmış veri

x_i = Girdi değerleri

e = Doğal logaritma değerini ifade etmektedir.

1.3.11.5 Desimalskala normalizasyonu

Burada girdi değerlerinin ondalık noktaları hareket ettirilmek suretiyle normalizasyon işlemi gerçekleştirilir.

$$x' = \frac{x_i}{10^m} \qquad (1.61)$$

Yukarıdaki denklemde;

x' = Normalizasyonu yapılmış veri

x_i = Girdi değerleri

m = En küçük tamsayı

1.3.11.6 D_Min_Max normalizasyonu

Öncelikle modelin uygulanması için aşağıda verilen denklem ile tüm veriler 0,1 ile 0,9 arasında normalize edilir. Normalizasyon yapılarak veriler boyutsuz hale getirilmiş olur. Bu yöntem için aşağıdaki denklem kullanılır.

$$x' = 0.8 \times \frac{x_i - x_{min}}{x_{max} - x_{min}} + 0.1 \quad (1.62)$$

Yukarıdaki denklemde;

x' = Normalizasyonu yapılmış veri

x_i = Girdi değerleri

x_{max} = En büyük girdi değeri

x_{min}= En küçük girdi değerini ifade etmektedir [142, 143].

Aşağıda normalizasyon işlemine örnek olarak yapay sinir ağı eğitimi için ham veri seti ve bazı normalizasyon işlemlerinden sonra elde edilen veri setleri tablolar halinde verilmiştir (Tablo1.13, Tablo 1.14, Tablo 1.15, Tablo 1.16);

Tablo 1.13 Orijinal Girdi verileri

Numara	Ad	Yaş	Cinsiyet
1	Elif	4	B
2	Mustafa	12	E
3	Yüksel	20	E
4	Fuat	26	E
5	Ali	30	E

Tablo 1.14 Min-Max Normalizasyonu

Numara	Ad	Yaş	Cinsiyet
1	Elif	0	B
2	Mustafa	0,3	E
3	Yüksel	0,6	E
4	Fuat	0,8	E
5	Ali	1	E

Tablo 1.15 İstatiksel Normalizasyon

Numara	Ad	Yaş	Cinsiyet
1	Elif	1,32	B
2	Mustafa	0,56	E
3	Yüksel	0,18	E
4	Fuat	0,75	E
5	Ali	1,13	E

Tablo 1.16 Desimal Skala Normalizasyon

Numara	Ad	Yaş	Cinsiyet
1	Elif	0,04	B
2	Mustafa	0,12	E
3	Yüksel	0,20	E
4	Fuat	0,26	E
5	Ali	0,30	E

Tahmin sonuçlarının doğruluğunun ölçümünde ise, MSE (Hata Kareleri Ortalaması) (Mean squared error), RMSE (Hata Kareleri Ortalamasının Karekökü)*(*Root Mean Square Error*)* ve MAPE (Mutlak Hata Oranları Ortalaması) (Mean Absolute Percentage Error) teknikleri en çok kullanılan performans ölçüm teknikleridir [144].

$$MAPE = \frac{\sum\left|\frac{(y1-y2)^2}{y1}\right|}{n} .\ 100\ (\%) \qquad (1.63)$$

$$MSE = \sum\frac{(y1-y2)^2}{n} \qquad (1.64)$$

$$RMSE = \sqrt{\sum\frac{(y1-y2)^2}{n}} \qquad (1.65)$$

Burada;

$y1$ = gerçek değerler,

$y2$ = tahmin edilen değerler,

n = tahmin sayısıdır (bağımlı değişken)

Tahmin performans ölçümleri için literatürde en çok 1 numaralı formül RMSE (Hata Kareleri Ortalamasının Karekökü), 2 numaralı formül MAPE (Mutlak Hata Oranları Ortalaması) ve 3 numaralı formül MSE (Hata Kareleri Ortalaması) değerlerine bakılmaktadır. Oluşturulan ağlar değerlendirilirken tahmin performans ölçümleri küçük olan ağ tercih edilmiştir. Ölçümlerin istatistiksel ifadesi aşağıda verilmiştir. Böylece en iyi performans gösteren ağ yardımıyla değişkenlerin ileriye yönelik tahmin değerleri elde edilmiştir. Bu ölçümlere göre MAPE değerleri %10'un altında olan tahmin modellerini "yüksek doğruluk" derecesine sahip, %10 ile %20 arasında olan modelleri ise "doğru tahminler" olarak sınıflandırmıştır. Benzer şekilde MAPE değerleri %10'un altında olan modelleri "çok iyi", %10 ile %20 arasında olan modelleri "iyi", %20 ile %50 arasında olan modelleri "kabul edilebilir" ve %50'nin altında olan modelleri ise "yanlış ve hatalı" olarak sınıflandırmıştır [144, 145].

1.3.12 Yapay sinir ağlarının uygulama alanları

Yapay sinir ağlarının uygulamaları gözden geçirildiğinde binlerce uygulamanın yapıldığı ve başarılı sonuçların elde edildiği gözlenebilir. Yapay sinir ağları ilgili yazılmış ve uluslararası saygın dergilerde kabul görmüş birçok araştırmaya ver verilmiştir. Uygulamalar o kadar yaygındır ki, bunların tamamının listesini çıkarmak hemen hemen mümkün değildir.

Evimizdeki aletlerden elimizdeki cep telefonlarına kadar birçok alanda Y.S.A uygulamalarını görmek mümkündür (Şekil 1.79). Burada her türlü uygulamadan örnek vermemiz mümkün değildir. O nedenle burada, yapay sinir ağları uygulamalarının bir sınıflandırılması yapılacaktır. Bu, kapsamda, yapay sinir ağları uygulamaları:

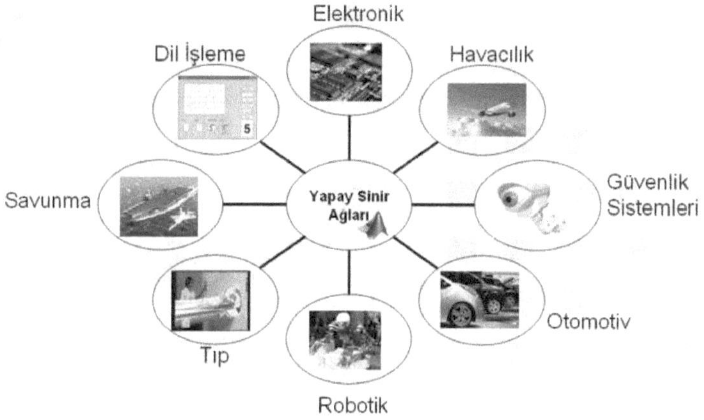

Şekil 1.79 Yapay sinir ağlarının uygulama alanları

Endüstriyel uygulamalar [146, 147].
Finansal uygulamalar
Askeri ve savunma uygulamaları
Sağlık uygulamaları
Diğer alanlardaki uygulamalar

Şeklinde sınıflandırılarak incelenebilir. Bu alanlardaki uygulamalar incelendiğinde yapay sinir ağlarının genel olarak şu fonksiyonları geliştirmek için uygulandıkları görülmektedir:

Tahmin: Girişler kullanılarak çıkışlar tahmin edilir. Hava tahmini, kanser riski olan hastaları tahmin örnek olarak verilebilir [148].

Sınıflandırma: Girişler kullanılarak çıkışlar sınıflandırılır. Hastalıklı hücrelerin sınıflandırılması, kuşların sınıflandırılması örnek olarak verilebilir.

Veri yorumlama: Veritabanında ilgi alanları ile ürünleri ilişkilendirebilme.

Veri ilişkilendirme: Bu amaçla eğitilen ağlar ağa sunulan verilerin hatalı ve eksik olup olmadıklarını belirlerler. Öğrendikleri bilgilerle eksik olan bilgileri tamamlarlar.Örnek olarak eksik bir resmin tamamlanması verilebilir.

Teşhis: Bu amaçla geliştirilen ağlar sistemlerin olumsuzluklarının ortaya konulması ve problemlerin teşhis edilmesi işlemini yerine getirirler. Makinelerin hatalarının teşhis edilmesi örnek olarak verilebilir.

Yapay sinir ağlarının yukarıdaki açıklamalar ışığında değişik uygulama alanlarına örnekler verilebilir. Bunlardan bazılar şu şekilde listelenebilir.

1.3.12.1 Endüstriyel uygulamalar

Yapay sinir ağlarının sayısız endüstriyel uygulamaları vardır. Bunlardan bazıları şu şekilde sıralanabilir:

Y.S.A. ile bir endüstriyel proseste fırınların ürettiği gaz miktarlarının tahmini

İmalatta ürün tasarımı, proses ve makinelerin bakımı ve hataların teşhisi
görsel kalite kontrol
Metalurji ve malzeme bilimi
Otomobillerde otomatik rehber sistemlerini geliştirilmesi
Robotlarda arıza tespiti
Robot insan etkileşimleri
İşlerin makinelere atanması ve çizelgelenmesi
Güç sistemlerinin güvenliği, reaktif güç kompanzasyonu ve motor kontrol uygulamaların [149-153]

1.3.12.2 Finansal Uygulamalar

Y.S.A lar finans dünyasında da oldukça yaygın olarak kullanılmaktadırlar. Kullanım alanlarına örnekler şu şekilde listelenebilir.
Makro ekonomik tahminler
Finansal modelleme ve tahminler.
Borsa benzetim çalışmaları endekslerinin tahmini
Kredi kartı hilelerinin tespiti
Kredi kartı numaralarında iflas tahmini
Banka kredilerinin değerlendirilmesi
Döviz kuru tahminleri
Risk Analizleri vb. [154-156]

1.3.12.2 Askeri uygulamalar

Yapay sinir ağlarının sivil hayattaki uygulamaları kadar askeri alandaki uygulamaları da dikkatleri çekmektedir. Bunlar arasında şunlar örnek sayılabilir:
Hedef tanıma ve takip sistemleri

Yeni sensörlerin performans analizleri

Radar ve görüntü sinyalleri işleme

Sensör fizyonu

Askeri uçakların uçuş yörüngelerinin belirlenmesi,(optimizasyonu)

Uçaklarda arıza teşhisi

Hava araçlarının sınıflandırılması

Mayın dedektörleri [157-159]

1.3.12.3 Sağlık uygulamaları

Yapay sinir ağlarının insan beyni çalışmaları ile yakın ilişki içinde olması tıp ve sağlık alanında da uygulamaların gelişmesine neden olmuştur. Bunlardan bazı örnekler ise şöyle sıralanabilir:

Solunum hastalıklarının teşhisi

EEG ve ECG analizleri

Tıbbi resim işleme

Hastalık teşhisleri [160]

Kaser vakalarında metastaz tahmini [161]

Troit bozukluklarının tanısında [162]

Farmakoekonomi alanında [163]

Üroloji alanında, ürolojik bozuklukların teşhisinde

Prostat analizleri

Sperm analizleri [164]

1.3.12.4 Diğer alanlardaki uygulamalar

Yukarıdaki uygulama alanlarına ek olarak daha birçok alanda yapay sinir ağları uygulamalarını görmek mümkündür. Bunlardan bazıları şöyle sıralanabilir:

Petrol ve gaz aranmasının yapılması

Şekil sıkıştırma

Uçak parçalarının hata teşhislerinin yapılması

Sigorta poliçelerinin değerlendirilmesi

Karakter, el yazsı, imza tanıma

Veri madenciliği

Rotalama sistemleri

Hava alanlarında bomba detektörleri ve uyuşturucu koklayıcıları vb [165].

2. MATERYAL ve YÖNTEM

Bu çalışmada amaç farklı teknik ve fiziksel özelliklerdeki aydınlatma sistemlerinde aydınlık düzeyinin yapay sinir ağlarıyla tahmini ve bu tahminlerden elde edilen verilerle sistemin bakım zamanının gelip gelmediğinin tespit edilmesidir. Bu bilgiler doğrultusunda öncelikle yapay sinir ağının eğitiminde kullanılacak olan verilerin hazırlanması gerekmektedir. Eğitimde kullanılacak veriler; iç mekânların en, boy, yükseklik bilgileri, duvar rengi (şampanya, bej, krem rengi (Şekil 2.1)), aydınlatma türü (yarı direkt aydınlatma, karma aydınlatma, yarı endirekt aydınlatma) ve mekân içerisindeki aydınlık düzeyi (lüks) dağılımıdır.

(a) şampanya rengi | (b) bej rengi | (c) krem rengi

Şekil 2.1 İç mekânda kullanılan duvar renkleri (koyudan açığa doğru)

Kitabın uygulama kısmı olan bu bölüm; Y.S.A eğitimi için veri hazırlama, Y.S.A modeli oluşturma ve oluşturulan modelin çoklu regresyon analizi yöntemiyle tutarlık testi olmak üzere üç adımda gerçekleştirilmiştir.

İlk adımda, fiziksel özellikleri farklı iç mekânlar hazırlanıp bu hazırlanan iç mekânlarda çeşitli noktalarda aydınlık düzeyi (lüks) ölçümleri yapılmıştır. Bu ölçümler toplamda 60 aşamada gerçekleştirilmiştir. Ölçülen bu aydınlık düzeyi değerleri ile birlikte ölçümün yapıldığı iç mekânın en, boy, yükseklik, duvar rengi ve aydınlatma türü bilgileri kayıt edilmiştir.

İkinci adımda, yapay sinir ağlarının eğitiminde kullanılacak olan iç mekânda ölçülen aydınlık düzeyi değerleri ile kayıt edilen iç mekân özellikleri bir araya getirilip, matris formuna dönüştürülmüştür. Matris halinde getirilmiş bu veriler yapay sinir ağı eğitiminde kullanılacak hale getirilmek için normalize edilmiştir. Daha sonra normalize edilmiş veriler kullanılarak tasarlanan yapay sinir ağı eğitilmiştir. Eğitim işleminden sonra yapay sinir ağına gerekli veriler tahmin ettirilmiştir. Bu tahmin verileri normalize işleminin tersi bir işleme tabi tutularak gerçek zamanlı verilerin düzeyine çekilmiştir ve tüm bu veriler kaydedilmiştir.

Üçüncü yani son adımda çoklu regresyon analizi yöntemiyle (multiple regression analysis) oluşturulan YSA modelinin bağımlı değişkenleri (YSA'nın hedef değerleri) ve bağımsız değişkenleri (YSA girdi değerleri) arasındaki tutarlılık test edilmiştir. Yani oluşturulan modelin mantıksal tutarlılığı test edilmiştir.

2.1. Aydınlık düzeyi ölçümleri

Bu çalışmada, aydınlık düzeyi (lüks) ölçümlerini yapmak amacıyla günlük hayatta kullanılan bir ev seçilmiştir. Ölçümlerin ev ortamında yapılmasındaki en temel neden, insanların büyük bir çoğunluğunun hava karardıktan sonra vakitlerinin büyük bir çoğunluğunu evde geçiriyor olmalarıdır. Deneyler iç mekân içerisinde salon ve çalışma odası bölümlerinde gerçekleştirilmiştir. Ölçümlerin salon ve çalışma odasında gerçekleştirilmesindeki amaç ise insanların akşam eve geldiklerinde vakitlerinin büyük bir çoğunluğunu ya salonda (oturma odası) yâda çalışma odasında geçiriyor olmalarıdır.

Ölçümler ilk olarak salon (oturma odası) kısmında gerçekleştirilmiştir. Salon boyutları 3.10 m en,3.80 m boy ve 2,60 m yükseklik olarak saptanmıştır. Ölçüm yapılan salon (oturma odası) duvarları ilk durumda şampanya rengi boyanmıştır. İkinci durumda ise mekân duvarları krem rengineboyanmıştır. Her bir duvar renginde ayrı ayrı olmak şartıyla iç mekân yarı direkt, karma ve yarı endirekt aydınlatma türleri kullanılmıştır (Şekil 2.2). Mekân içerisinde yarı direkt, karma ve yarı endirekt aydınlatma türlerinin kullanılmasının nedeni ise iç mekânda en çok tercih edilen aydınlatma türleri olmalarıdır. İç mekân aydınlatmasında yarı direkt, karma ve yarı endirekt aydınlatma armatürlerinin üçünde de kompakt flüoresan ampul kullanılmıştır. Aydınlatmada kompakt flüoresan ampul kullanılmasının sebebi ise iç mekân aydınlatmasında çok tercih ediliyor almasıdır.

(a) Yarı direkt aydınlatma (b) Karma aydınlatma (c) Yarı endirekt aydınlatma

Şekil 2.2 İç mekânda kullanılan aydınlatma türleri

Ölçümlerin geriye kalan kısmı çalışma odasında gerçekleştirilmiştir. Oda boyutları ise 2.80 m en, 3.90 m boy ve 2.60 m yükseklik olarak saptanmıştır. Ölçüm yapılan çalışma odasının duvarları ilk durumda şampanya rengi boyanmıştır. İkinci durumda ise mekân duvarları bej rengine boyanmıştır. Yine her bir duvar rengi için ayrı ayrı olmak şartıyla iç mekânda yarı direkt, karma ve yarı endirekt aydınlatma türleri kullanılmıştır. İç mekân aydınlatmasında yarı direkt, karma ve yarı endirekt aydınlatma armatürlerinin üçünde de yine kompakt flüoresan ampul kullanılmıştır.

Ölçümlerin yapıldığı bina 4 katlı olup ölçüm yapılan daire üçüncü kattadır. Her iki ortamda da kapıdan girildiğinde tam karşıda bir adet pencere bulunmaktadır fakat ölçümler gece yapıldığı için ve ölçüm yapılan odalar üçüncü katta olduğu için dışarıdan herhangi bir ışık girişi söz konusu değildir. Bunun anlamı yapay aydınlık haricinde aydınlık YSA giriş çıkışlarını etkilememektedir. Ölçümlerin yapıldığı iç mekânlar aşağıda Şekil 2.3 (a)'da görüldüğü gibi önce kâğıt üzerinde ve sonrasında Şekil 2.3 (b)'de görüldüğü fiziksel olarak karelere ayrılmıştır. Her bir karenin köşesine numara verilmiştir ve toplam 9x9=81 adet ölçüm noktası elde edilmiştir.

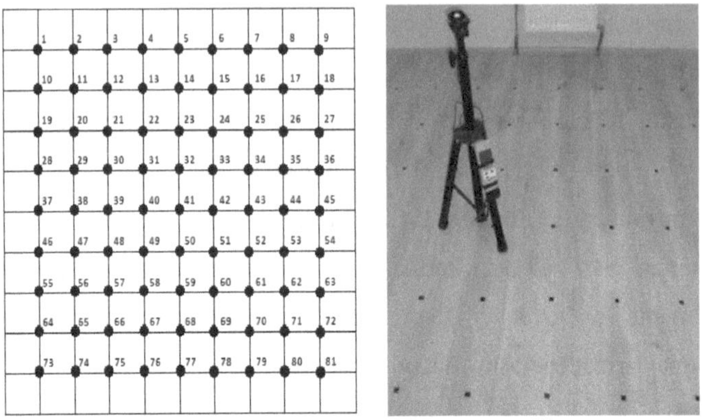

(a) **(b)**

Şekil 2.3 İç mekânın kâğıt üzerinde (a) ve fiziksel olarak (b) 30x35 cm.lik karelere ayrılmış hali

Deneyin yapıldığı iç mekânlarda armatürlerin aydınlık düzeyleri %100 ile %0 (karanlık) arasında dim edilerek (artırılıp azaltılarak) kademeli olarak 5 seviyeye ayrılmıştır (Şekil 2.4).

Şekil 2.4 İç mekân içerisindeki beş kademeye ayrılmış aydınlık düzeyleri (%100-%0)

Ölçümler 81 adet noktada, Şekil 2.4'de görüldüğü beş ayrı aydınlık kademesinde, yerden yüksekliği 90 cm olan çalışma masası yüksekliğinde Şekil 2.5'de görülen lüksmetre düzeneği ile gerçekleştirilmiştir. Düzenek üzerinde LUTRON marka kalibrasyon ayarı olan (kalibrasyon sertifikasına sahip) lüksmetre kullanılmıştır.

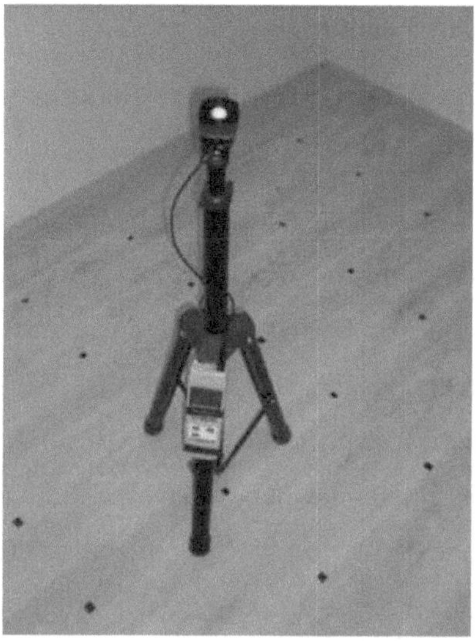

Şekil 2.5 Ölçümlerin yapıldığı lüksmetre düzeneği

Ölçümler esnasında; 2 adet iç mekân (salon ve çalışma odası), her bir iç mekân için 2'şer değişik renk (şampanya, bej ve şampanya krem rengi),3 değişik aydınlatma türü (yarı direkt, karma ve yarı endirekt aydınlatma), 5 adet aydınlık seviyesi ve her aydınlık seviyesi için 81 adet nokta kullanılmıştır. Yani çalışmada 2x2x3x5=60 seviyede aydınlık düzeyi ölçümü yapılmıştır.(Oda sayısı x duvar rengi sayısı x aydınlatma türü sayısı x aydınlık düzeyi sayısı = 60) Her bir aydılık seviyesinde 81 adet nokta olduğuna göre toplamda 60x81=4860 adet noktada aydınlık düzeyi değeri ölçümü yapılmıştır.

2.1.1 Salonda yapılan ölçümler

2.1.1.1 Birinci ölçüm grubu (yarı direkt aydınlatılmış şampanya renkli salon)

Bu ölçme grubu iç mekânda en çok kullanılan bölümlerden biri olan salon bölümünde gerçekleştirilmiştir. Ortamın tüm fiziksel şartları aynı kalmak şartıyla sadece duvarları şampanya rengine boyanmıştır. Aydınlatma türü olarak ise yarı direkt aydınlatma kullanılmıştır. Yarı direkt aydınlatma armatüründe aydınlatma elemanı olarak dim edilebilir kompakt flüoresan lamba kullanılmıştır. Ortamın aydınlık seviyesi Şekil 2.6'da görüldüğü gibi %100 ile %0 arasında beş ayrı seviyede ayarlanmıştır (dim edilmiştir). Bu bölümdeki tüm ölçümler beş aşamada gerçekleştirilmiştir.

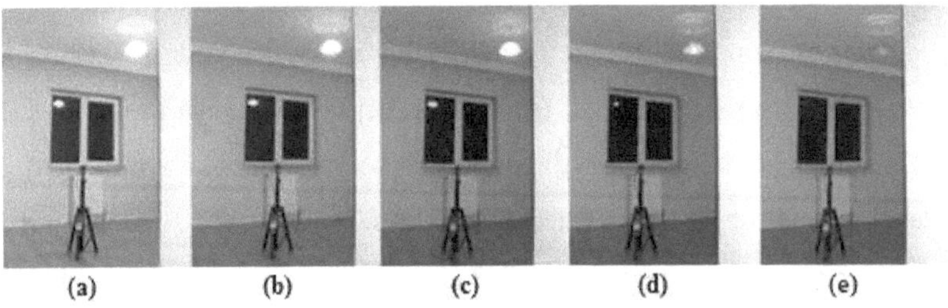

Şekil 2.6Şampanya rengi salondaki yarı direkt aydınlatma elemanının %100(a)'den %75(b), %50(c), %25(d) ve %0(e)'a kadar beş ayrı kademede dim edilmiş hali

1. Aşama: Bu aşamada mekân içerisindeki aydınlatma elemanı %100 güçle çalışmaktadır ve ortam içerisindeki 81 adet noktadaki lüks değerleri tek tek ölçülüp Tablo 2.1'de görüldüğü gibi matris formunda kaydedilmiştir. Şekil 2.7'de görüldüğü gibi yapılan ölçümlerin iç mekan içerisindeki dağılımları 3 boyutlu olarak modellenmiştir.

2. Aşama: Bu aşamada mekân içerisindeki aydınlatma elemanı %75 güçle çalışmaktadır yani mekân %25 karartılmıştır. Ortam içerisindeki 81 adet noktadaki lüks değerleri ölçülüp Tablo 2.2'de görüldüğü gibi matris formunda kaydedilmiştir. Şekil 2.8'de görüldüğü gibi yapılan ölçümlerin iç mekan içerisindeki dağılımları 3 boyutlu olarak modellenmiştir.

3. Aşama: Bu aşamada ise iç mekân içerisindeki aydınlatma elemanı %50 güçle çalışmaktadır ve ortam içerisindeki belirlenen tüm noktalardaki lüks değerleri ölçülüp Tablo 2.3'de görüldüğü gibi matris formunda kaydedilmiştir. Şekil 2.9'de görüldüğü gibi yapılan bu ölçümlerin iç mekan içerisindeki dağılımları 3 boyutlu olarak grafiklendirilmiştir.

4. Aşama: Dördüncü aşamada aydınlatma elemanı %25 güçle çalıştırılmış yani %75 karartılmıştır ve ortam içerisindeki 81 adet noktadaki lüks değerleri Tablo 2.4'de görüldüğü gibi 9x9 matris formunda kaydedilmiştir. Şekil 2.10'de ise 4. aşamada yapılan ölçümlerin iç mekân içerisindeki dağılımının 3 boyutlu grafiği görülmektedir.

5. Aşama: Burada herhangi bir ölçüm yapılmamıştır. Tablo 2.5'de ve Şekil 2.5'de görüldüğü gibi ortam tamamen karanlık yani tüm noktalardaki lüks değerleri sıfırdır.

Tablo 2.1 Şekil 2.6 (a)'da görülen ortamın aydınlık düzeyi dağılımı (lüks)

58,3	64,4	72,8	82,7	86,5	84,4	76,0	67,8	60,8
62,5	70,4	83,1	96,7	104	100	87,5	75,8	66,3
67,0	75,4	94,1	111	120	118	101	84,2	71,3
69,1	79,4	102	122	129	128	113	91,6	75,2
69,0	81,5	105	125	132	129	114	93,6	76,1
66,8	79,8	102	110	124	110	106	86,7	71,9
62,5	73,5	88,4	105	111	107	95,0	80,5	69,1
57,2	66,1	76,3	88,0	94,1	91,9	82,5	72,9	64,4
49,8	57,1	67,1	75,5	79,9	78,8	73,1	65,6	59,0

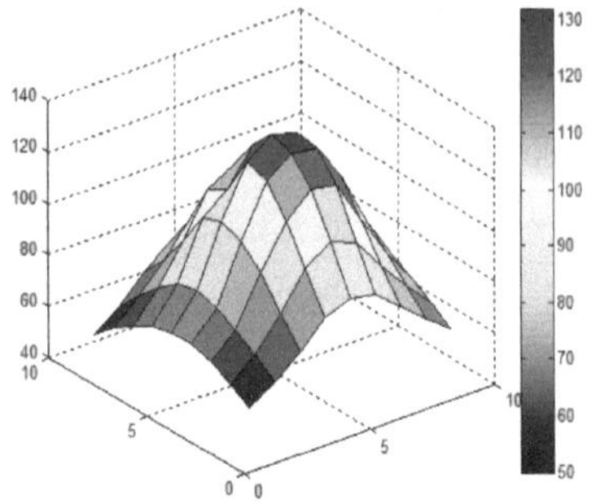

Şekil 2.7 Şampanya rengi %100 güçle yarı direkt aydınlatılmış salonun 3 boyutlu aydınlık düzeyi dağılımı

Tablo 2.2 Şekil 2.6 (b)'de görülen ortamın aydınlık düzeyi dağılımı (lüks)

53,5	59,4	66,7	74,4	76,5	74,2	68,1	60,9	53,8
57,5	65,5	75,0	86,7	90,9	88,9	76,8	67,3	58,4
61,2	71,1	85,3	101	107	107	89,9	74,2	63,1
62,9	74,6	92,7	110	115	116	101	79,9	66,6
63,0	75,5	95,0	113	119	117	103	81,8	67,4
61,2	72,5	91,5	111	114	110	96,9	79,7	66,9
57,3	66,7	80,3	95,9	102	98,1	86,3	73,7	63,2
52,2	60,3	70,2	80,1	85,4	83,6	75,3	67,1	59,1
45,0	52,4	61,8	69,4	72,9	72,2	67,0	60,8	54,5

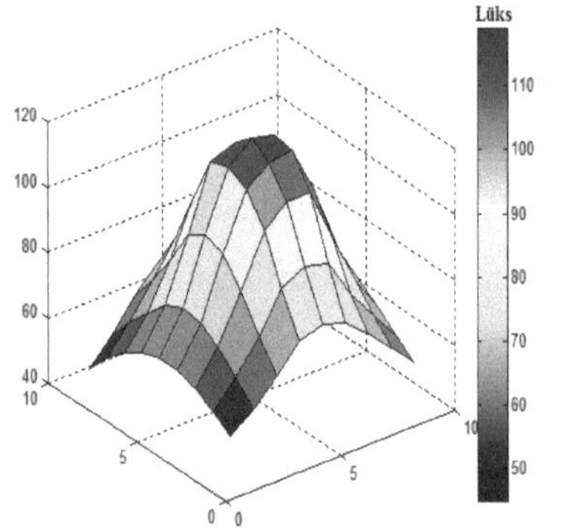

Şekil 2.8 Şampanya rengi %75 güçle yarı direkt aydınlatılmış salonun 3 boyutlu aydınlık düzeyi dağılımı

Tablo 2.3 Şekil 2.6 (c)'de görülen ortamın aydınlık düzeyi dağılımı (lüks)

25,9	29,0	32,3	36,4	36,8	36,2	32,9	29,8	26,7
27,8	31,8	36,4	40,5	43,2	42,4	36,9	32,9	23,7
29,7	34,5	39,5	42,2	51,4	51,1	43,7	36,9	30,7
30,1	36,7	43,2	51,9	55,0	55,4	49,4	40,0	32,4
31,2	37,0	44,5	53,2	56,2	55,4	50,2	40,4	32,9
29,5	35,3	41,5	50,5	52,8	51,0	45,1	38,0	32,2
28	32,4	38,6	43,6	45,2	44,9	39,7	34,9	30,6
25,5	29,3	34,1	38,7	38,3	37,9	36,8	31,8	28,4
22,1	24,4	30,1	33,7	35,9	35,3	32,6	29,2	26,2

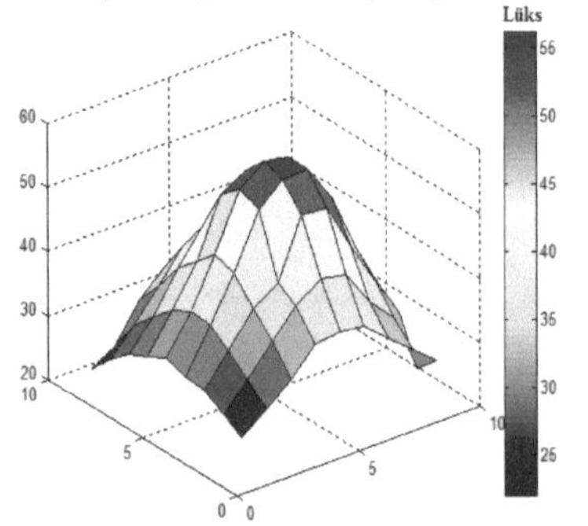

Şekil 2.9 Şampanya rengi %50 güçle yarı direkt aydınlatılmış salonun 3 boyutlu

aydınlık düzeyi dağılımı

Tablo 2.4 Şekil 2.6 (d)'de görülen ortamın aydınlık düzeyi dağılımı (lüks)

7,01	7,76	8,95	9,98	10,6	10,3	9,49	8,46	7,81
7,54	8,59	10,1	11,5	12,3	12,0	10,8	9,82	8,66
8,37	9,34	11,3	13,3	14,5	14,6	12,3	10,6	9,39
8,62	10,1	12,0	14,7	15,6	15,9	13,8	11,4	10,0
8,66	10,4	12,4	15,1	16,1	16,1	14,0	12,0	10,1
8,28	10,2	12,3	14,7	15,5	14,7	12,8	10,6	9,18
7,67	9,36	10,9	12,6	13,6	13,1	11,6	10,1	8,69
6,94	8,27	9,72	10,9	11,6	11,3	10,4	9,12	7,93
6,05	7,06	8,15	9,44	10,0	9,87	9,57	8,10	7,46

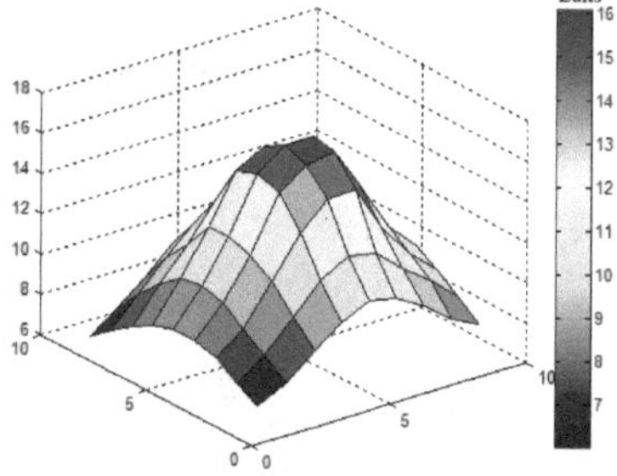

Şekil 2.10 Şampanya rengi %25 güçle yarı direkt aydınlatılmış salonun 3 boyutlu aydınlık düzeyi dağılımı

Tablo 2.5 Şekil 2.6 (e)'de görülen ortamın aydınlık düzeyi dağılımı (lüks)

0	0	0	0	0	0	0	0	0
0	0	0	0	0	0	0	0	0
0	0	0	0	0	0	0	0	0
0	0	0	0	0	0	0	0	0
0	0	0	0	0	0	0	0	0
0	0	0	0	0	0	0	0	0
0	0	0	0	0	0	0	0	0
0	0	0	0	0	0	0	0	0
0	0	0	0	0	0	0	0	0

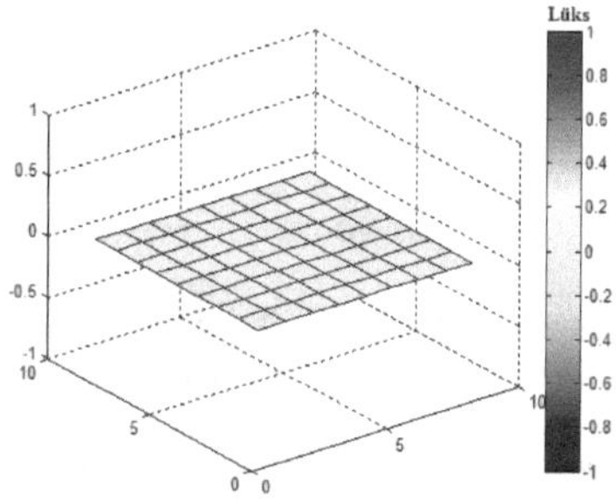

Şekil 2.11 Şampanya rengi %0 güçle yarı direkt aydınlatılmış salonun 3 boyutlu aydınlık düzeyi dağılımı

2.1.1.2 İkinci ölçme grubu (yarı direkt aydınlatılmış krem rengi renkli salon)

Bu ölçme grubu iç mekânda en çok kullanılan bölümlerden biri olan salon bölümünde gerçekleştirilmiştir. Ortamın tüm fiziksel şartları aynı kalmak şartıyla sadece duvarları krem rengine boyanmıştır. Aydınlatma türü olarak ise yarı direkt aydınlatma kullanılmıştır. Yarı direkt aydınlatma armatüründe aydınlatma elemanı olarak dim edilebilir kompakt flüoresan lamba kullanılmıştır.

Ortamın aydınlık seviyesi Şekil 2.12'da görüldüğü gibi %100 ile %0 arasında beş ayrı kademede ayarlanmıştır (dim edilmiştir). Bu bölümdeki tüm ölçümler beş aşamada gerçekleştirilmiştir.

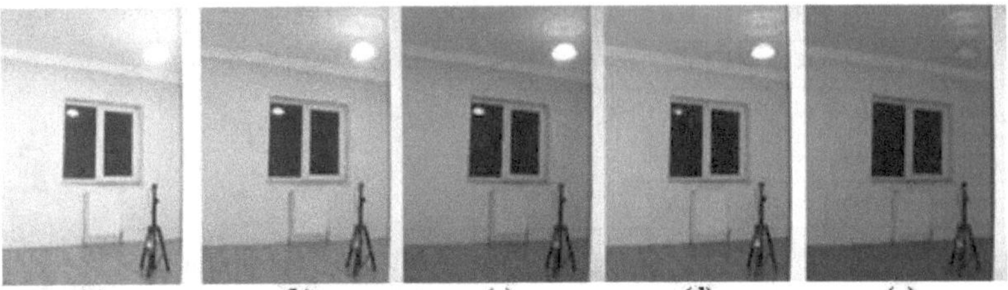

(a) (b) (c) (d) (e)

Şekil 2.12 Krem rengi salondaki yarı direkt aydınlatma elemanının %100(a)'den %75(b), %50(c), %25(d) ve %0(e)'a kadar beş ayrı kademede dim edilmiş hali

6. Aşama: Bu aşamada mekân içerisindeki aydınlatma elemanı %100 güçle çalışmaktadır ve ortam içerisindeki 81 adet noktadaki lüks değerleri tek tek ölçülüp Tablo 2.6'de görüldüğü gibi matris formunda kaydedilmiştir. Şekil 2.13'de görüldüğü gibi yapılan ölçümlerin iç mekân içerisindeki dağılımları 3 boyutlu olarak modellenmiştir.

7. Aşama: Bu aşamada mekân içerisindeki aydınlatma elemanı %75 güçle çalışmaktadır. Ortam içerisindeki 81 adet noktadaki lüks değerleri ölçülüp Tablo 2.7'de görüldüğü gibi matris formunda kaydedilmiştir. Şekil 2.14'de görüldüğü gibi iç mekân içerisindeki dağılımları 3 boyutlu olarak modellenmiştir.

8. Aşama: Bu aşamada ise iç mekân içerisindeki aydınlatma elemanı %50 güçle çalışmaktadır ve ortam içerisindeki belirlenen tüm noktalardaki lüks değerleri ölçülüp Tablo 2.8'de görüldüğü gibi matris formunda

kaydedilmiştir. Şekil 2.15'de görüldüğü gibi yapılan bu ölçümlerin iç mekân içerisindeki dağılımları 3 boyutlu olarak grafiklendirilmiştir.

9. Aşama: Bu aşamada aydınlatma elemanı %25 güçle çalışmaktadır ve ortam içerisindeki 81 adet noktadaki lüks değerleri Tablo 2.9'da görüldüğü gibi 9x9 matris formunda kaydedilmiştir. Şekil 2.16'da ise 4. aşamada yapılan ölçümlerin iç mekân içerisindeki dağılımının 3 boyutlu grafiği görülmektedir.

10. Aşama: Burada herhangi bir ölçüm yapılmamıştır. Tablo 2.10'da ve Şekil 2.17'de görüldüğü gibi ortam tamamen karanlık yani tüm noktalardaki lüks değerleri sıfırdır.

Tablo 2.6 Şekil 2.12 (a)'da görülen ortamın aydınlık düzeyi dağılımı (lüks)

65,4	72,4	80,0	87,3	92,5	89,5	82,4	74,1	65,9
69,3	78,1	90,1	102	109	105	94,0	81,8	71,7
73,3	84,2	102	120	125	121	106	91,9	77,3
75,2	88,7	111	130	137	132	114	97,8	81,3
75,6	91,5	113	129	140	134	118	97,6	82,2
73,8	88,1	108	123	133	130	113	93,9	79,8
68,4	78,9	96,7	110	118	116	102	87,5	75,8
62,7	71,3	83,8	97,2	102	100	90,3	80,4	71,3
54,6	61,8	72,7	83,6	88,8	86,8	80,8	73,9	66,7

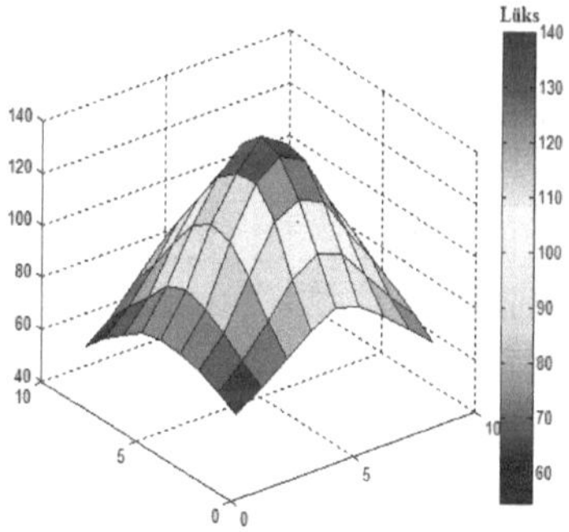

Şekil 2.13 Krem rengi %100 güçle yarı direkt aydınlatılmış salonun 3 boyutlu aydınlık düzeyi dağılımı

Tablo 2.7 Şekil 2.12 (b)'de görülen ortamın aydınlık düzeyi dağılımı (lüks)

61,3	67,8	74,6	81,6	86,2	83	76,2	68,2	61,4
64,7	72,9	83,4	96	106	96,6	86,5	75,4	66,7
68,7	78,4	93,9	110	118	113	99,6	83,6	71,7
70,5	81,7	104	121	127	123	107	89,5	74,6
70,4	84,5	105	122	128	125	110	88,6	75,5
67,2	79,1	98	113	121	120	105	87	74,6
62,9	72,9	88,3	102	108	107	95,4	80,9	71,7
57,4	65	75,9	88,1	93,7	92,2	82,9	75	67,2
49,9	56,9	66,8	75,8	81	80	75	69,4	62,6

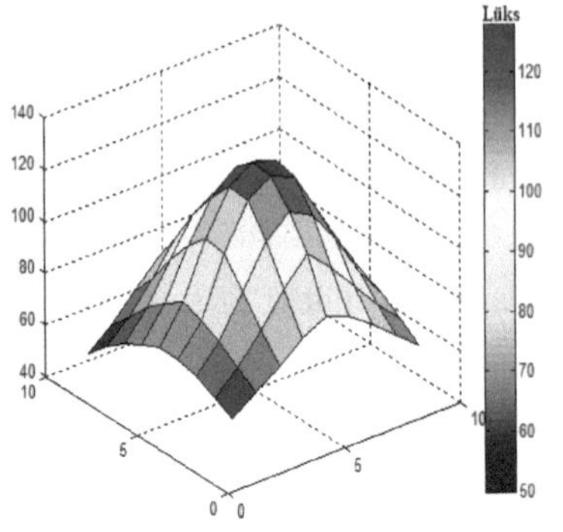

Şekil 2.14 Krem rengi %75 güçle yarı direkt aydınlatılmış salonun 3 boyutlu aydınlık düzeyi dağılımı

Tablo 2.8 Şekil 2.12 (c)'de görülen ortamın aydınlık düzeyi dağılımı (lüks)

27,4	30,5	33,6	36,6	37	37,0	33,8	31,0	27,4
29,2	32,9	37,1	40,5	42,7	40,9	38,0	34,0	29,4
30,9	35,2	40,8	48,9	51,6	49,1	41,7	36,8	31,5
31,6	36,8	44,7	52,9	57,7	53,5	46,1	38,9	33,3
31,7	37,2	45	54,2	55,2	54	47,3	38,3	34,2
31,1	36,1	42	49,7	53,6	52,8	45,4	37,2	33,5
29,1	33,9	39,9	44,6	48	47	40,0	36,3	32,0
28,6	30,4	35,1	39,6	40,8	39,6	37,4	33,9	30,4
22,0	26,4	31	35,2	36,6	36,4	34,2	31,5	28,2

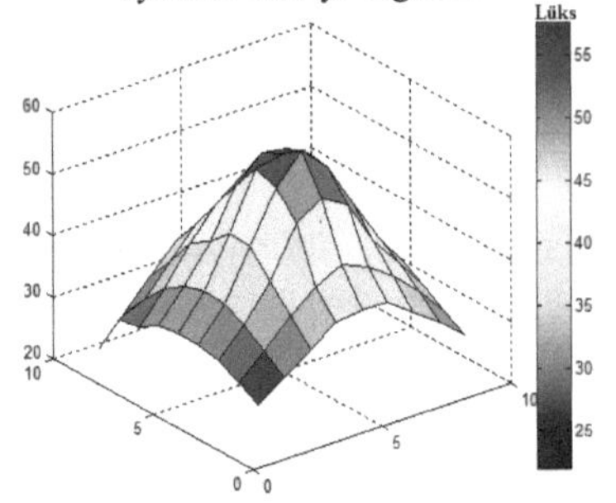

Şekil 2.15 Krem rengi %50 güçle yarı direkt aydınlatılmış salonun 3 boyutlu aydınlık düzeyi dağılımı

Tablo 2.9 Şekil 2.12 (d)'de görülen ortamın aydınlık düzeyi dağılımı (lüks)

8,13	9,1	10,2	11,1	11,4	11	10,3	9,2	8,12
8,76	9,84	11,2	12,7	13,3	12,7	11,4	10,1	8,87
9,26	10,5	12,5	14,9	15,8	14,	12,7	11,1	9,56
9,52	11,1	13,8	16,3	17,1	16,5	14,3	11,8	10,1
9,59	11,4	13,9	16,2	17,2	16,7	14,7	11,9	10,2
9,33	11,1	13,3	15,5	16,6	16,3	13,8	11,6	10,0
9,25	10,7	12,3	14,3	15,0	14,7	12,6	10,9	9,58
8,35	9,54	10,9	12,1	12,7	12,5	11,4	10,2	8,98
7,27	7,95	9,64	10,7	11,1	11,0	10,3	9,30	8,32

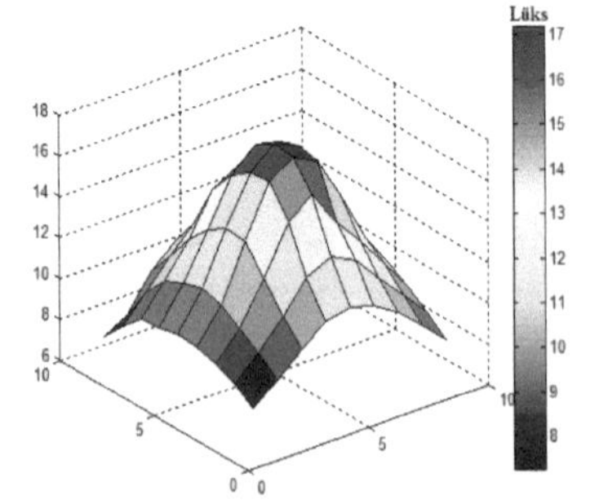

Şekil 2.16 Krem rengi %25 güçle yarı direkt aydınlatılmış salonun 3 boyutlu aydınlık düzeyi dağılımı

Tablo 2.10 Şekil 2.12 (e)'de görülen ortamın aydınlık düzeyi dağılımı (lüks)

0	0	0	0	0	0	0	0	0
0	0	0	0	0	0	0	0	0
0	0	0	0	0	0	0	0	0
0	0	0	0	0	0	0	0	0
0	0	0	0	0	0	0	0	0
0	0	0	0	0	0	0	0	0
0	0	0	0	0	0	0	0	0
0	0	0	0	0	0	0	0	0
0	0	0	0	0	0	0	0	0

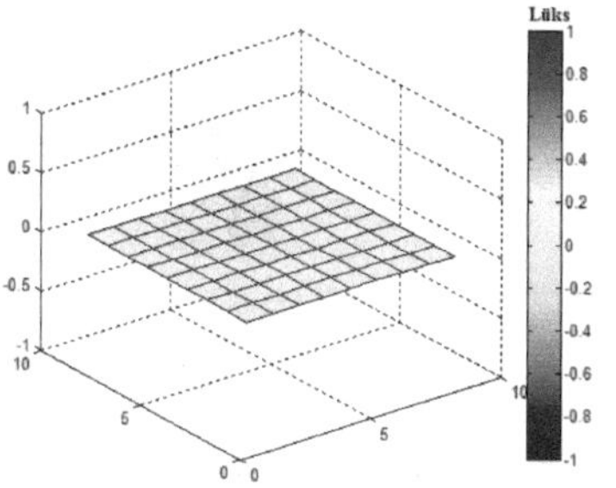

Şekil 2.17 Krem rengi %0 güçle yarı direkt aydınlatılmış salonun 3 boyutlu aydınlık düzeyi dağılımı

2.2.1.3 Üçüncü ölçme grubu (karma aydınlatılmış şampanya renkli salon)

Bu ölçme grubu da iç mekânın salon bölümünde gerçekleştirilmiştir. Ortamın tüm fiziksel şartları aynı kalmak şartıyla sadece duvarları şampanya rengine boyanmıştır. Aydınlatma türü olarak ise karma (dağıtılmış) aydınlatma kullanılmıştır. Karma (dağıtılmış) aydınlatma armatüründe aydınlatma elemanı olarak dim edilebilir kompakt flüoresan lamba kullanılmıştır.

Ortamın aydınlık seviyesi Şekil 2.18'de görüldüğü gibi %100 ile %0 arasında beş ayrı kademede ayarlanmıştır (dim edilmiştir). Bu bölümdeki tüm ölçümler beş aşamada gerçekleştirilmiştir.

(a) (b) (c) (d) (e)

Şekil 2.18 Şampanya rengi salondaki karma aydınlatma elemanının %100(a)'den %75(b), %50(c), %25(d) ve %0(e)'a kadar beş ayrı kademede dim edilmiş hali

11. Aşama: Bu aşamada mekân içerisindeki aydınlatma elemanı %100 güçle çalışmaktadır ve ortam içerisindeki 81 adet noktadaki lüks değerleri tek tek ölçülüp Tablo 2.11'de görüldüğü gibi matris formunda kaydedilmiştir. Şekil 2.19'da görüldüğü gibi yapılan ölçümlerin iç mekân içerisindeki dağılımları 3 boyutlu olarak modellenmiştir.

12. Aşama: Bu aşamada mekân içerisindeki aydınlatma elemanı %75 güçle çalışmaktadır yani mekan %25 karartılmıştır. Ortam içerisindeki 81 adet noktadaki lüks değerleri ölçülüp Tablo 2.12'de görüldüğü gibi matris formunda kaydedilmiştir. Şekil 2.20'de görüldüğü gibi yapılan ölçümlerin iç mekân içerisindeki dağılımları 3 boyutlu olarak modellenmiştir.

13. Aşama: Bu aşamada ise iç mekân içerisindeki aydınlatma elemanı %50 güçle çalışmaktadır ve ortam içerisindeki belirlenen tüm noktalardaki lüks değerleri ölçülüp Tablo 2.13'de görüldüğü gibi matris formunda kaydedilmiştir. Şekil 2.21'de görüldüğü gibi yapılan bu ölçümlerin iç mekân içerisindeki dağılımları 3 boyutlu olarak grafiklendirilmiştir.

14. Aşama: Dördüncü aşamada aydınlatma elemanı %25 güçle çalışmaktadır ve ortam içerisindeki 81 adet noktadaki lüks değerleri Tablo

2.14'de görüldüğü gibi 9x9 matris formunda kaydedilmiştir. Şekil 2.22'de ise 4. Aşamada yapılan ölçümlerin iç mekân içerisindeki dağılımının 3 boyutlu grafiği görülmektedir.

15. Aşama: Bu aşama aydınlatma elemanının devre dışı olduğu aşamadır. Tablo 2.15'de. Şekil 2.23'de görüldüğü gibi ortam tamamen karanlık yani tüm noktalardaki lüks değerleri sıfırdır.

Tablo 2.11 Şekil 2.18 (a)'de görülen ortamın aydınlık düzeyi dağılımı (lüks)

59,2	65,6	75,8	83,7	86,7	84,3	76,1	68,6	62,0
64,2	71,5	82,2	94,9	100	96,8	86,1	75,9	67,2
68,5	75,6	90,7	106	111	107	96,0	83,2	71,7
70,5	78,9	97,9	113	116	112	104	88,3	74,9
70,0	80,0	98,3	112	116	114	106	90,0	75,6
68,7	79,7	96,9	109	113	113	104	87,4	74,2
64,8	74,6	88,5	101	106	105	94,8	81,7	72,1
59,5	67,8	78,2	89,3	94,5	92,6	85,2	75,9	68,3
52,4	59,4	69,3	77,8	82,3	81,1	77,1	70,2	63,5

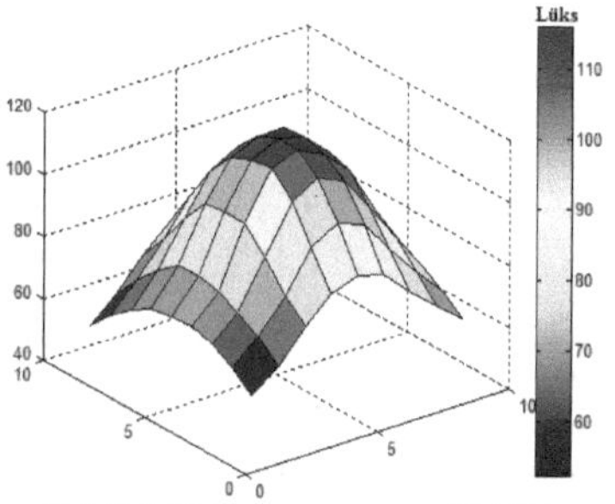

Şekil 2.19 Şampanya rengi %100 güçle karma aydınlatılmış salonun 3 boyutlu aydınlık düzeyi dağılımı

Tablo 2.12 Şekil 2.18 (b)'de görülen ortamın aydınlık düzeyi dağılımı (lüks)

53,4	59,1	66,6	73,5	76,4	74,2	68,2	61,6	55,7
57,8	64,3	73,6	82,6	87,5	88,5	76,1	67,1	60,0
61,2	67,8	80,9	93,5	97,3	94,2	85,2	73,5	64,0
62,9	69,9	85,6	100	102	101	93,4	77,7	66,6
62,3	70,8	86,5	101	103	102	95,0	78,9	67,3
61,2	68,3	82,1	95,4	99,9	98,5	89,9	76,2	64,9
57,5	63,4	73,9	85,9	90,7	90,4	81,8	72,5	61,9
52,2	57,5	66,2	75,3	80,0	79,1	74,1	66,6	59,2
45,4	50,7	58,6	66,0	70,1	69,9	67,1	60,8	54,9

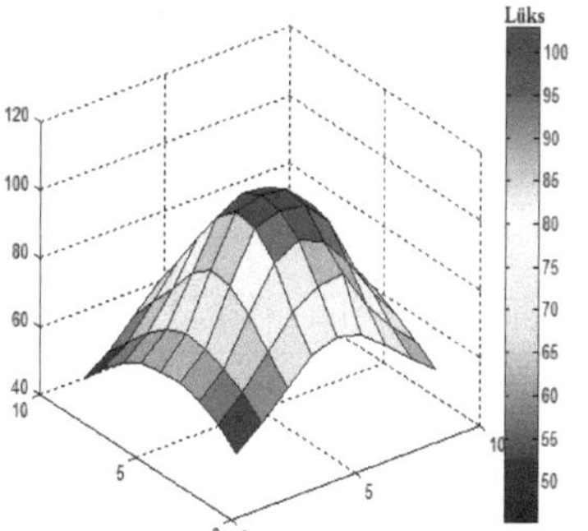

Şekil 2.20 Şampanya rengi %75 güçle karma aydınlatılmış salonun 3 boyutlu aydınlık düzeyi dağılımı

Tablo 2.13 Şekil 2.18 (c)'de görülen ortamın aydınlık düzeyi dağılımı (lüks)

33,3	38,2	40,7	45,4	47,7	46,2	41,8	38,9	35,4
36,1	38,2	44,3	50,2	50,5	49,1	44,6	39,1	38,2
38,2	40,1	47,8	55,7	56,1	54,2	49,7	42,9	39,2
39,4	42,0	51,6	59,0	58,8	57,0	53,3	45,5	39,3
39,2	42,5	51,8	58,2	58,6	57,6	54,7	46,1	39,6
38	40,1	49,1	55,0	57,2	56,9	52,8	45,0	38,1
35,7	36,9	44,4	50,5	53,4	52,9	48,6	42,1	36,2
33,7	37,1	42,2	48,2	50,6	49,5	45,1	39,5	37,3
29,5	33,4	37,1	42,2	44,3	44,2	41,2	38,6	35,4

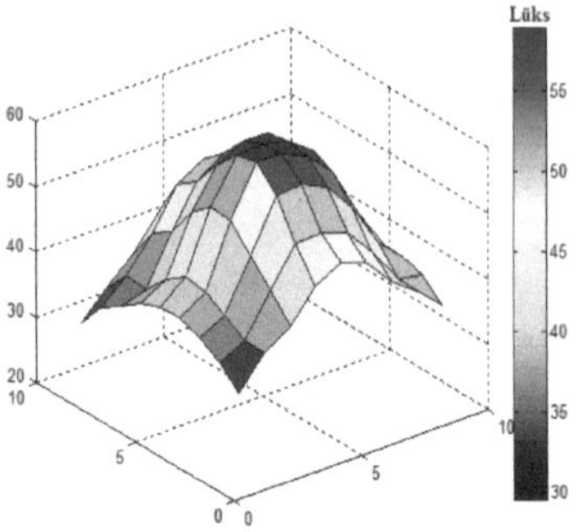

Şekil 2.21 Şampanya renk %50 güçle karma aydınlatılmış salonun 3 boyutlu aydınlık düzeyi dağılımı

Tablo 2.14 Şekil 2.18 (d)'de görülen ortamın aydınlık düzeyi dağılımı (lüks)

8,3	9,35	10,5	11,5	11,9	11,4	10,7	9,81	9,36
8,8	10,4	11,2	12,9	13,4	13,2	12	11,3	10,2
9,5	10,9	12,3	14,7	14,4	14,8	13,1	11,9	10,9
10,2	11,2	13,4	15,6	15,5	15,9	14,3	12,5	11,2
10	11,2	13,1	15,5	15,9	15,6	14,8	13	11,3
9,7	10,9	12,9	15,3	15,8	15,5	14,1	12,6	11,1
9,1	10,4	12,2	13,6	14,2	13,9	12,8	11,1	10,1
8,2	9,5	11,1	12,4	12,8	12,7	11,7	10,4	9,47
7,3	8,2	10,1	11,1	11,8	11,3	10,8	9,64	8,64

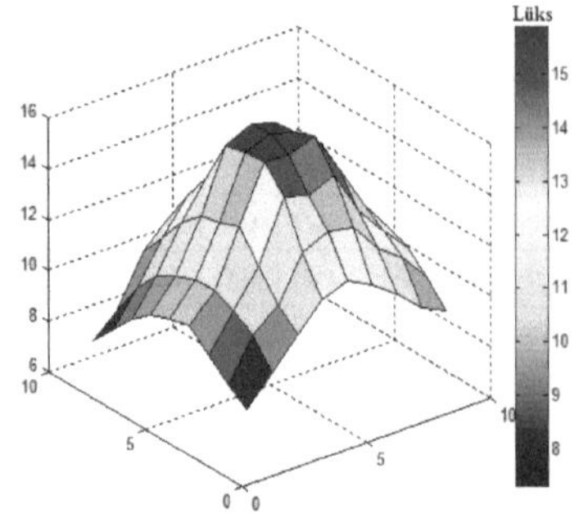

Şekil 2.22 Şampanya rengi %25 güçle karma aydınlatılmış salonun 3 boyutlu aydınlık düzeyi dağılımı

Tablo 2.15 Şekil 2.18 (e)'de görülen ortamın aydınlık düzeyi dağılımı (lüks)

0	0	0	0	0	0	0	0	0
0	0	0	0	0	0	0	0	0
0	0	0	0	0	0	0	0	0
0	0	0	0	0	0	0	0	0
0	0	0	0	0	0	0	0	0
0	0	0	0	0	0	0	0	0
0	0	0	0	0	0	0	0	0
0	0	0	0	0	0	0	0	0
0	0	0	0	0	0	0	0	0

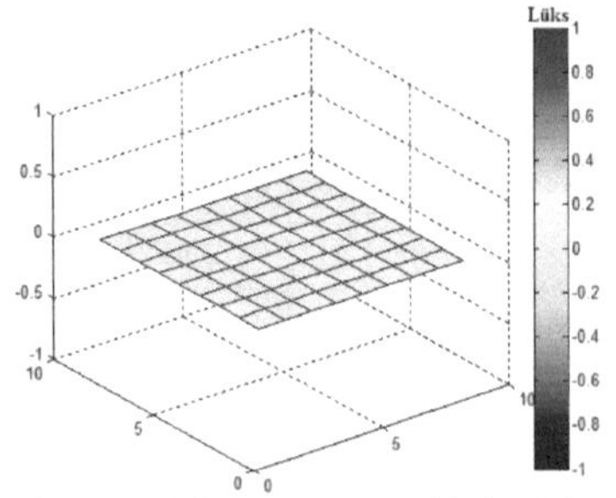

Şekil 2.23 Şampanya rengi %0 güçle karma aydınlatılmış salonun 3 boyutlu aydınlık düzeyi dağılımı

2.2.1.4 Dördüncü ölçme grubu (karma aydınlatılmış krem rengi renkli salon)

Bu ölçme grubu iç mekânda en çok kullanılan bölümlerden biri olan salon bölümünde gerçekleştirilmiştir. Duvar rengi krem ve aydınlatma türü olarak ise karma (dağıtılmış) aydınlatma kullanılmıştır. Karma (dağıtılmış) aydınlatma armatüründe aydınlatma elemanı olarak dim edilebilir kompakt flüoresan lamba kullanılmıştır.

Ortamın aydınlık seviyesi Şekil 2.24'da görüldüğü gibi %100 ile %0 arasında beş ayrı kademede ayarlanmıştır (dim edilmiştir). Bu bölümdeki tüm ölçümler beş aşamada gerçekleştirilmiştir.

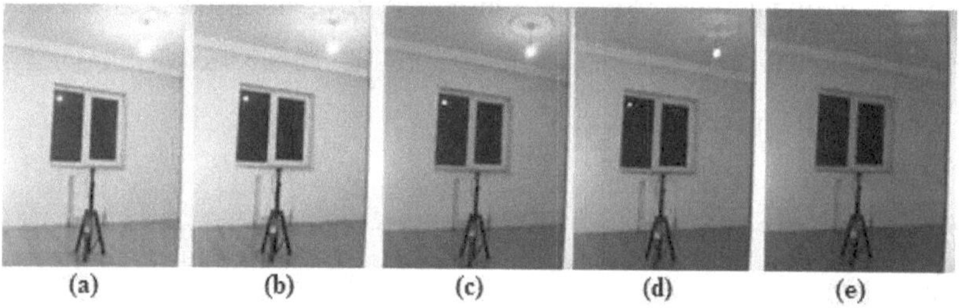

Şekil 2.24 Krem rengi salondaki karma aydınlatma elemanının %100(a)'den %75(b), %50(c), %25(d) ve %0(e)'a kadar beş ayrı kademede dim edilmiş hali

16. Aşama: Bu aşamada mekân içerisindeki aydınlatma elemanı %100 güçle çalışmaktadır ve ortam içerisindeki tüm noktalardaki lüks değerleri tek tek ölçülüp Tablo 2.16'de görüldüğü gibi 9x9 matris formunda kaydedilmiştir. Şekil 2.25'de görüldüğü gibi yapılan ölçümlerin iç mekân içerisindeki dağılımları 3 boyutlu olarak modellenmiştir.

17. Aşama: Bu aşamada mekân içerisindeki aydınlatma elemanı %75 güçle çalışmaktadır. Ortam içerisindeki 81 adet noktadaki lüks değerleri ölçülüp Tablo 2.17'de görüldüğü gibi matris formunda kaydedilmiştir.

Şekil 2.26'de görüldüğü gibi yapılan ölçümlerin iç mekân içerisindeki dağılımları 3 boyutlu olarak modellenmiştir.

18. Aşama: Bu aşamada ise iç mekân içerisindeki aydınlatma elemanı %50 güçle çalışmaktadır ve ortam içerisindeki belirlenen tüm noktalardaki lüks değerleri ölçülüp Tablo 2.18'de görüldüğü gibi matris formunda kaydedilmiştir. Şekil 2.27'de görüldüğü gibi yapılan bu ölçümlerin iç mekân içerisindeki dağılımları 3 boyutlu olarak grafiklendirilmiştir.

19. Aşama: Dördüncü aşamada aydınlatma elemanı %25 güçle çalışmaktadır ve ortam içerisindeki 81 adet noktadaki lüks değerleri Tablo 2.19'de görüldüğü gibi 9x9 matris formunda kaydedilmiştir. Şekil 2.28'de ise 4. aşamada yapılan ölçümlerin iç mekân içerisindeki dağılımının 3 boyutlu grafiği görülmektedir.

20. Aşama: Tablo 2.20'de ve Şekil 2.29'de görüldüğü gibi ortam tamamen karanlık yani tüm noktalardaki lüks değerleri sıfırdır.

Tablo 2.16 Şekil 2.24 (a) 'da görülen ortamın aydınlık düzeyi dağılımı (lüks)

68,0	74,1	82,5	89,8	94,0	91,7	85,0	78,4	71,8
72,1	81,7	91,4	103	107	104	96,5	86,6	75,9
76,6	87,3	101	115	121	116	106	93,0	81,4
77,6	90,7	108	122	125	121	110	98,0	84,3
76,8	90,0	107	119	122	121	113	98,5	83,4
75,1	87,8	105	115	120	119	110	95,0	82,6
70,7	80,7	95	106	111	111	101	88,6	78,4
65,4	73,3	87	96,2	100	98,6	91,8	83,0	74,2
56,6	63,8	73	83,5	88	87,8	83,1	76,1	69,8

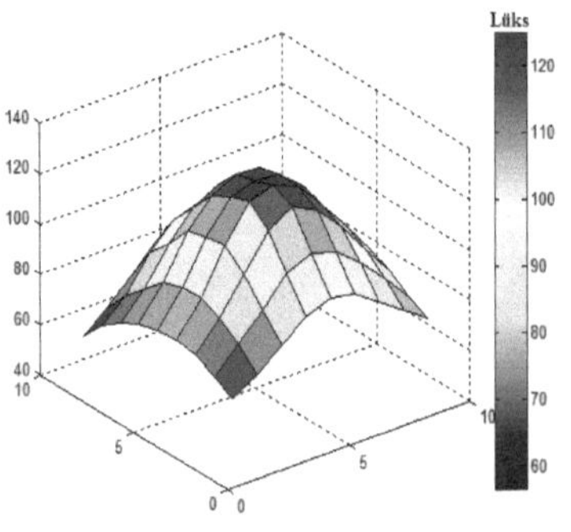

Şekil 2.25 Krem rengi %100 güçle karma aydınlatılmış salonun 3 oyutlu aydınlık düzeyi dağılımı

Tablo 2.17 Şekil 2.24 (b) 'de görülen ortamın aydınlık düzeyi dağılımı (lüks)

62,2	68,8	75,7	83,8	85,9	84,8	78,7	72,5	66,0
66,6	74,1	83,8	94,6	100	97,3	88,9	79,8	71,3
70,4	78,6	92,2	106	112	108	98,1	86,7	75,2
72,6	82,7	99,8	114	116	112	104	90,4	77,9
71,5	84,3	101	111	115	113	106	91,7	78,1
69,2	80,2	95,4	107	111	112	103	88,7	77,0
65,3	74,5	88,1	99,8	105	104	94,4	82,8	73,7
60,0	68,0	76,6	88,6	92,7	92,4	84,3	76,8	70,1
52,6	59,1	68,3	77,4	82,1	82,2	76,9	71,7	65,2

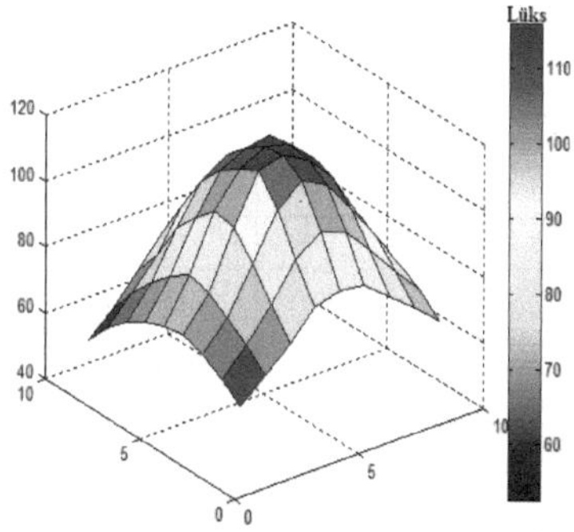

Şekil 2.26 Krem rengi %75 güçle karma aydınlatılmış salonun 3 boyutlu aydınlık düzeyi dağılımı

Tablo 2.18 Şekil 2.24 (c) 'de görülen ortamın aydınlık düzeyi dağılımı (lüks)

36,7	38,4	42,7	47,4	49,3	48,9	45,5	41,6	37,2
37,2	42,3	47,6	53,4	56,2	55,1	50,4	45,4	40,2
39,7	45,1	51,9	59,8	62,9	61,1	54,9	49,7	43,3
40,6	46,7	55,8	63,4	65,6	63,7	58,0	51,0	45,3
41,4	48,8	57,7	63,9	65,5	64,4	60,5	52,9	45,5
40,0	46,0	55,4	61,0	63,7	63,9	59,0	51,3	44,9
37,4	43,6	51,0	57,1	59,8	59,3	54,4	48,2	42,4
37,7	39,7	46,2	52,4	54,6	54,4	50,2	45,4	40,7
33,1	36,9	41,4	46,7	49,3	48,7	45,6	42,1	37,9

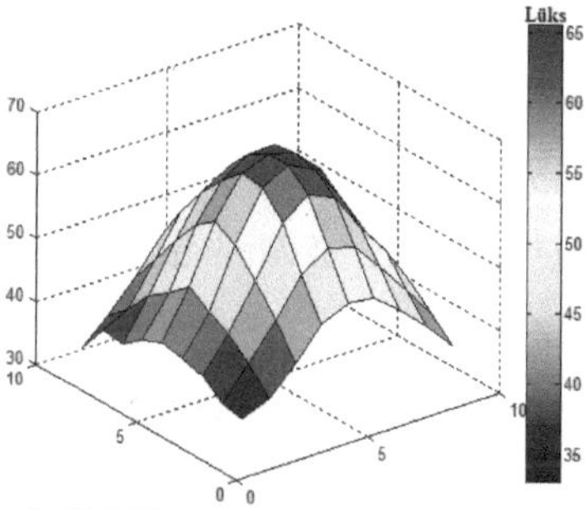

Şekil 2.27 Krem rengi %50 güçle karma aydınlatılmış salonun 3 boyutlu aydınlık düzeyi dağılımı

Tablo 2.19 Şekil 2.24 (d) 'de görülen ortamın aydınlık düzeyi dağılımı (lüks)

11,1	12,1	13,0	14,0	14,4	13,5	12,6	11,6	10,5
11,8	12,8	14,5	15,7	16,4	15,3	14,1	12,6	11,1
10,9	12,3	14,5	16,5	17,2	16,3	14,9	13,2	11,9
11,2	12,7	15,3	17,5	18	17,1	15,7	13,9	12,1
11,1	13,1	15,5	17,4	17,7	16,7	16,1	14,1	12,2
10,9	12,4	14,5	16,3	17	16,8	15,6	13,2	11,7
10,3	11,6	13,5	15,1	15,9	15,8	14,3	12,4	11,2
9,16	10,5	11,9	13,5	13,9	13,7	12,7	11,5	10,6
7,93	9	10,7	11,9	12,4	12,2	11,6	10,8	9,39

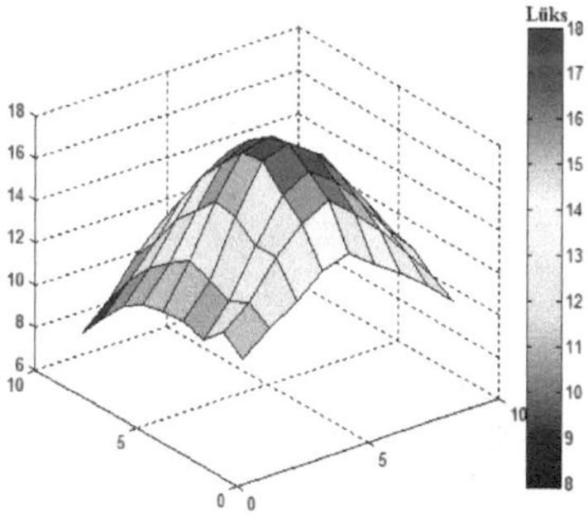

Şekil 2.28 Krem rengi %25 güçle karma aydınlatılmış salonun aydınlık düzeyi dağılımı

Tablo 2.20 Şekil 2.24 (e) 'de görülen ortamın aydınlık düzeyi dağılımı (lüks)

0	0	0	0	0	0	0	0	0
0	0	0	0	0	0	0	0	0
0	0	0	0	0	0	0	0	0
0	0	0	0	0	0	0	0	0
0	0	0	0	0	0	0	0	0
0	0	0	0	0	0	0	0	0
0	0	0	0	0	0	0	0	0
0	0	0	0	0	0	0	0	0
0	0	0	0	0	0	0	0	0

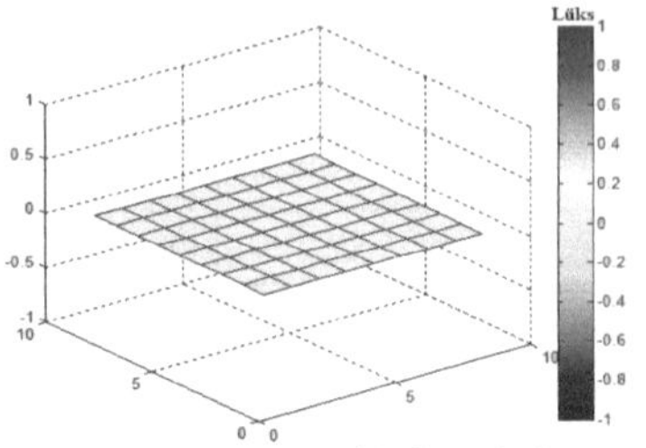

Şekil 2.29 Krem rengi %0 güçle karma aydınlatılmış salonun 3 boyutlu aydınlık düzeyi dağılımı

2.1.1.5 Beşinci ölçme grubu (yarı endirekt aydınlatılmış şampanya renkli salon)

Bu ölçme grubu yine salon bölümünde gerçekleştirilmiştir. Ortamın tüm fiziksel şartları aynı kalmak şartıyla sadece duvarları şampanya rengine boyanmıştır. Aydınlatma türü olarak ise yarı endirekt aydınlatma kullanılmıştır. Yarı endirekt aydınlatma armatüründe aydınlatma elemanı olarak dim edilebilir kompakt flüoresan lamba kullanılmıştır.

Ortamın aydınlık seviyesi Şekil 2.30'da görüldüğü gibi %100 ile %0 arasında beş ayrı kademede ayarlanmıştır (dim edilmiştir). Bu bölümdeki tüm ölçümler beş aşamada gerçekleştirilmiştir.

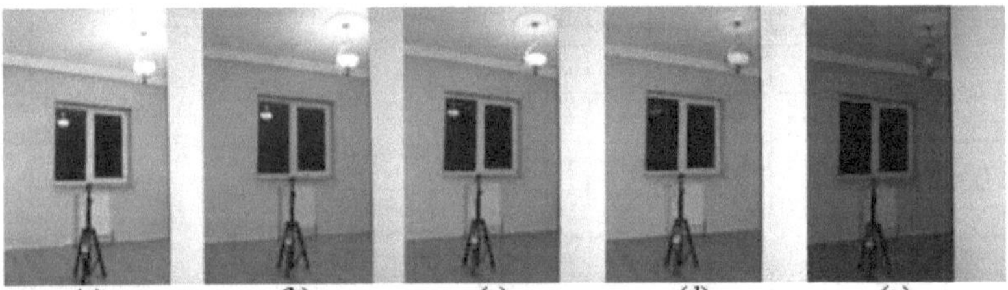

(a) (b) (c) (d) (e)

Şekil 2.30 Şampanya rengi salondaki yarı endirekt aydınlatma elemanının %100(a)'den %75(b), %50(c), %25(d) ve %0(e)'a kadar beş ayrı kademede dim edilmiş hali

21. Aşama: Bu aşamada mekân içerisindeki aydınlatma elemanı %100 güçle çalışmaktadır ve ortam içerisindeki 81 adet noktadaki lüks değerleri tek tek ölçülüp Tablo 2.21'de görüldüğü gibi matris formunda kaydedilmiştir. Şekil 2.31'de görüldüğü gibi yapılan ölçümlerin iç mekân içerisindeki dağılımları 3 boyutlu olarak modellenmiştir.

22. Aşama: Bu aşamada mekân içerisindeki aydınlatma elemanı %75 güçler çalışmaktadır. Ortam içerisindeki 81 adet noktadaki lüks değerleri ölçülüp Tablo 2.22'de görüldüğü gibi matris formunda kaydedilmiştir. Şekil 2.32'de görüldüğü gibi yapılan ölçümlerin iç mekân içerisindeki dağılımları 3 boyutlu olarak modellenmiştir.

23. Aşama: Bu aşamada ise iç mekân içerisindeki aydınlatma elemanı %50 güçle çalışmaktadır ve ortam içerisindeki belirlenen tüm noktalardaki lüks değerleri ölçülüp Tablo 2.23'de görüldüğü gibi matris formunda kaydedilmiştir. Şekil 2.33'de görüldüğü gibi yapılan bu ölçümlerin iç mekân içerisindeki dağılımları 3 boyutlu olarak grafiklendirilmiştir.

24. Aşama: Dördüncü aşamada aydınlatma elemanı %25 güçle çalışmaktadır ve ortam içerisindeki 81 adet noktadaki lüks değerleri Tablo 2.24'de görüldüğü gibi 9x9 matris formunda kaydedilmiştir. Şekil 2.34'de ise 4. aşamada yapılan ölçümlerin iç mekân içerisindeki dağılımının 3 boyutlu grafiği görülmektedir.

25. Aşama: Burada herhangi bir ölçüm yapılmamıştır. Tablo 2.25'de ve Şekil 2.35'de görüldüğü gibi ortam tamamen karanlık yani tüm noktalardaki lüks değerleri sıfırdır.

Tablo 2.21 Şekil 2.30 (a) 'da görülen ortamın aydınlık düzeyi dağılımı (lüks)

47,2	53,3	60,6	66,6	70,3	69,1	65,1	59,0	53,0
51,5	58	66,7	74,6	79	77,6	72,2	65,7	57,7
54,5	62,4	72,3	83,2	88,9	87,5	80,1	71,2	61,6
56,1	64,6	75,8	88,8	96	95,5	86,2	74,8	64,4
56,1	65,3	76,6	90,5	97,5	97,1	87,4	75,6	65,4
54,6	62,9	72,9	81,5	86,7	84,1	75,7	67,5	58,8
51,7	59,1	67,6	74,8	78,3	76,9	70,7	64	56,2
46,8	53,7	61	67,6	70,6	69,3	64,9	59,1	52,6
40,4	46,8	54,2	60	62,5	61,8	58,9	54	48

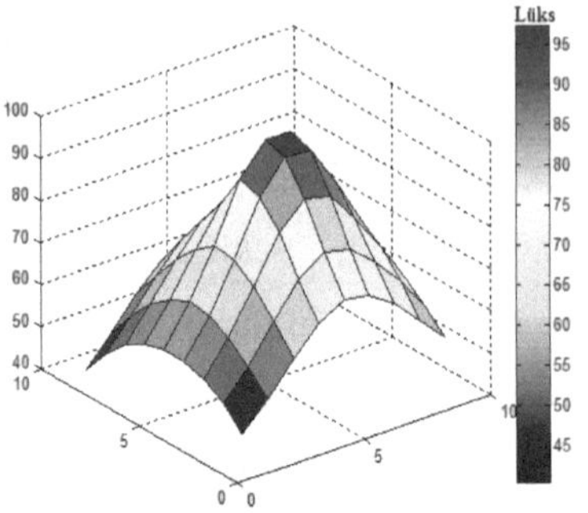

Şekil 2.31 Şampanya rengi %100 güçle yarı endirekt aydınlatılmış salonun 3 boyutlu aydınlık düzeyi dağılımı

Tablo 2.22 Şekil 2.31 (b) 'de görülen ortamın aydınlık düzeyi dağılımı (lüks)

41,4	46,5	52,5	57,8	59,9	58,2	53,8	48,9	42,3
45,1	51,7	58,2	64,1	66,5	65,2	60	54,1	46,9
48,6	55,6	63	70,4	74,7	72,2	65,8	58,7	51,2
50,4	58,3	66,4	74,9	80	77,7	70,5	61,5	53,4
51	59,2	67,4	75,7	81,6	78,9	71,5	62,4	54,6
49,7	58,2	67,1	74,6	78,9	77,1	70,3	62,2	54,2
46,5	54,2	62,1	69	72,5	71,1	66,1	59,1	52,3
42,6	49,2	56,2	62,4	65,1	64	60	54,8	48,3
36,3	42,3	49,9	55,4	57,7	57,2	54,6	50	44,3

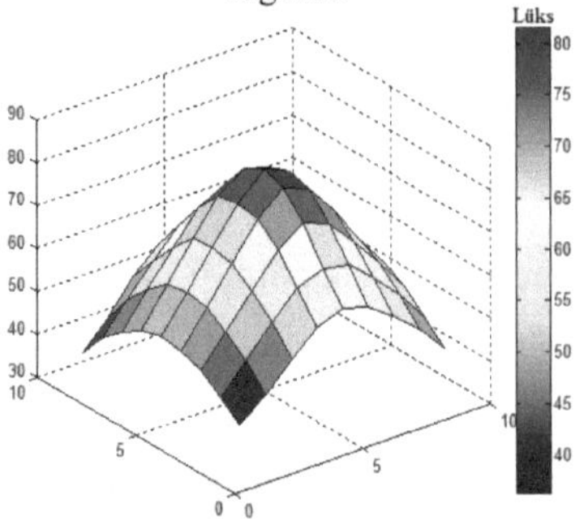

Şekil 2.32 Şampanya rengi %75 güçle yarı endirekt aydınlatılmış salonun 3 boyutlu aydınlık düzeyi dağılımı

Tablo 2.23 Şekil 2.30 (c) 'de görülen ortamın aydınlık düzeyi dağılımı (lüks)

25,2	27,5	30,9	34,2	35,0	34,4	32,1	29,0	26,9
26,7	30,4	34,2	38,0	39,7	38,7	35,9	32,2	28,1
28,5	32,5	37,5	41,2	43,5	41,9	39,1	35,2	30,4
29,6	33,9	38,5	44,4	46,9	45,2	39,9	36,7	31,9
29,8	34,9	38,8	45,2	47,5	45,9	40,8	37,1	32,5
29,1	33,7	39,3	42,5	45,3	44,1	39,6	35,9	31,3
27,7	31,7	36,3	39	41,1	39,7	36,2	34,4	30,0
25,2	28,9	33	36,8	38,2	36,4	35,1	31,7	28,1
22,2	25,3	29,4	32,6	34,0	33,6	31,7	29	26,0

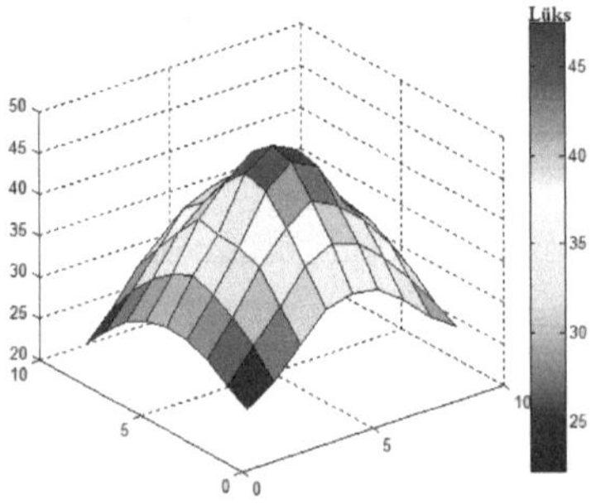

Şekil 2.33 Şampanya rengi %50 güçle yarı endirekt aydınlatılmış salonun 3 boyutlu aydınlık düzeyi dağılımı

Tablo 2.24 Şekil 2.30 (d) 'de görülen ortamın aydınlık düzeyi dağılımı (lüks)

7,79	8,74	9,85	11,2	11,1	10,9	10,0	9,12	8,15
8,4	9,8	10,7	12,0	12,5	12,1	11,1	9,94	8,8
9,05	10,4	11,9	13,5	14,1	13,5	12,3	11,3	9,79
9,43	11	12,4	14,2	15,3	14,6	13,4	11,6	10,3
9,51	11,1	12,6	14,5	15,5	14,9	13,3	11,5	10,1
9,13	10,2	11,5	12,7	13,0	12,8	11,7	10,6	9,22
8,64	10	11,5	12,7	13,0	12,8	11,7	10,6	9,22
7,78	9,06	10,4	10,9	11,7	11,6	10,8	9,83	8,63
7,04	7,73	9,06	10,2	10,4	10,3	9,72	8,81	7,8

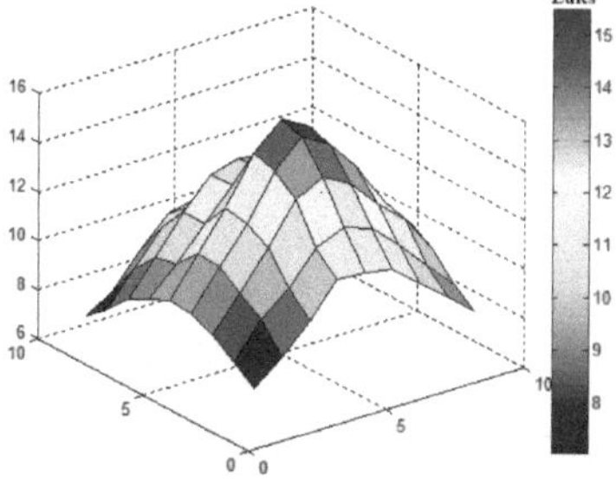

Şekil 2.34 Şampanya rengi %25 güçle yarı endirekt aydınlatılmış salonun 3 boyutlu aydınlık düzeyi dağılımı

Tablo 2.25 Şekil 2.30 (e) 'de görülen ortamın aydınlık düzeyi dağılımı (lüks)

0	0	0	0	0	0	0	0	0
0	0	0	0	0	0	0	0	0
0	0	0	0	0	0	0	0	0
0	0	0	0	0	0	0	0	0
0	0	0	0	0	0	0	0	0
0	0	0	0	0	0	0	0	0
0	0	0	0	0	0	0	0	0
0	0	0	0	0	0	0	0	0
0	0	0	0	0	0	0	0	0

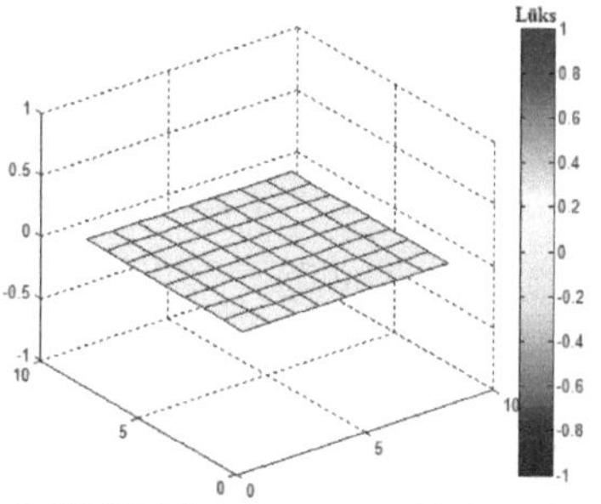

Şekil 2.35 Şampanya rengi %0 güçle yarı endirekt aydınlatılmış salonun 3 boyutlu aydınlık düzeyi dağılımı

2.1.1.6 Altıncı ölçme grubu (yarı endirekt aydınlatılmış krem rengi renkli salon)

Bu ölçme grubu iç mekânın salon bölümünde gerçekleştirilmiştir. Ortamda tüm fiziksel şartları aynı kalmak şartıyla sadece duvarları krem rengine boyanmıştır. Aydınlatma türü olarak ise yarı endirekt aydınlatma kullanılmıştır. Yarı endirekt aydınlatma armatüründe aydınlatma elemanı olarak dim edilebilir kompakt flüoresan lamba kullanılmıştır.

Ortamın aydınlık seviyesi Şekil 2.36'da görüldüğü gibi %100 ile %0 arasında beş ayrı kademede ayarlanmıştır (dim edilmiştir). Bu bölümdeki tüm ölçümler beş aşamada gerçekleştirilmiştir.

(a) (b) (c) (d) (e)

Şekil 2.36 Krem rengi salondaki yarı endirekt aydınlatma elemanının %100(a)'den %75(b), %50(c), %25(d) ve %0(e)'a kadar beş ayrı kademede dim edilmiş hali

26. Aşama: Bu aşamada mekân içerisindeki aydınlatma elemanı %100 güçle çalışmaktadır ve ortam içerisindeki 81 adet noktadaki lüks değerleri tek tek ölçülüp Tablo 2.26'de görüldüğü gibi matris formunda kaydedilmiştir. Şekil 2.37'de görüldüğü gibi yapılan ölçümlerin iç mekân içerisindeki dağılımları 3 boyutlu olarak modellenmiştir.

27. Aşama: Bu aşamada mekân içerisindeki aydınlatma elemanı %75 güçle çalışmaktadır. Ortam içerisindeki 81 adet noktadaki lüks değerleri ölçülüp Tablo 2.27'de görüldüğü gibi matris formunda kaydedilmiştir. Şekil 2.38'de görüldüğü gibi yapılan ölçümlerin iç mekân içerisindeki dağılımları 3 boyutlu olarak modellenmiştir.

28. Aşama: Bu aşamada ise iç mekân içerisindeki aydınlatma elemanı %50 güçle çalışmaktadır. Ortam içerisindeki belirlenen tüm noktalardaki lüks değerleri ölçülüp Tablo 2.28'de görüldüğü gibi matris formunda kaydedilmiştir. Şekil 2.39'de görüldüğü gibi yapılan bu ölçümlerin iç mekân içerisindeki dağılımları 3 boyutlu olarak grafiklendirilmiştir.

29. Aşama: Dördüncü aşamada aydınlatma elemanı %25 güçle çalışmaktadır ve ortam içerisindeki 81 adet noktadaki lüks değerleri Tablo 2.29'de görüldüğü gibi 9x9 matris formunda kaydedilmiştir. Şekil 2.40'de ise 4. aşamada yapılan ölçümlerin iç mekân içerisindeki dağılımının 3 boyutlu grafiği görülmektedir.

30. Aşama: Burada herhangi bir ölçüm yapılmamıştır. Tablo 2.30'da ve Şekil 2.41'de görüldüğü gibi ortam tamamen karanlık yani tüm noktalardaki lüks değerleri sıfırdır.

Tablo 2.26 Şekil 2.36 (a) 'da görülen ortamın aydınlık düzeyi dağılımı (lüks)

51,4	57,1	62	66,9	69,1	67,5	64,1	59,7	54,3
55,4	61,6	68,1	74,3	77,2	75,6	70,3	64,5	59
58,6	65,8	74,3	82,7	87,9	84,4	76,9	69,5	61,9
60,7	68,6	79,7	89,3	94,4	92,3	82,8	72,9	64,5
60,8	70	81,2	92,4	99,6	95,6	86,1	75,6	66,8
59,2	68	78,4	88	94,4	91,8	84,2	73,6	65,5
56,3	64,3	73,1	81,3	86,4	84,2	77,9	69,9	62,8
54,5	61,5	68,8	75,9	79,1	78,8	73,2	67,1	60,2
48,2	54	62	68	70,8	70,6	66,9	61,9	56,5

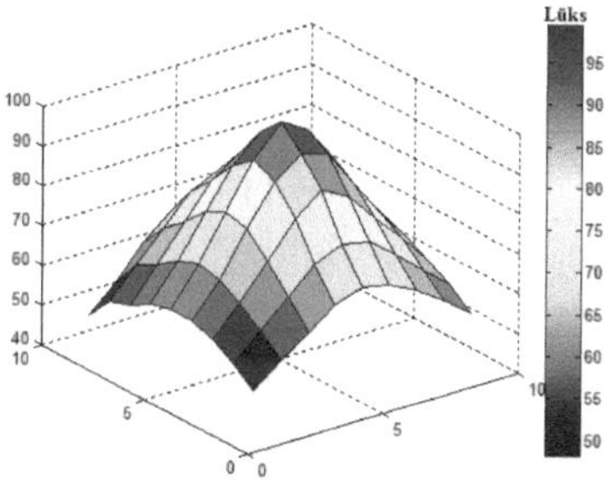

Şekil 2.37 Krem rengi %100 güçle yarı endirekt aydınlatılmış salonun 3 boyutlu aydınlık düzeyi dağılımı

Tablo 2.27 Şekil 2.36 (b) 'de görülen'deki ortamın aydınlık düzeyi dağılımı (lüks)

47,8	52,6	57,7	62,2	64,6	63,3	59,2	55,7	50,6
51,3	57,2	64,1	69,5	72,6	71,1	65,9	60,3	54,6
54,4	61,1	68,9	76,4	80,9	78,6	71,6	64,9	58,1
57,2	65,2	75,1	83,6	89,6	87,3	78	69,3	60,9
56,9	66	75,9	86,2	91,1	87,5	79,2	70,1	61,6
55,4	63,9	73,3	82,2	87,1	84,5	77	68,3	60,5
52,5	59,3	68,2	75,4	79,2	78,4	71,8	65,1	58,4
48	53,9	61,9	68,8	71,7	72,2	66,6	60,7	55,3
41,7	47,5	55,5	61,4	64,2	63,8	60,9	56,3	51,4

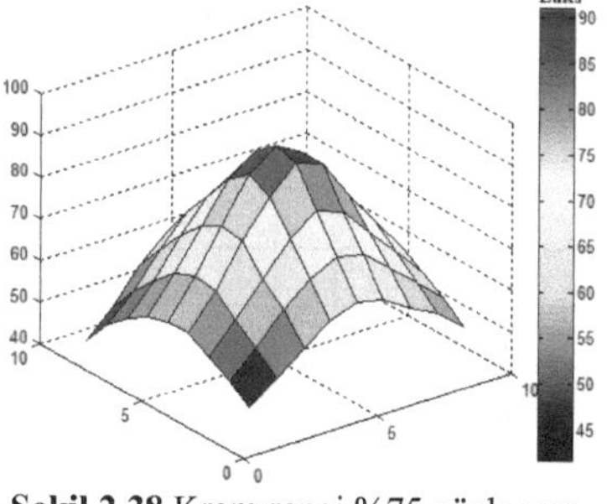

Şekil 2.38 Krem rengi %75 güçle yarı endirekt aydınlatılmış salonun 3 boyutlu aydınlık düzeyi dağılımı

Tablo 2.28 Şekil 2.36 (c) 'de görülen ortamın aydınlık düzeyi dağılımı (lüks)

28,9	31,4	34,3	36,9	38,3	37,0	35,1	32,4	29,6
30,7	34,1	36,4	40,4	42,1	40,4	38,7	35,4	31,8
32,7	36,5	39,8	45,1	47,3	45,8	41,1	38,2	34,1
33,1	37,8	42,7	48,3	51,1	49,4	44,3	38,7	35,8
33,0	37,8	43,5	49	51,7	50	44,8	39,4	35,9
32,1	36,9	40,3	45,4	48,4	47,4	43,3	38,4	35,1
30,1	34,1	38,6	41,6	44,2	43,1	39,9	37,4	33,3
27,6	31,0	34,8	38,7	39,2	38,3	38,3	35,3	31,8
24,4	27,0	31,3	34,7	36,6	36,3	34,8	32,4	29,6

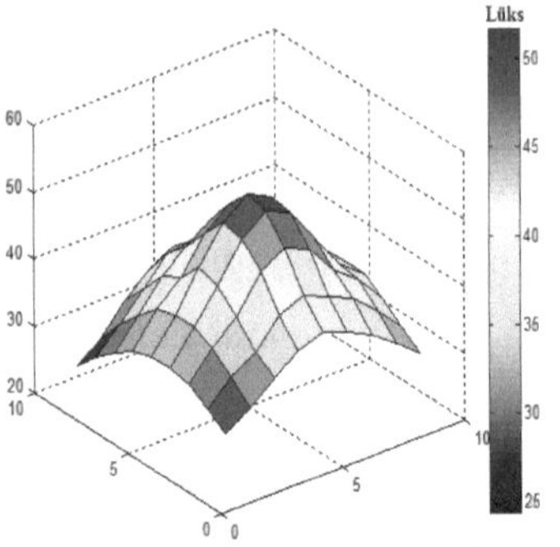

Şekil 2.39 Krem rengi %50 güçle yarı endirekt aydınlatılmış salonun 3 boyutlu aydınlık düzeyi dağılımı

Tablo 2.29 Şekil 2.36 (d) 'de görülen ortamın aydınlık düzeyi dağılımı (lüks)

9,6	10,5	11,5	12,5	12,9	12,6	11,9	11,2	10,2
10,3	11,4	12,6	14,2	14,6	14,2	13,2	12	10,8
10,9	12,1	13,8	15,8	16,4	16,1	14,7	13,8	11,6
11,1	12,8	14,7	16,7	17,5	17,2	15,8	13,7	12,1
11,2	12,8	14,9	16,9	17,8	17,3	16	14	12,2
10,8	12,1	14,5	16	17,2	16,8	15,6	13,7	12,1
10,7	12,3	13,7	15,2	15,7	15,7	14,7	13,1	11,5
9,77	10,8	12,4	13,7	14,2	13,9	13,3	12,0	10,8
8,55	9,45	11,0	12,1	12,6	12,6	12	11,2	10,2

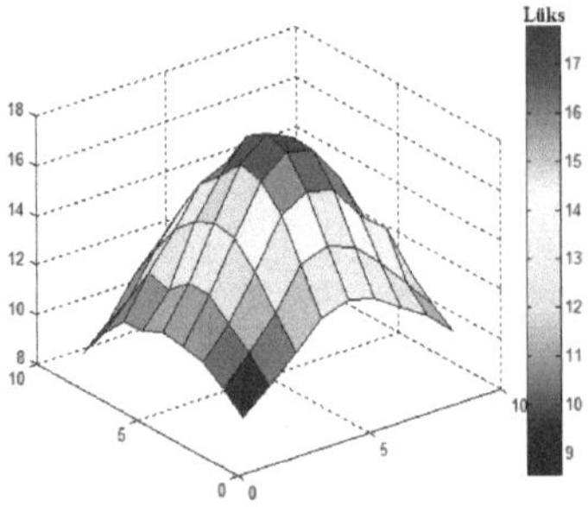

Şekil 2.40 Krem rengi %25 güçle yarı endirekt aydınlatılmış salonun 3 boyutlu aydınlık düzeyi dağılımı

Tablo 2.30 Şekil 2.36 (e) 'de görülen ortamın aydınlık düzeyi dağılımı (lüks)

0	0	0	0	0	0	0	0	0
0	0	0	0	0	0	0	0	0
0	0	0	0	0	0	0	0	0
0	0	0	0	0	0	0	0	0
0	0	0	0	0	0	0	0	0
0	0	0	0	0	0	0	0	0
0	0	0	0	0	0	0	0	0
0	0	0	0	0	0	0	0	0
0	0	0	0	0	0	0	0	0

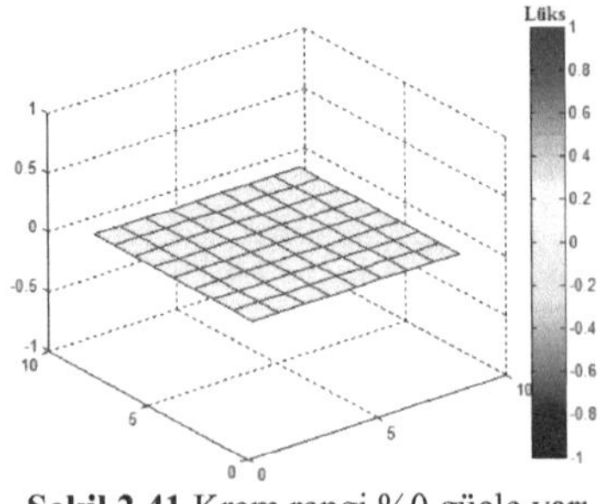

Şekil 2.41 Krem rengi %0 güçle yarı endirekt aydınlatılmış salonun 3 boyutlu aydınlık düzeyi dağılımı

2.1.2 Çalışma odası kısmında yapılan ölçümler

2.1.2.1 Yedinci ölçüm grubu (yarı direkt aydınlatılmış şampanya renkli oda)

Bu ölçüm grubu iç mekânda en çok kullanılan bölümlerden biri olan çalışma odasında gerçekleştirilmiştir. Çalışma odasının tüm fiziksel şartları aynı kalmak şartıyla sadece duvarları şampanya rengine boyanmıştır. Aydınlatma türü olarak ise yarı direkt aydınlatma kullanılmıştır. Yarı direkt aydınlatma armatüründe aydınlatma elemanı olarak dim edilebilir kompakt flüoresan lamba tercih edilmiştir. Ortamın aydınlık seviyesi Şekil 2.42'da görüldüğü gibi %100 ile %0 arasında beş ayrı kademede ayarlanmıştır. Bu bölümdeki tüm ölçümler beş aşamada gerçekleştirilmiştir.

(a) (b) (c) (d) (e)

Şekil 2.42 Şampanya rengi çalışma odasındaki yarı direkt aydınlatma elemanının %100(a)'den %75(b), %50(c), %25(d) ve %0(e)'a kadar beş kademede dim edilmiş hali

31. Aşama: Bu aşamada mekân içerisindeki aydınlatma elemanı %100 güçle çalışmaktadır ve ortam içerisindeki 81 adet noktadaki lüks değerleri tek tek ölçülüp Tablo 2.31'de görüldüğü gibi matris formunda kaydedilmiştir. Şekil 2.43'de görüldüğü gibi yapılan ölçümlerin iç mekân içerisindeki dağılımları 3 boyutlu olarak modellenmiştir.

32. Aşama: Bu aşamada mekân içerisindeki aydınlatma elemanı %75 güçle çalışmaktadır. Ortam içerisindeki 81 adet noktadaki lüks değerleri ölçülüp Tablo 2.32'de görüldüğü gibi matris formunda kaydedilmiştir. Şekil 2.44'de görüldüğü gibi yapılan ölçümlerin iç mekân içerisindeki dağılımları 3 boyutlu olarak modellenmiştir.

33. Aşama: Bu aşamada ise iç mekân içerisindeki aydınlatma elemanı %50 güçle çalışmaktadır ve ortam içerisindeki belirlenen tüm noktalardaki lüks değerleri ölçülüp Tablo 2.3'de görüldüğü gibi matris formunda kaydedilmiştir. Şekil 2.45'de görüldüğü gibi yapılan bu ölçümlerin iç mekan içerisindeki dağılımları 3 boyutlu olarak grafiklendirilmiştir.

34. Aşama: Dördüncü aşamada aydınlatma elemanı %25 güçle çalıştırılmış yani %75 güçle çalışmaktadır ve ortam içerisindeki 81 adet noktadaki lüks değerleri Tablo 2.34'de görüldüğü gibi 9x9 matris formunda kaydedilmiştir. Şekil 2.46'de ise 4. aşamada yapılan ölçümlerin iç mekân içerisindeki dağılımının 3 boyutlu grafiği görülmektedir.

35. Aşama: Burada Tablo 2.35'de ve Şekil 2.47'de görüldüğü gibi ortam tamamen karanlık yani tüm noktalardaki lüks değerleri sıfırdır.

Tablo 2.31 Şekil 2.42 (a) ’da görülen ortamın aydınlık düzeyi dağılımı (lüks)

63,3	66,2	72,4	72,7	73,5	69,3	67,3	62,2	58,6
73,2	81,2	88,5	89,9	92,7	86,9	80,6	74,2	67,9
85,6	97,7	110	116	118	110	101	90,2	79,4
93	106	117	129	132	126	116	103	89,6
98,6	112	124	132	135	129	120	106	92,4
90,7	102	112	122	126	120	111	98,7	86,6
78,5	88,7	93,1	98,9	101,1	95	91,7	82,5	74,1
67	73,5	76,2	76,8	77,5	76,1	74,1	68,4	62,7
60,1	62,8	62,9	64,3	64	60,3	59,7	54,9	51,2

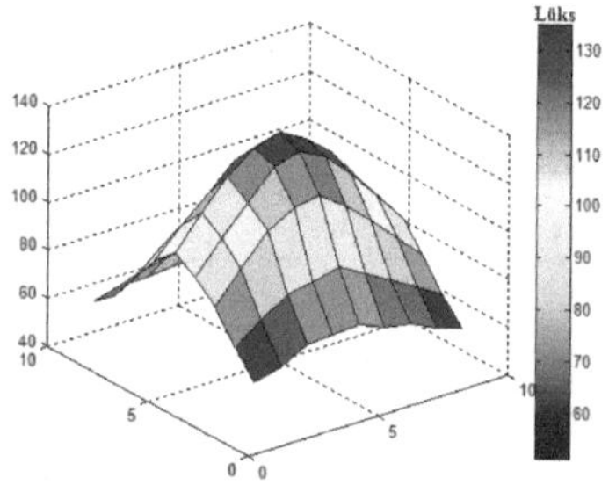

Şekil 2.43 Şampanya rengi %100 güçle yarı direkt aydınlatılmış çalışma odasının 3 boyutlu aydınlık düzeyi dağılımı

Tablo 2.32 Şekil 2.42 (b) ’de görülen ortamın aydınlık düzeyi dağılımı (lüks)

56,3	59,7	64,5	65,8	66,3	64,7	63,5	58,8	55
64,9	70,4	78,6	81,5	81,2	80,2	75,2	69,6	63,8
75,6	86,5	99,2	105	107	103	95,4	84,1	74,7
85,8	99,4	111	119	122	117	108	94,8	82,8
87,4	102	115	122	125	121	110	98,2	84,5
80,5	93,4	105	114	117	112	102	89,2	79,3
71	78,3	86,2	91,7	92,4	90,6	83,5	75,6	68,5
60,8	65,3	69,1	71,5	71,1	72,1	68	62,7	57,5
52,7	56	58,3	59,1	58,8	58,6	54,7	50,6	46,2

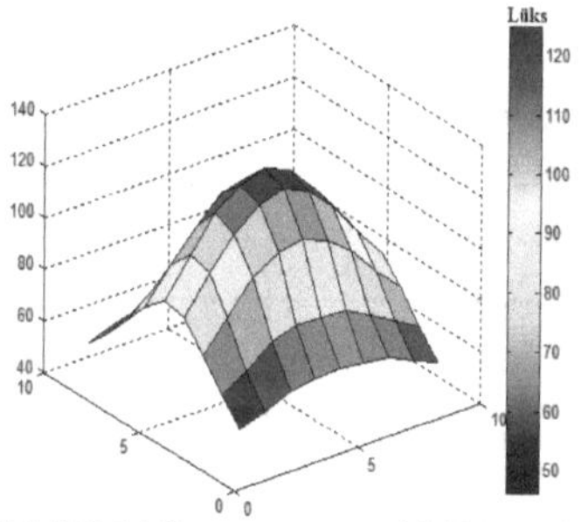

Şekil 2.44 Şampanya rengi %75 güçle yarı direkt aydınlatılmış çalışma odasının 3 boyutlu aydınlık düzeyi dağılımı

Tablo 2.33 Şekil 2.42 (c) ’de görülen ortamın aydınlık düzeyi dağılımı (lüks)

z29	32	34,1	34,9	34,7	32,9	31,8	29,7	27,4
34,8	37,2	39	40,6	41,4	39,7	36,9	35,2	32,2
39,3	44,3	49,4	52,6	53,8	50,3	46,7	40,5	37,2
42,3	48,8	53,8	57,4	59,6	57,8	53,2	46,1	39,9
42,9	49,7	55,7	58,6	61,2	58,8	54	48	41,4
40,1	45,5	50,8	54,8	57,4	54	48,1	42,1	38,5
36,6	38,7	42,8	45,8	45,9	42,3	38,6	36,7	33,1
30,1	32,5	35	35,9	36,2	36,7	35,1	32,2	29,5
26,3	28,4	29,2	30	31,3	30,3	28	26	24

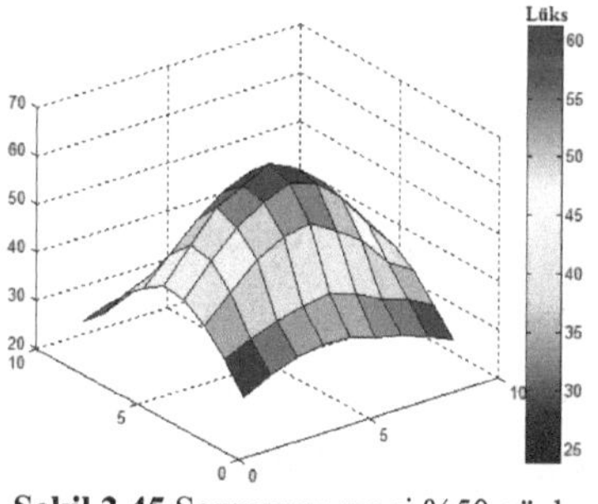

Şekil 2.45 Şampanya rengi %50 güçle yarı direkt aydınlatılmış çalışma odasının 3 boyutlu aydınlık düzeyi dağılımı

Tablo 2.34 Şekil 2.42 (d) 'de görülen ortamın aydınlık düzeyi dağılımı (lüks)

11,5	12,3	12,9	13,1	13,2	12,6	12,1	11,3	10,5
11,8	12,7	13,8	14,4	14,3	14,2	13,4	12,4	12,1
13,8	15,4	17,2	18	18,4	18	16,4	14,8	14
15,4	17,3	19,5	20,7	21	20,6	18,7	16,6	15,5
15,8	17,9	20,1	21,1	21,6	21	19,2	16,7	15,7
14,7	16,4	18	19,3	19,9	18,8	17,2	15,6	14,4
12,8	14,1	15,1	15,5	15,9	15,2	14	13	12,5
11	11,7	12,5	12,4	12,4	12,2	11,5	10,8	10,4
9,59	10	10,5	10,5	10,6	10,1	9,05	8,50	7,90

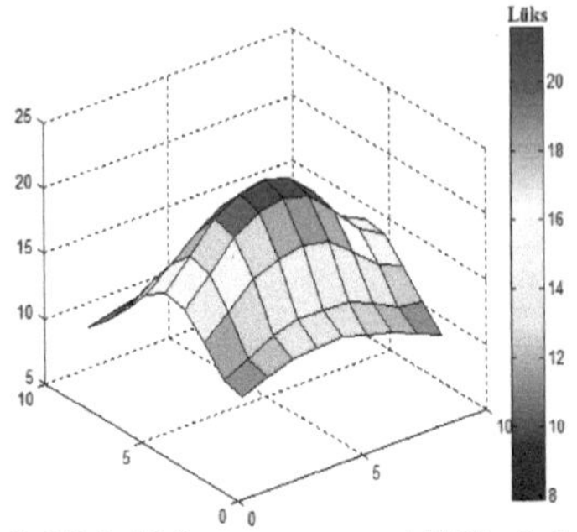

Şekil 2.46 Şampanya rengi %25 güçle yarı direkt aydınlatılmış çalışma odasının 3 boyutlu aydınlık düzeyi dağılımı

Tablo 2.35 Şekil 2.42 (e) 'de görülen ortamın aydınlık düzeyi dağılımı (lüks)

0	0	0	0	0	0	0	0	0
0	0	0	0	0	0	0	0	0
0	0	0	0	0	0	0	0	0
0	0	0	0	0	0	0	0	0
0	0	0	0	0	0	0	0	0
0	0	0	0	0	0	0	0	0
0	0	0	0	0	0	0	0	0
0	0	0	0	0	0	0	0	0
0	0	0	0	0	0	0	0	0

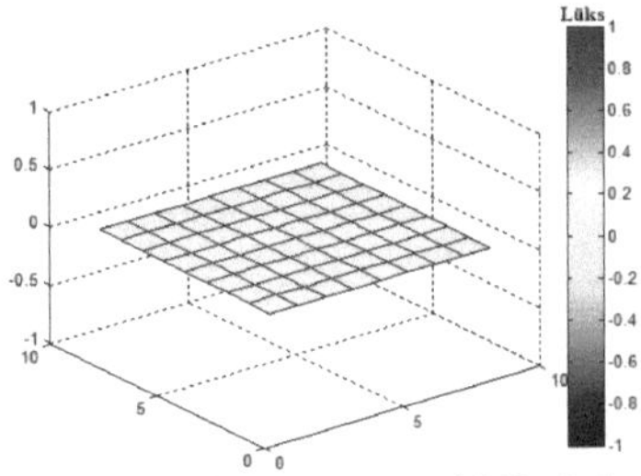

Şekil 2.47 Şampanya rengi %0 güçle yarı direkt aydınlatılmış çalışma odasının 3 boyutlu aydınlık düzeyi dağılımı

2.1.2.2 Sekizinci ölçüm grubu (yarı direkt aydınlatılmış bej renkli oda)

Bu ölçme grubu çalışma odası bölümünde gerçekleştirilmiştir. Ortamın tüm fiziksel şartları aynı kalmak şartıyla sadece duvarları bej rengine boyanmıştır. Aydınlatma türü olarak ise yarı direkt aydınlatma kullanılmıştır. Yarı direkt aydınlatma armatüründe aydınlatma elemanı olarak dim edilebilir kompakt flüoresan lamba tercih edilmiştir.

Ortamın aydınlık seviyesi Şekil 2.48'de görüldüğü gibi %100 ile %0 arasında beş ayrı kademede ayarlanmıştır. Bu bölümdeki tüm ölçümler beş aşamada gerçekleştirilmiştir.

Şekil 2.48 Bej renk çalışma odasındaki yarı direkt aydınlatma elemanının %100(a)'den %75(b), %50(c), %25(d) ve %0(e)'a kadar beş ayrı kademede dim edilmiş hali

36. Aşama: Bu aşamada mekân içerisindeki aydınlatma elemanı %100 güçle çalışmaktadır ve ortam içerisindeki 81 adet noktadaki lüks değerleri tek tek ölçülüp Tablo 2.36'de görüldüğü gibi matris formunda kaydedilmiştir. Şekil 2.49'de görüldüğü gibi yapılan ölçümlerin iç mekân içerisindeki dağılımları 3 boyutlu olarak modellenmiştir.

37. Aşama: Bu aşamada mekân içerisindeki aydınlatma elemanı %75 güçle çalışmaktadır. Ortam içerisindeki 81 adet noktadaki lüks değerleri ölçülüp Tablo 2.37'de görüldüğü gibi matris formunda kaydedilmiştir. Şekil 2.50'de görüldüğü gibi yapılan ölçümlerin iç mekân içerisindeki dağılımları 3 boyutlu olarak modellenmiştir.

38. Aşama: Bu aşamada ise iç mekân içerisindeki aydınlatma elemanı %50 güçle çalışmaktadır ve ortam içerisindeki belirlenen tüm noktalardaki lüks değerleri ölçülüp Tablo 2.38'de görüldüğü gibi matris formunda

kaydedilmiştir. Şekil 2.51'de görüldüğü gibi yapılan bu ölçümlerin iç mekân içerisindeki dağılımları 3 boyutlu olarak grafiklendirilmiştir.

39. Aşama: Dördüncü aşamada aydınlatma elemanı %25 güçle çalışmaktadır ve ortam içerisindeki 81 adet noktadaki lüks değerleri Tablo 2.39'de görüldüğü gibi 9x9 matris formunda kaydedilmiştir. Şekil 2.52'de ise 4. aşamada yapılan ölçümlerin iç mekân içerisindeki dağılımının 3 boyutlu grafiği görülmektedir.

40. Aşama: Burada herhangi bir ölçüm yapılmamıştır. Tablo 2.40'de ve Şekil 2.53'de görüldüğü gibi ortam tamamen karanlık yani tüm noktalardaki lüks değerleri sıfırdır.

Tablo 2.36 Şekil 2.48 (a) 'de görülen ortamın aydınlık düzeyi dağılımı (lüks)

69,9	70,6	74,1	76,7	76,6	75,2	72,7	68,9	63,7
77,7	84,2	92	96,1	97,2	93,1	88,1	80,1	73
91,2	102	113	120	121	116	107	96,9	84,8
94,1	108	118	129	134	135	123	107	94
99,2	113	127	136	138	134	124	110	94,7
91,2	104	114	123	127	125	115	101	87,5
79,7	89,5	97,3	103	106	103	94,4	84,7	76,3
68,1	73,5	77,4	81,5	82,5	79,5	74,1	68,5	64,8
61,6	65,2	68	69,3	69	66,2	61	57,1	54

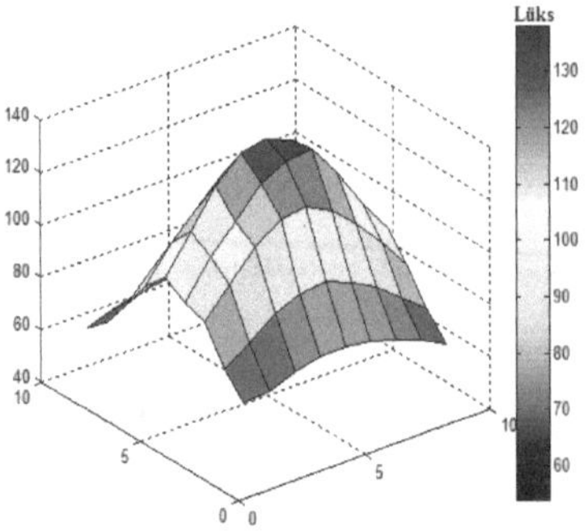

Şekil 2.49 Bej rengi %100 güçle yarı direkt aydınlatılmış çalışma odasının 3 boyutlu aydınlık düzeyi dağılımı

Tablo 2.37 Şekil 2.48 (b) 'de görülen ortamın aydınlık düzeyi dağılımı (lüks)

62	65	69	71	74,5	71,9	69,1	65	60,5
73,4	80,1	87	91,9	93,5	89,6	83,8	76,5	69,7
84,8	95,5	107	114	116	111	103	91,8	81,3
91,9	106	120	129	129	124	114	103	89,5
94	108	120	128	130	126	117	104	89,2
87,1	99,4	109	116	120	117	107	94	92,3
75,7	83,2	91,9	97	99	96	89	79,5	71,7
65,4	70,1	75,1	77,3	76,7	73,6	70,2	65	61
57,4	59,5	61,4	63	63,4	61,3	56,5	52,7	49

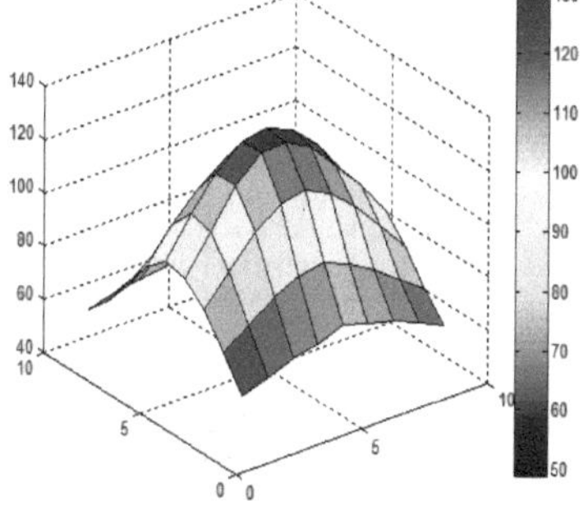

Şekil 2.50 Bej rengi %75 güçle yarı direkt aydınlatılmış çalışma odasının 3 boyutlu aydınlık düzeyi dağılımı

Tablo 2.38 Şekil 2.48 (c)'deki ortamın aydınlık düzeyi dağılımı (lüks)

32	33,8	36,1	37,2	36,9	36,1	34,7	32,6	30,5
36,3	37,5	40,9	42,9	43,6	42,2	39,5	38,2	35,3
40,3	46,2	52,3	55,6	57	54,5	50,3	48,6	39
44,5	52,3	59,5	64	63,9	61,4	56,4	49,6	43
45,4	53	59	63,1	64	62,4	57,6	50,8	44
42,2	48,8	54,1	57,5	59,3	58	53,2	46	40,6
37,2	41,6	45,1	48	49	46,9	42,9	38,5	37,5
33,4	36,5	36,7	38,5	38,4	39,5	36,5	34,2	31,3
29,8	31,4	32,5	33,4	33,6	32,4	30,5	27,6	26

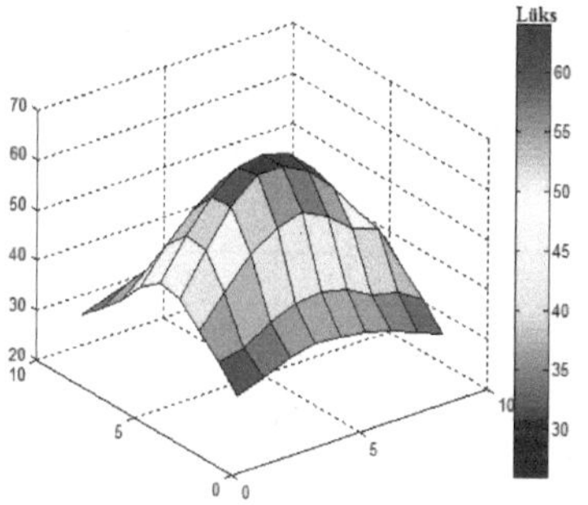

Şekil 2.51 Bej rengi %50 güçle yarı direkt aydınlatılmış çalışma odasının 3 boyutlu aydınlık düzeyi dağılımı

Tablo 2.39 Şekil 2.48 (d) 'de görülen ortamın aydınlık düzeyi dağılımı (lüks)

13,6	14,9	15,7	16,2	16,1	15,8	15,2	14	13
16,4	17,6	19	19,8	20	19,4	18,3	16,9	15,5
18,7	21	23,4	25,4	25,7	24,5	22,7	20,5	17,9
20,6	23,3	26,7	28,8	28,7	27,5	25,2	22,3	19,6
20,8	23,8	26,6	28,3	28,8	27,9	25,8	23,9	19,9
19,4	21,8	24,3	25,9	26,7	26	23,4	20,8	18
16,6	18,3	20,1	21,3	21,7	21	19,2	17,2	15,8
14,5	15,7	16,5	17,3	17,4	16,8	15,9	13,9	12,9
12,	12,8	13,5	13,7	14	13,6	12,5	11,9	10,9

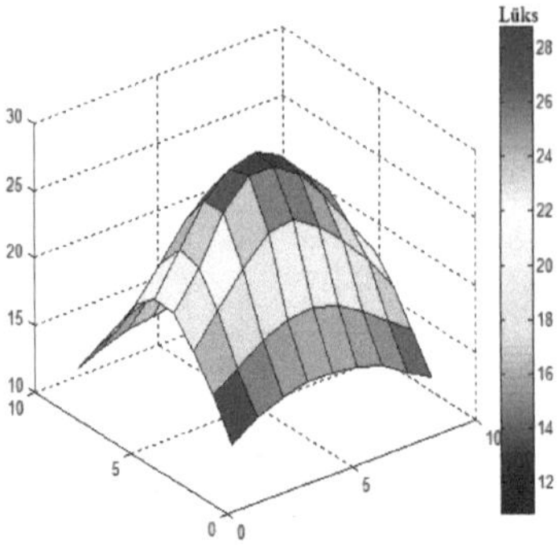

Şekil 2.52 Bej rengi %25 güçle yarı direkt aydınlatılmış çalışma odasının 3 boyutlu aydınlık düzeyi dağılımı

Tablo 2.40 Şekil 2.48 (e) 'de görülen ortamın aydınlık düzeyi dağılımı (lüks)

0	0	0	0	0	0	0	0	0
0	0	0	0	0	0	0	0	0
0	0	0	0	0	0	0	0	0
0	0	0	0	0	0	0	0	0
0	0	0	0	0	0	0	0	0
0	0	0	0	0	0	0	0	0
0	0	0	0	0	0	0	0	0
0	0	0	0	0	0	0	0	0
0	0	0	0	0	0	0	0	0

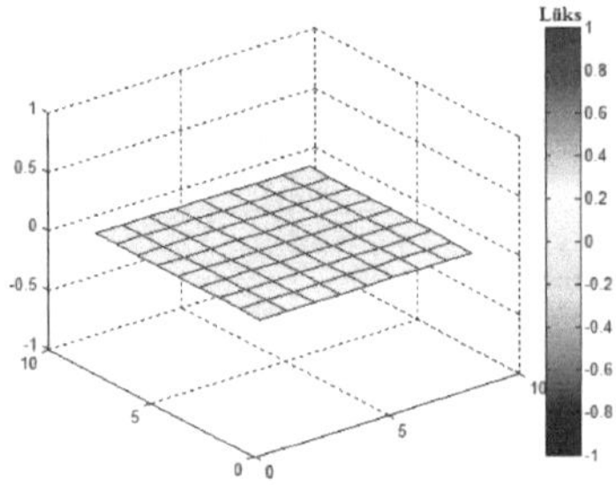

Şekil 2.53 Bej rengi %0 güçle yarı direkt aydınlatılmış çalışma odasının 3 boyutlu aydınlık düzeyi dağılımı

2.1.2.3 Dokuzuncu ölçme grubu (karma aydınlatılmış şampanya renkli oda)

Bu ölçme grubu çalışma odası bölümünde gerçekleştirilmiştir. Ortamın tüm fiziksel şartları aynı kalmak şartıyla sadece duvarları şampanya rengine boyanmıştır. Aydınlatma türü olarak ise karma (dağıtılmış) aydınlatma kullanılmıştır. Karma (dağıtılmış) aydınlatma armatüründe aydınlatma elemanı olarak dim edilebilir kompakt flüoresan lamba tercih edilmiştir.

Ortamın aydınlık seviyesi Şekil 2.54'de görüldüğü gibi %100 ile %0 arasında beş ayrı kademede ayarlanmıştır (dim edilmiştir). Bu bölümdeki tüm ölçümler beş aşamada gerçekleştirilmiştir.

(a) (b) (c) (d) (e)

Şekil 2.54 Şampanya rengi çalışma odasındaki karma aydınlatma elemanının %100(a)'den %75(b), %50(c), %25(d) ve %0(e)'a kadar beş kademede dim edilmiş hali

41. Aşama: Bu aşamada mekân içerisindeki aydınlatma elemanı %100 güçle çalışmaktadır ve ortam içerisindeki tüm noktalardaki lüks değerleri tek tek ölçülüp Tablo 2.41'de görüldüğü gibi matris formunda kaydedilmiştir. Şekil 2.55'de görüldüğü gibi yapılan ölçümlerin iç mekân içerisindeki dağılımları 3 boyutlu olarak modellenmiştir.

42. Aşama: Bu aşamada mekân içerisindeki aydınlatma elemanı %75 güçle çalışmaktadır. Ortam içerisindeki 81 adet noktadaki lüks değerleri ölçülüp Tablo 2.42'de görüldüğü gibi matris formunda kaydedilmiştir. Şekil 2.56'de görüldüğü gibi yapılan ölçümlerin iç mekân içerisindeki dağılımları 3 boyutlu olarak modellenmiştir.

43. Aşama: Bu aşamada ise iç mekân içerisindeki aydınlatma elemanı %50 güçle çalışmaktadır ve ortam içerisindeki belirlenen tüm noktalardaki lüks değerleri ölçülüp Tablo 2.43'de görüldüğü gibi matris formunda

kaydedilmiştir. Şekil 2.57'de görüldüğü gibi yapılan bu ölçümlerin iç mekân içerisindeki dağılımları 3 boyutlu olarak grafiklendirilmiştir.

44. Aşama: Dördüncü aşamada aydınlatma elemanı %25 güçle çalışmaktadır ve ortam içerisindeki 81 adet noktadaki lüks değerleri Tablo 2.44'de görüldüğü gibi 9x9 matris formunda kaydedilmiştir. Şekil 2.58'de ise 4. aşamada yapılan ölçümlerin iç mekân içerisindeki dağılımının 3 boyutlu grafiği görülmektedir.

45. Aşama: Burada herhangi bir ölçüm yapılmamıştır. Tablo 2.45'de ve Şekil 2.59'de görüldüğü gibi ortam tamamen karanlık yani tüm noktalardaki lüks değerleri sıfırdır.

Tablo 2.41 Şekil 2.54 (a) 'de görülen ortamın aydınlık düzeyi dağılımı (lüks)

57,6	62,1	65,6	67,4	67,8	66,6	64,3	60,6	56,3
68,1	73	78,3	82,2	83,1	79,8	75,9	71,1	65,4
76,9	86,1	96,8	102	101	98,1	90,8	81,9	73,9
85,2	96,8	107	112	111	108	101	91,4	81,3
87,3	99,2	107	111	112	110	104	93,2	82,4
81,4	91,9	100	105	107	105	97,7	87,1	76,6
72,8	79,6	85,5	90,9	91,7	87,6	81	74,2	67,3
64,1	68,5	71,8	74,2	74,6	71,8	67,9	63,2	57,5
56,6	59,9	62,4	63,5	63,4	60,8	56,2	54,3	50,8

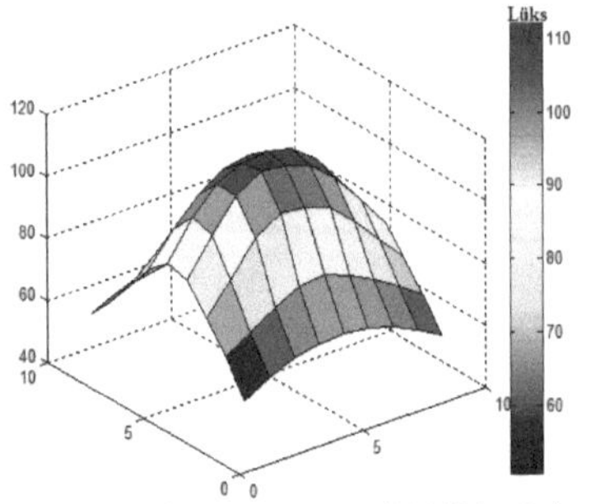

Şekil2.55 Şampanya rengi %100 güçle karma aydınlatılmış çalışma odasının 3 boyutlu aydınlık düzeyi dağılımı

Tablo 2.42 Şekil 2.54 (b) 'de görülen ortamın aydınlık düzeyi dağılımı (lüks)

55,1	59,8	63,3	65	64,8	63,6	61,5	57,5	53,9
64,4	68,4	72,8	75,6	76,9	75,1	71,8	67,6	62,2
72,5	79,5	88,3	95,1	95,4	91,4	85,1	77,1	69,7
80,1	104	102	106	105	102	94,6	85,9	75,8
80,6	92,3	100	104	105	104	98,2	88,1	77,7
75,9	85,4	93,5	98,9	101	99,4	91,5	81,9	73,4
68,6	74,9	80,4	84,3	86,1	82,9	76	70,2	63,9
60,3	64,2	68	69,5	69,7	67,1	63,8	59,7	55,3
53,4	56,9	59,1	60,2	59,9	57,8	54,4	49,7	46,1

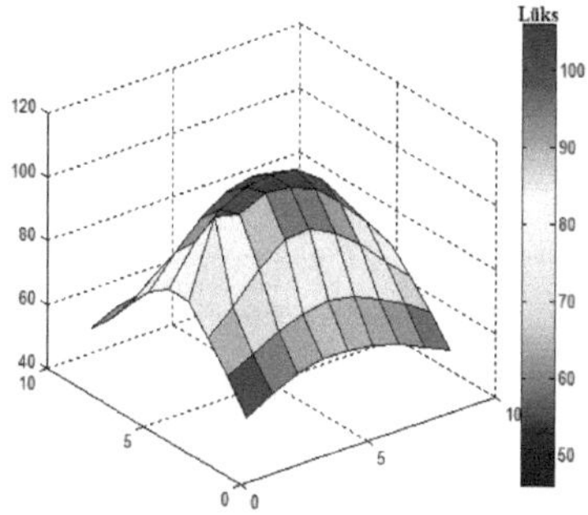

Şekil2.56 Şampanya rengi %75 güçle karma aydınlatılmış çalışma odasının 3 boyutlu aydınlık düzeyi dağılımı

Tablo 2.43 Şekil 2.54 (c) 'de görülen ortamın aydınlık düzeyi dağılımı (lüks)

26,8	29	30,7	31,3	31,6	30,9	29,7	27,6	26,1
30,8	33,2	36,1	37,3	37,6	36,5	34,6	32,2	30
35	38,7	41,1	43,2	43,8	41,9	39,3	37,2	34,1
37,7	41,1	45,3	47,2	47,4	46,4	43,8	39,2	35,9
36,1	38,2	41,9	44,2	45,3	44,6	40,5	37,7	34,1
35,6	38,9	41,4	43,6	44,5	43,6	39,6	36,7	33,2
30,8	34,1	36,3	37,9	38,6	37,3	34,8	32,2	29,4
27,3	29,3	30,9	31,8	31,9	30,8	29	27	25
25,1	26,5	27,3	27,5	27,4	26,4	23,9	21,9	20,6

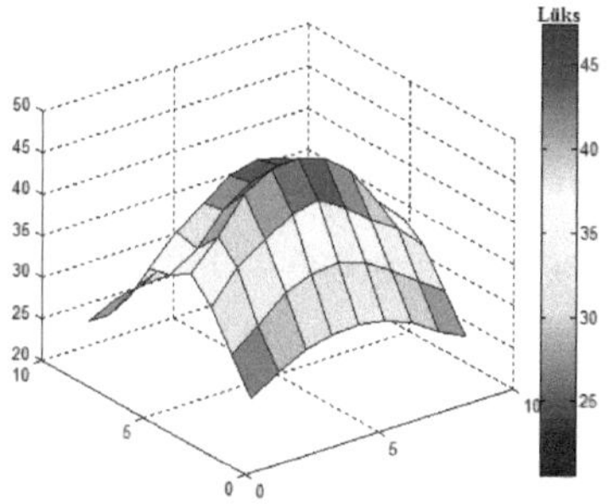

Şekil 2.57 Şampanya rengi %50 güçle karma aydınlatılmış çalışma odasının 3 boyutlu aydınlık düzeyi dağılımı

Tablo 2.44 Şekil 2.54 (d) 'de görülen ortamın aydınlık düzeyi dağılımı (lüks)

6,59	6,83	7,22	7,22	7,27	7,26	7,06	6,55	6,22
7,64	8,01	8,57	8,67	8,94	8,76	8,44	7,64	7,08
8,74	9,44	10,2	10,6	10,8	10,6	9,92	9,09	8,12
9,67	10,4	11,3	11,5	11,7	11,5	10,7	9,84	8,95
9,79	10,6	11,6	11,6	11,7	11,6	10,8	10,0	9,15
9,32	10,1	11,7	11,2	11,3	11,2	10,3	9,28	8,51
8,03	8,79	9,46	9,82	9,67	9,41	8,64	7,95	7,55
7,04	7,47	7,82	7,94	7,85	7,67	7,29	6,80	6,58
6,24	6,63	6,74	6,76	6,73	6,48	5,94	5,56	5,32

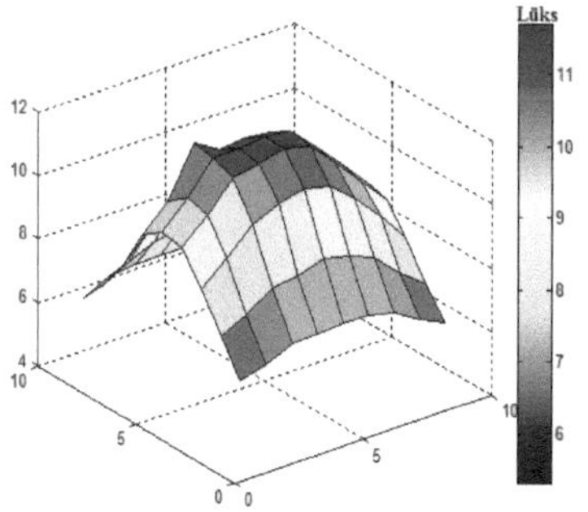

Şekil 2.58 Şampanya rengi %25 güçle karma aydınlatılmış çalışma odasının 3 boyutlu aydınlık düzeyi dağılımı

Tablo 2.45 Şekil 2.54 (e) 'de görülen ortamın aydınlık düzeyi dağılımı (lüks)

0	0	0	0	0	0	0	0	0
0	0	0	0	0	0	0	0	0
0	0	0	0	0	0	0	0	0
0	0	0	0	0	0	0	0	0
0	0	0	0	0	0	0	0	0
0	0	0	0	0	0	0	0	0
0	0	0	0	0	0	0	0	0
0	0	0	0	0	0	0	0	0
0	0	0	0	0	0	0	0	0

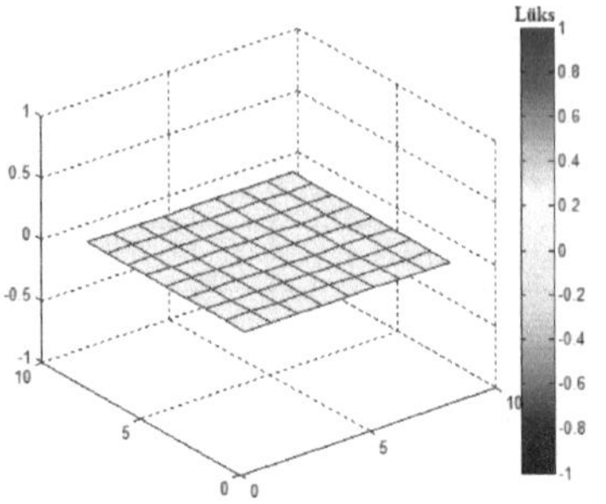

Şekil 2.59 Şampanya rengi %0 güçle karma aydınlatılmış çalışma odasının 3 boyutlu aydınklık düzeyi dağılımı

2.1.2.4 Onuncu ölçme grubu (karma aydınlatılmış bej renkli oda)

Bu ölçme grubu iç mekânda en çok kullanılan bölümlerden biri olan oturma odası bölümünde gerçekleştirilmiştir. Ortamın tüm fiziksel şartları aynı kalmak şartıyla sadece duvarları bej rengine boyanmıştır. Aydınlatma türü olarak ise karma (dağıtılmış) aydınlatma kullanılmıştır. Karma (dağıtılmış) aydınlatma armatüründe aydınlatma elemanı olarak dim edilebilir kompakt flüoresan lamba tercih edilmiştir.

Ortamın aydınlık seviyesi Şekil 2.60'da görüldüğü gibi %100 ile %0 arasında beş ayrı kademede ayarlanmıştır (dim edilmiştir). Bu bölümdeki tüm ölçümler beş aşamada gerçekleştirilmiştir.

Şekil2.60 Bej renk çalışma odasındaki karma aydınlatma elemanının %100(a)'den %75(b), %50(c), %25(d) ve %0(e)'a kadar beş ayrı kademede dim edilmiş hali

46. Aşama: Bu aşamada mekân içerisindeki aydınlatma elemanı %100 güçle çalışmaktadır ve ortam içerisindeki 81 adet noktadaki lüks değerleri tek tek ölçülüp Tablo 2.46'da görüldüğü gibi matris formunda kaydedilmiştir. Şekil 2.61'de görüldüğü gibi yapılan ölçümlerin iç mekân içerisindeki dağılımları 3 boyutlu olarak modellenmiştir.

47. Aşama: Bu aşamada mekân içerisindeki aydınlatma elemanı %75 güçle çalışmaktadır. Ortam içerisindeki 81 adet noktadaki lüks değerleri ölçülüp Tablo 2.47'de görüldüğü gibi matris formunda kaydedilmiştir. Şekil 2.62'de görüldüğü gibi yapılan ölçümlerin iç mekân içerisindeki dağılımları 3 boyutlu olarak modellenmiştir.

48. Aşama: Bu aşamada ise iç mekân içerisindeki aydınlatma elemanı %50 güçle çalışmaktadır ve ortam içerisindeki belirlenen tüm noktalardaki lüks değerleri ölçülüp Tablo 2.48'de görüldüğü gibi matris formunda kaydedilmiştir. Şekil 2.63'de görüldüğü gibi yapılan bu ölçümlerin iç mekân içerisindeki dağılımları 3 boyutlu olarak grafiklendirilmiştir.

49. Aşama: Dördüncü aşamada aydınlatma elemanı %25 güçle çalışmaktadır ve ortam içerisindeki 81 adet noktadaki lüks değerleri Tablo 2.49'de görüldüğü gibi 9x9 matris formunda kaydedilmiştir. Şekil 2.64'de ise 4. aşamada yapılan ölçümlerin iç mekân içerisindeki dağılımının 3 boyutlu grafiği görülmektedir.

50. Aşama: Tablo 2.50'de ve Şekil 2.65'de görüldüğü gibi ortam tamamen karanlık yani tüm noktalardaki lüks değerleri sıfırdır.

Tablo 2.46 Şekil 2.60 (a)'da görülen ortamın aydınlık düzeyi dağılımı (lüks)

66,2	70,6	74,5	76,0	76,4	74,6	71,6	67,5	62,6
75,5	82,2	89,4	92,3	93,1	89,7	85,5	78,6	72,2
86,3	97,5	107	110	110	107	101	92,1	82,3
93,8	107	117	119	119	117	111	101	89,0
94,4	106	116	119	121	122	114	102	90,4
88,9	99,5	109	115	117	115	104	93,3	84,4
80,7	88,1	92,2	97,3	99,2	96,2	89,0	81,4	74,0
70,1	75,1	76,9	79,7	80,3	78,0	73,7	68,3	62,8
61,4	64,8	67,2	68,1	68,1	65,6	60,9	55,8	51,9

Şekil 2.61 Bej rengi %100 güçle karma aydınlatılmış çalışma odasındaki 3 boyutlu aydınlık düzeyi dağılımı

Tablo 2.47 Şekil 2.60 (b)'de görülen ortamın aydınlık düzeyi dağılımı (lüks)

60,6	65,8	69,3	70,9	71,2	69,7	67	63,2	58,7
70,1	75,8	82,4	85,5	85,4	82,8	79	73,2	67,1
79,4	88,6	98,2	102	102	99,4	93,5	84,7	75,7
86,1	98,3	107,4	110	110	108	102	92,3	82
87,1	97	105,4	109	112	112	106	93,9	83,2
80,3	89,9	99,4	104	107	106	98,1	87,1	78,5
71,8	79,1	86,5	91,1	92,5	89,5	83,7	76,5	69,6
64,1	68,2	72,5	74,6	75,2	73,3	69,6	64,2	59,3
54,9	59,6	61,9	63,3	63,4	61,2	56,8	52	48,2

Şekil 2.62 Bej rengi %75 güçle karma aydınlatılmış çalışma odasındaki 3 boyutlu aydınlık düzeyi dağılımı

Tablo 2.48 Şekil 2.60 (c) 'de görülen ortamın aydınlık düzeyi dağılımı (lüks)

28,1	30,3	32,1	32,8	31	30,3	29,1	27,4	25,5
31,8	34,4	37,3	38,6	37,2	36,3	34,4	31,9	29,2
35,5	38,7	40,5	42,1	42,1	40,7	39,8	36,7	32,8
37,5	40,1	44,8	46,1	45,9	44,9	42,4	37,8	35,4
37,5	40,4	44,3	45,9	46,8	46,9	43,7	37,8	35,7
35,5	38,7	41,2	43,8	45	44,4	40,1	37,7	33,6
31,8	34,7	36,7	38,1	38,7	37,9	35,4	32,6	29,9
27,7	23,9	31,6	32,5	32,7	31,9	30,2	27,5	25,2
24,4	26	26,8	27,4	27,2	26,3	24,4	22,2	20,5

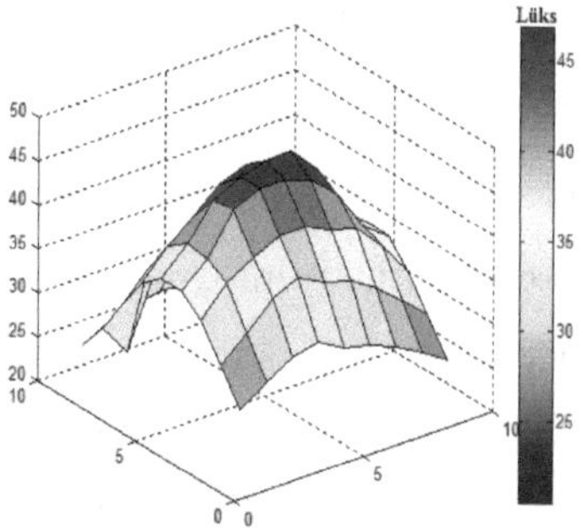

Şekil 2.63 Bej rengi %50 güçle karma aydınlatılmış çalışma odasındaki 3 boyutlu aydınlık düzeyi dağılımı

Tablo 2.49 Şekil 2.60 (d) 'de görülen ortamın aydınlık düzeyi dağılımı (lüks)

6,91	7,41	7,82	7,97	8,02	7,74	7,56	7,02	6,51
7,96	8,68	9,45	9,87	9,98	8,96	8,71	8,13	7,41
9,17	10,3	11,2	11,6	11,7	10,8	10,3	9,52	8,62
9,85	11,0	12,0	12,4	12,5	12,0	11,4	10,4	9,38
10,0	11,2	11,9	12,4	12,7	12,6	11,9	10,6	9,40
9,52	10,3	11,1	11,6	12	11,9	11,1	10	8,99
8,05	9,07	9,74	10,3	10,4	10,2	9,74	8,88	7,92
7,20	7,60	7,98	8,21	8,41	8,40	7,91	7,32	6,73
6,52	6,82	7,01	7,06	7,12	6,85	6,32	5,90	5,44

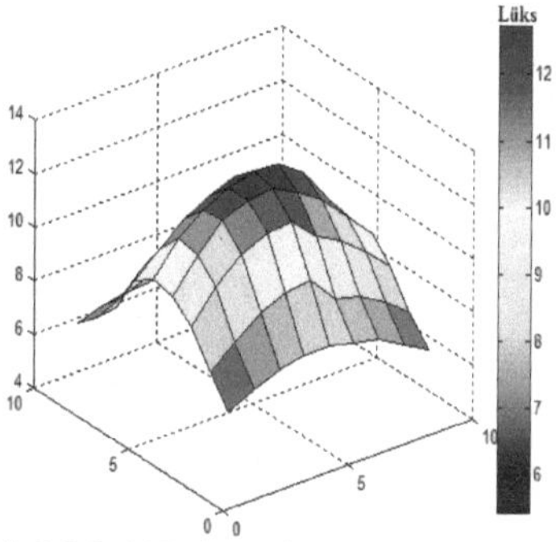

Şekil 2.64 Bej rengi %25 güçle karma aydınlatılmış çalışma odasındaki 3 boyutlu aydınlık düzeyi dağılımı

Tablo 2.50 Şekil 2.60 (e)'de görülen ortamın aydınlık düzeyi dağılımı (lüks)

0	0	0	0	0	0	0	0	0
0	0	0	0	0	0	0	0	0
0	0	0	0	0	0	0	0	0
0	0	0	0	0	0	0	0	0
0	0	0	0	0	0	0	0	0
0	0	0	0	0	0	0	0	0
0	0	0	0	0	0	0	0	0
0	0	0	0	0	0	0	0	0
0	0	0	0	0	0	0	0	0

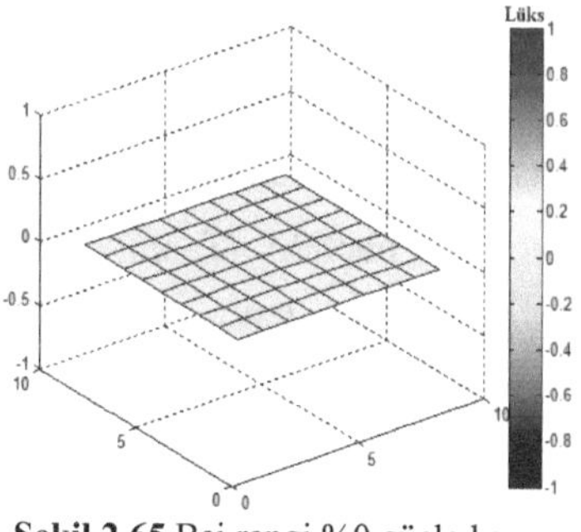

Şekil 2.65 Bej rengi %0 güçle karma aydınlatılmış çalışma odasındaki aydınlık düzeyi dağılımı

2.1.2.5 Onbirinci ölçme grubu (yarı endirekt aydınlatılmış şampanya renkli oda)

Bu ölçme grubu iç mekânda yine çalışma odası bölümünde gerçekleştirilmiştir. Ortamın tüm fiziksel şartları aynı kalmak şartıyla sadece duvarları şampanya rengine boyanmıştır. Aydınlatma türü olarak ise yarı endirekt aydınlatma kullanılmıştır. Yarı endirekt aydınlatma armatüründe aydınlatma elemanı olarak dim edilebilir kompakt flüoresan lamba terh edilmiştir. Ortamın aydınlık seviyesi Şekil 2.66'da görüldüğü gibi %100 ile %0 arasında beş ayrı kademede ayarlanmıştır (dim edilmiştir). Bu bölümdeki tüm ölçümler beş aşamada gerçekleştirilmiştir.

(a) (b) (c) (d) (e)

Şekil 2.66 Şampanya rengi çalışma odasındaki yarı endirekt aydınlatma elemanının %100(a)'den %75(b), %50(c), %25(d) ve %0(e)'a kadar beş kademede dim edilmiş hali

51. Aşama: Bu aşamada mekân içerisindeki aydınlatma elemanı %100 güçle çalışmaktadır ve ortam içerisindeki 81 adet noktadaki lüks değerleri tek tek ölçülüp Tablo 2.51'de görüldüğü gibi matris formunda kaydedilmiştir. Şekil 2.67'de görüldüğü gibi yapılan ölçümlerin iç mekân içerisindeki dağılımları 3 boyutlu olarak modellenmiştir.

52. Aşama: Bu aşamada mekân içerisindeki aydınlatma elemanı %75 güçle çalışmaktadır. Ortam içerisindeki 81 adet noktadaki lüks değerleri ölçülüp

Tablo 2.52'de görüldüğü gibi matris formunda kaydedilmiştir. Şekil 2.68'de görüldüğü gibi yapılan ölçümlerin iç mekân içerisindeki dağılımları 3 boyutlu olarak modellenmiştir.

53. Aşama: Bu aşamada ise iç mekân içerisindeki aydınlatma elemanı %50 güçle çalışmaktadır ve ortam içerisindeki belirlenen tüm noktalardaki lüks değerleri ölçülüp Tablo 2.53'de görüldüğü gibi matris formunda kaydedilmiştir. Şekil 2.69'de görüldüğü gibi yapılan bu ölçümlerin iç mekân içerisindeki dağılımları 3 boyutlu olarak grafiklendirilmiştir.

54. Aşama: Dördüncü aşamada aydınlatma elemanı %25 güçle çalışmaktadır ve ortam içerisindeki 81 adet noktadaki lüks değerleri Tablo 2.54'de görüldüğü gibi 9x9 matris formunda kaydedilmiştir. Şekil 2.70'de ise 4. aşamada yapılan ölçümlerin iç mekan içerisindeki dağılımının 3 boyutlu grafiği görülmektedir.

55. Aşama: Burada Tablo 2.55'de ve Şekil 2.71'de görüldüğü gibi ortam tamamen karanlık yani tüm noktalardaki lüks değerleri sıfırdır.

Tablo 2.51 Şekil 2.66 (a)'da görülen ortamın aydınlık düzeyi dağılımı (lüks)

50,1	54	56,8	58,2	59	57,8	55,6	52,2	48,7
57,6	62,3	66	68,5	69,6	68	65,1	60,9	56,6
54,3	71	76,4	80,4	81,9	79,5	75,2	70	64
69,8	76,5	84,6	90,4	92,2	89,7	83,5	76,3	68,6
80	91	95,3	101	96,1	92,5	89,2	81,1	70,2
79	84,2	86,6	90,4	89,9	85,7	79	72,8	66,3
71,8	73,7	76,1	77,7	77,2	74,3	69,2	64,9	58,7
54,2	59,8	63,5	66,1	66,3	63,1	59,5	55,7	51,7
49,8	55,9	57,5	55,4	56,3	53,7	49,9	45,3	42,2

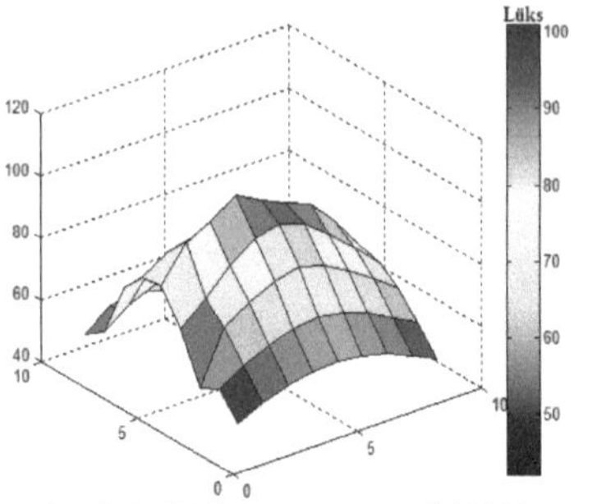

Şekil 2.67 Şampanya rengi %100 güçle yarı endirekt aydınlatılmış çalışma odasının 3 boyutlu aydınlık düzeyi dağılımı

Tablo 2.52 Şekil 2.66 (b)'de görülen ortamın aydınlık düzeyi dağılımı (lüks)

46,8	51,1	53,6	51,6	54,8	53,5	51,9	48,8	44,5
54,4	59,2	62,7	64	65,2	64,2	61,3	57,3	52,8
61,3	68,1	73	76,1	77,3	75,4	72	66,5	59,7
66,4	73,2	80,2	85,5	86,8	85,3	78,9	72,2	64,7
67,4	74,8	82,1	86,9	88,6	86,4	79,9	73,3	65,7
63,3	70,2	75,6	79,5	81,8	79,6	74,8	69	62,9
58,1	63,5	66,7	69,3	70,3	69,5	66,2	61,2	55,7
51,8	55,6	57,3	59,4	59,6	59,1	56,1	52	47,5
45,2	48,7	49,5	50,6	51,8	48,9	45,5	41,8	38

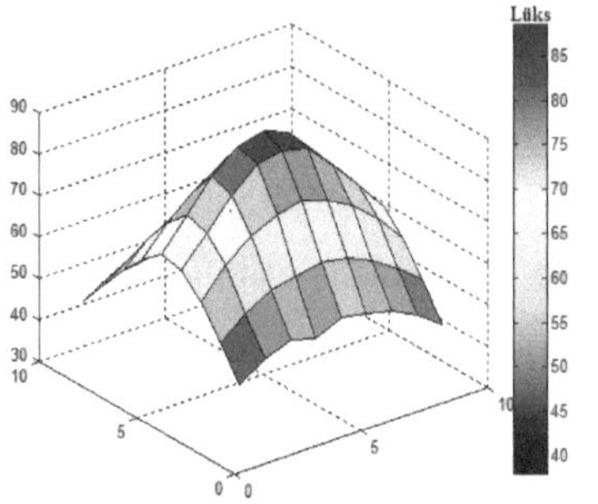

Şekil 2.68 Şampanya rengi %75 güçle yarı endirekt aydınlatılmış çalışma odasının 3 boyutlu aydınlık düzeyi dağılımı

Tablo 2.53 Şekil 2.66 (c)'de görülen ortamın aydınlık düzeyi dağılımı (lüks)

28,8	31,5	33,3	34,3	34,6	34	32,7	30,8	28,2
33,3	36,5	37,3	38,8	39	39,8	38,7	35,8	32,6
37,6	40,3	43,9	46	46,	45,3	42,6	39,3	37,1
40,8	45,5	50,6	53,2	54	52,1	48,9	44,1	38,7
41,2	46,7	51,4	54,2	55,1	53,2	49,7	44,6	39,8
39	43,6	47,5	50	50,7	49,1	45,8	41,7	39,5
36,2	38,7	41,4	43,6	44	42,8	39,4	36,4	35,0
31,9	34,3	36,3	37,8	37,8	36,8	34,6	31,9	29,9
28,1	29,9	31,2	31,9	31	30,9	28,5	26,1	25,1

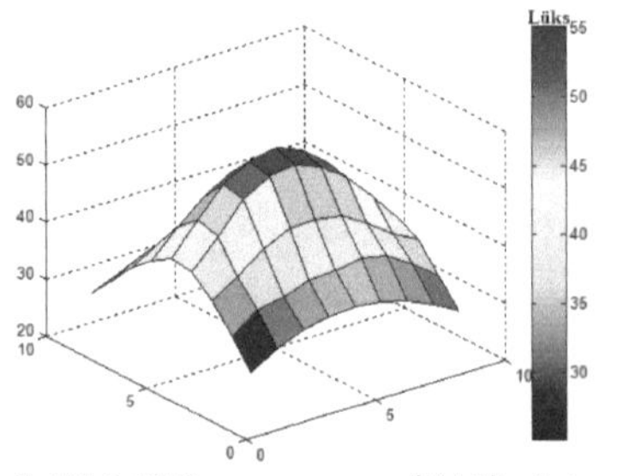

Şekil 2.69 Şampanya rengi %50 güçle yarı endirekt aydınlatılmış çalışma odasının 3 boyutlu aydınlık düzeyi dağılımı

Tablo 2.54 Şekil 2.66 (d)'de görülen ortamın aydınlık düzeyi dağılımı (lüks)

8,26	9,07	9,38	9,54	9,68	9,33	9,03	8,40	7,85
9,56	10,3	11	11,5	11,6	11,1	10,8	10,1	9,07
10,7	11,7	12,5	13,2	13,6	13	12,5	11,5	10,3
11,4	12,9	14,1	14,8	15,4	14,8	13,7	12,4	11,2
11,6	13,2	14,5	15,1	15,3	14,93	13,6	12,4	11,4
11,7	12,7	13,6	14,3	14,6	14,2	12,8	12	10,9
10,6	11,5	12,3	12,9	13,1	12,1	11,4	10,4	9,55
9,2	10,1	10,8	11,1	11,2	10,3	9,85	9,02	8,05
8,1	8,45	8,96	9,27	9,24	8,53	7,87	7,05	6,59

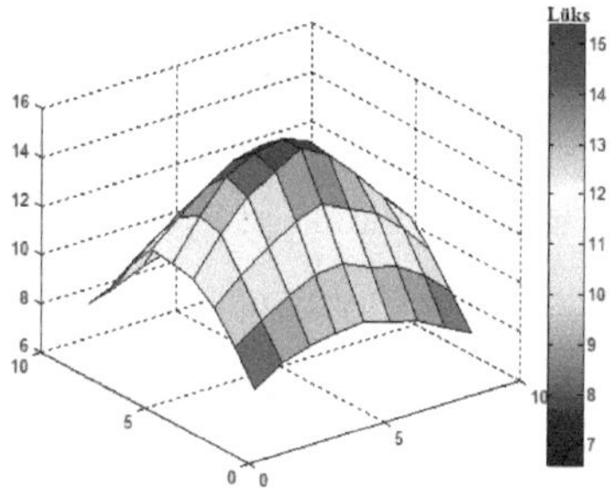

Şekil 2.70 Şampanya rengi %25 güçle yarı endirekt aydınlatılmış çalışma odasının 3 boyutlu aydınlık düzeyi dağılımı

Tablo 2.55 Şekil 2.66 (e)'de görülen ortamın aydınlık düzeyi dağılımı (lüks)

0	0	0	0	0	0	0	0	0
0	0	0	0	0	0	0	0	0
0	0	0	0	0	0	0	0	0
0	0	0	0	0	0	0	0	0
0	0	0	0	0	0	0	0	0
0	0	0	0	0	0	0	0	0
0	0	0	0	0	0	0	0	0
0	0	0	0	0	0	0	0	0
0	0	0	0	0	0	0	0	0

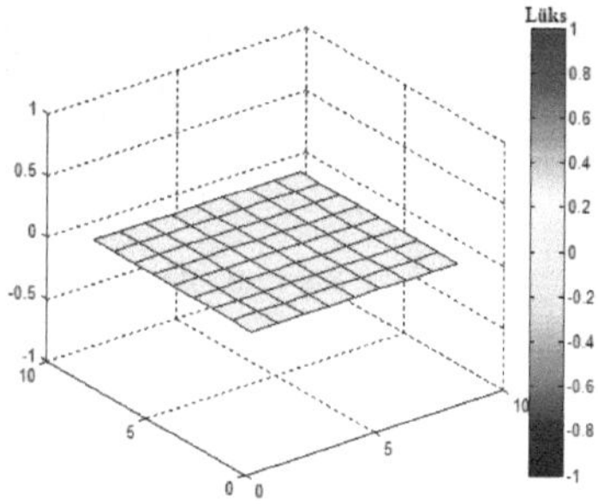

Şekil 2.71 Şampanya rengi %0 güçle yarı endirekt aydınlatılmış çalışma odasının 3 boyutlu aydınlık düzeyi dağılımı

2.1.2.6 Onikinci ölçme grubu (yarı endirekt aydınlatılmış bej renkli oda)

Bu ölçme grubu iç mekânda en çok kullanılan bölümlerden biri olan çalışma odası bölümünde gerçekleştirilmiştir. Ölçümlerin yapıldığı çalışam odasının zemini ceviz rengi laminat parke döşelidir. Ortamın tüm fiziksel şartları aynı kalmak şartıyla sadece duvarları bej rengine boyanmıştır. Aydınlatma türü olarak ise yarı direkt aydınlatma kullanılmıştır. Yarı direkt aydınlatma armatüründe aydınlatma elemanı olarak dim edilebilir kompakt flüoresan lamba tercih edilmiştir.

Ortamın aydınlık seviyesi Şekil 2.72'da görüldüğü gibi %100 ile %0 arasında beş ayrı kademede ayarlanmıştır (dim edilmiştir). Bu bölümdeki tüm ölçümler beş aşamada gerçekleştirilmiştir.

(a) (b) (c) (d) (e)

Şekil 2.72 Bej renk çalışma odasındaki yarı endirekt aydınlatma elemanının %100(a)'den %75(b), %50(c), %25(d) ve %0(e)'a kadar beş kademede dim edilmiş hali

56. Aşama: Bu aşamada mekân içerisindeki aydınlatma elemanı %100 güçle çalışmaktadır ve ortam içerisindeki 81 adet noktadaki lüks değerleri tek tek ölçülüp Tablo 2.56'da görüldüğü gibi matris formunda kaydedilmiştir. Şekil 2.73'de görüldüğü gibi yapılan ölçümlerin iç mekân içerisindeki dağılımları 3 boyutlu olarak modellenmiştir.

57. Aşama: Bu aşamada mekân içerisindeki aydınlatma elemanı %75 güçle çalışmaktadır. Ortam içerisindeki tüm noktadaki lüks değerleri ölçülüp Tablo 2.57'de görüldüğü gibi matris formunda kaydedilmiştir. Şekil 2.74'de görüldüğü gibi yapılan ölçümlerin iç mekân içerisindeki dağılımları 3 boyutlu olarak modellenmiştir.

58. Aşama: Bu aşamada ise iç mekân içerisindeki aydınlatma elemanı %50 güçle çalışmaktadır ve ortam içerisindeki belirlenen tüm noktalardaki lüks değerleri ölçülüp Tablo 2.58'de görüldüğü gibi matris formunda kaydedilmiştir. Şekil 2.75'de görüldüğü gibi yapılan bu ölçümlerin iç mekân içerisindeki dağılımları 3 boyutlu olarak modellenmiştir.

59. Aşama: Dördüncü aşamada aydınlatma elemanı %75 güçle çalışmaktadır ve ortam içerisindeki 81 adet noktadaki lüks değerleri Tablo 2.59'da görüldüğü gibi 9x9 matris formunda kaydedilmiştir. Şekil 2.76'de ise 4. aşamada yapılan ölçümlerin iç mekân içerisindeki dağılımının 3 boyutlu grafiği görülmektedir.

60. Aşama: Burada Tablo 2.60'da ve Şekil 2.77'de görüldüğü gibi ortam tamamen karanlık yani tüm noktalardaki lüks değerleri sıfırdır.

Tablo 2.56 Şekil 2.72 (a)'daki ortamın aydınlık düzeyi dağılımı (lüks)

57,5	61,8	65,5	66,9	67,5	66	63,9	60,1	56,1
66,4	71,2	75,7	79,7	80,4	78,2	74,2	70	64,2
74,3	83,3	91,4	95,3	95,9	92,6	87,4	79,7	71,8
81,5	90,4	100	106	107	104	97	88,2	77,6
82,8	93,3	102	108	109	106	99	88,9	78,7
80	85,4	94	99	100	98,5	91	82,3	73,5
70,4	76,3	82,3	85,1	85,3	83,1	78	72	65,3
62	66,4	69,3	71	72	70,2	67	62	56,2
53,1	58	60,7	61,5	61,5	59	55	51	46,3

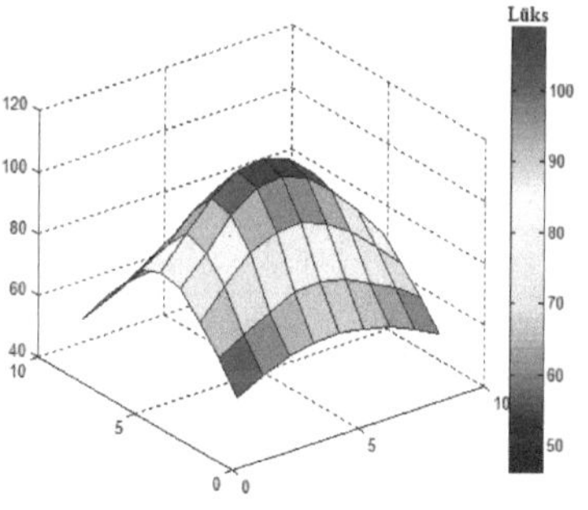

Şekil 2.73 Bej rengi %100 güçle yarı endirekt aydınlatılmış çalışma odasının 3 boyutlu aydınlık düzeyi dağılımı

Tablo 2.57 Şekil 2.72 (b)'deki ortamın aydınlık düzeyi dağılımı (lüks)

54,4	58,4	61,6	63,4	63,2	62,2	60,2	56,4	52,4
62,1	67,6	72	74	74,3	72,8	70,1	65	60
71	78	85	89	89,7	86,9	82	74,7	67,9
75,5	85	94	99,7	101	98	91	81,4	72,6
77,5	88	96,6	101	103	100	92	78,5	73,4
74	81,5	88,8	93,6	94,4	91,2	84,7	77	69
66,3	72	76	79	81	78	73,6	68,1	62,2
58	63	66,4	68,2	68	66	63,4	58,7	54
51,2	54,6	57	57,8	58	56	52	48	43,7

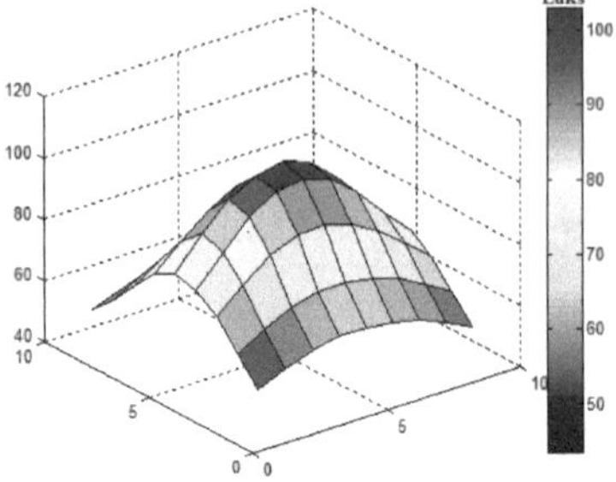

Şekil 2.74 Bej rengi %75 güçle yarı endirekt aydınlatılmış çalışma odasının 3 boyutlu aydınlık düzeyi dağılımı

Tablo 2.58 Şekil 2.72 (c)'deki ortamın aydınlık düzeyi dağılımı (lüks)

33,7	36,4	38,4	39,5	39,3	38,5	37,2	35,5	33,1
36,5	40	43,2	45,4	45,5	44,2	42,1	38,4	37,3
41,8	46,7	51,2	53,2	53,7	52,2	49,5	44,8	40,7
45,7	50,5	55,4	58,4	59,3	57,1	53,8	49	43
46,5	51,9	56,7	59,5	60,3	58,3	54,2	49,4	43,8
43,1	48	52	55	56,2	54,5	51,1	46,3	41,5
38	42,8	45,5	47	48,5	47	44,3	40,5	36,2
35,4	36,1	38	39,7	39,8	38,4	38	35	32,5
31,8	34	35	36	35,7	34,5	31,7	29	27,1

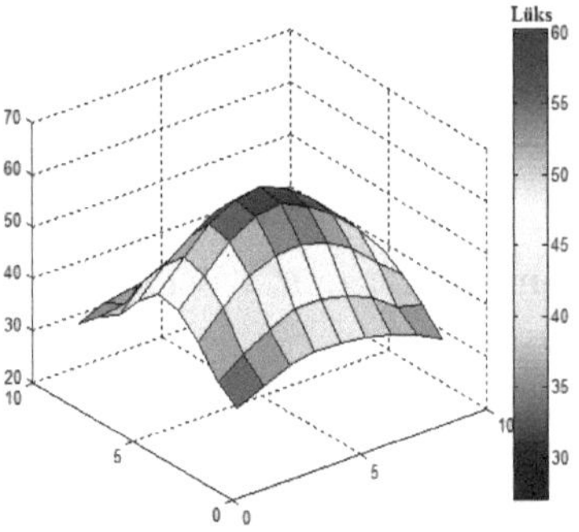

Şekil 2.75 Bej rengi %50 güçle yarı endirekt aydınlatılmış çalışma odasının 3 boyutlu aydınlık düzeyi dağılımı

Tablo 2.59 Şekil 2.72 (d)'deki ortamın aydınlık düzeyi dağılımı (lüks)

10,7	11,5	12,1	12,3	12,3	12,2	11,7	11	10,3
12,2	13,2	14,2	14,7	14,8	14,4	13,6	12,7	11,7
14	15,4	16,6	17,2	17,4	17	16,1	14,7	13,2
15,3	16,7	18,3	19,2	19,4	18,9	17,5	15,9	14,3
15,4	17,2	18,9	20	20,4	19,6	18	16,6	14,6
14,5	16,3	17,5	17,9	18,3	18	17	15,5	14
13,2	14,6	15,9	16,5	16,7	16,1	15,3	13,8	14,3
11,7	12,4	13,1	13,9	14	13,5	12,8	11,9	10,9
10,7	11,1	11,4	11,6	11,8	11,4	10,7	10	9,06

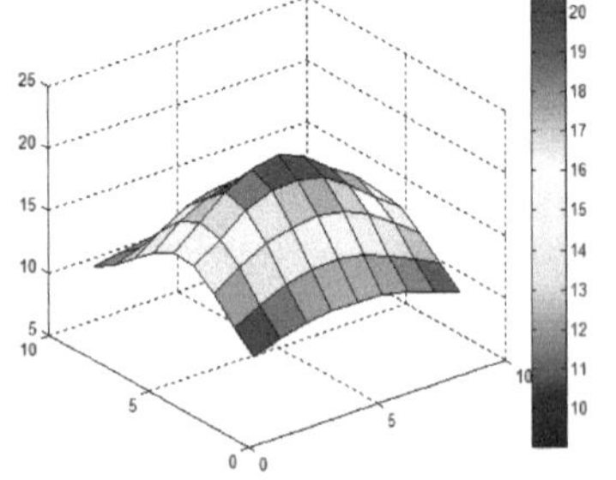

Şekil 2.76 Bej rengi %25 güçle yarı endirekt aydınlatılmış çalışma odasının 3 boyutlu aydınlık düzeyi dağılımı

Tablo 2.60 Şekil 2.72 (e)'daki ortamın aydınlık düzeyi dağılımı (lüks)

0	0	0	0	0	0	0	0	0
0	0	0	0	0	0	0	0	0
0	0	0	0	0	0	0	0	0
0	0	0	0	0	0	0	0	0
0	0	0	0	0	0	0	0	0
0	0	0	0	0	0	0	0	0
0	0	0	0	0	0	0	0	0
0	0	0	0	0	0	0	0	0
0	0	0	0	0	0	0	0	0

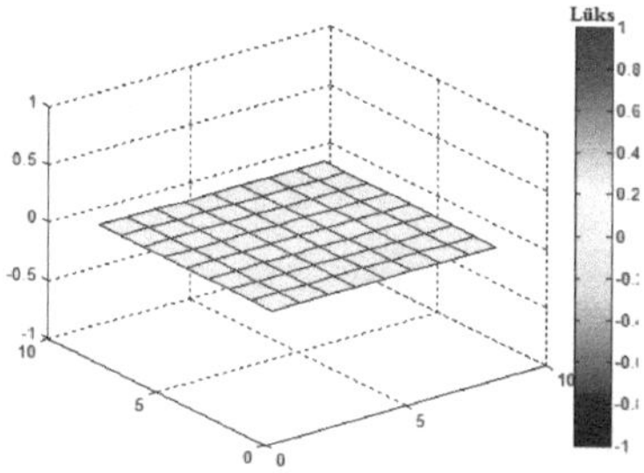

Şekil 2.77 Bej rengi %0 güçle yarı endirekt aydınlatılmış çalışma odasının 3 boyutlu aydınlık düzeyi dağılımı

Yukarıdaki ölçüm sonuçlarındanda anlaşıldığı üzere iç mekân içerisindeki ortalama aydınlık düzeyinin bulunabilmesi için oda endeksine bağlı olarak lüksmetre ile belirli sayıda çalışma düzlemi üzerinde (yerden 90 cm yükseklikte) simetrik noktalarda aydınlık düzeyi ölçümleri gerçekleştirilmiştir. Uluslararası Aydınlatma Komisyonu CIE'nun önerilerine göre bu ölçümler sonucunda belli hata oranlarında gerçek değere yaklaşılabilir. Fakat izolüks eğrileri elde edilemediğinden dolayı ortam içindeki aydınlığın düzgünlüğü hakkında bilgi edinilemez. Bunun için çok daha fazla noktada ölçümler yapılması gerekir. Bu işlemler zor, yorucu ve uzun zaman alan işlemlerdir. Burada yapay sinir ağları kullanılarak ve az sayıda ölçüm noktasından yola çıkarak ortam içinde ölçüm yapılmayan diğer noktalar için hesaplamalar yapılacaktır. Öncelikle ortalama aydınlık düzeyinin ölçülerek bulunabilmesi için oda endeksi $1 < k < 2$ arası için en az 16 noktada ölçüm yapılması gerektiği tespit edilmiştir. Bu gerekli 16 nokta ile %10 hata ile gerçek değere yaklaşılabilir. Eğer ölçüm yapılan nokta sayısı 2 katına çıkarılırsa %5 hata yapmamız olası olduğu bilinmektedir [12-145].

2.2 YSA eğitimi

Klasik ölçme yöntemlerine göre aydınlatma sistemindeki lüks dağılımı ölçümlerinde basit yaklaşımlar kullanılır. Kullanılan bu klasik yaklaşımlar belirli hata sınırları içerisinde kabul edilir. Fakat bu kabul, sistemin aydınlık düzeyi dağılımı uygunluğunun değerlendirilmesinde yeterli olamamaktadır. Uygulamada, iç mekânlardaki aydınlatma sistemlerinin uygunluğunun ve yeterliliğinin kontrolü için Maxwell denklemleri, fiziksel matematik denklemleri, sonlu elemanlar, sonlu faklar gibi birçok sayısal yöntem vardır. Sayısal yöntemlerde fiziksel herhangi bir olayın matematiksel olarak formüle edilmesi ve oluşturulan matematiksel modelin de sayısal olarak çözülmesi istenir. Örneğin bir problemin matematiksel tanımı Maxwell denklemlerinden yararlanılarak yapılabilir. Genellikle problemlere ilişkin ortaya çıkan kısmi türevli denklemlerin analitik çözümü, çok basit durumlar hariç, genelde zor, zaman alıcı veya olanaksız olabilir. Bu gibi durumlarda alternatif yöntem arayışı içerisine girmek kaçınılmaz hale gelmiştir. Gerek ekonomik yönden gerekse süre yönünden oldukça maliyetli ve külfetli olan deneysel çalışmalar yerine sayısal hesaplama yöntemlerine alternatif olarak yapay sinir ağları gibi yeni yöntemler üzerinde çalışmak daha uygundur.

Bu bağlamda bu çalışmada fiziksel özellikleri farklı aydınlatma sistemlerinde gerek mekân içerisindeki aydınlık düzeyi dağılımı tahmininde, gerekse sistemin yeterliliğinin denetiminde yapay sinir ağları yöntemi kullanılmıştır. Yani eğitilmiş olan bir yapay sinir ağına iç mekân en, boy, yükseklik, duvar rengi, aydınlatma türü verileri ve köşegen üzerindeki lüks değerleri girildiğinde bu özelliklerden yola çıkarak tüm mekân içerisindeki aydınlık düzeyi dağılımının tahmin edilmesi hedeflenmiştir. Çalışmanın uygulama kısmının ikinci aşamasını oluşturan bu bölümde birinci adımda, yapılan aydınlık düzeyi ölçümleri ile diğer veriler normalize edilmiştir. Sonrasında bir yapay sinir ağı modeli kurulup normalizasyonu yapılan bu veriler ile yapay sinir ağı eğitilmiştir.

YSA eğitiminde kullanılan veriler ağırlık ve hedef verileri olarak iki kısımdan oluşur. Ağırlık verileri ağın girişine uygulanan verileridir. Hedef ise ağın çıkışından elde edilmek istenen (çıktı) verilerden oluşur. Aşağıdaki Şekil 2.78'de aydınlık düzeyi tahmini için oluşturulan yapay sinir ağının ağırlık (girdiler) ve hedef (çıktı) değerleri görülmektedir.

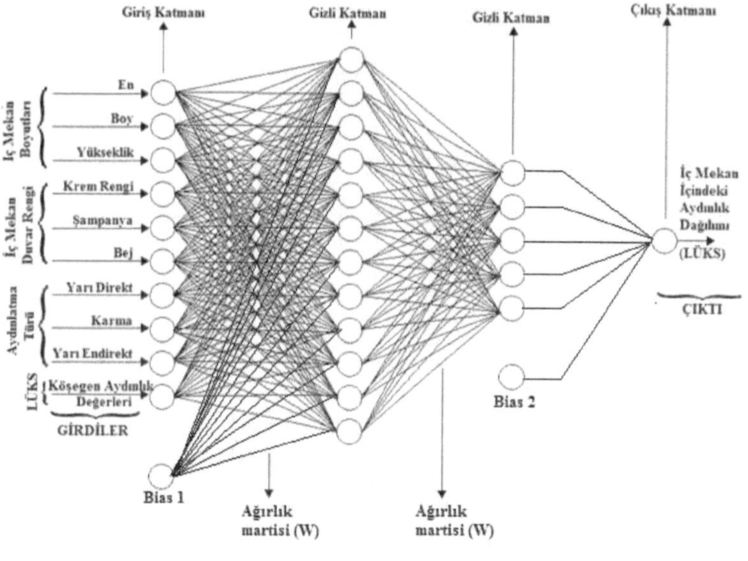

Şekil 2.78 Aydınlık düzeyi tahmini için oluşturulan yapay sinir ağının ağırlık (girdiler) ve hedef (çıktı) değerleri

2.2.1 YSA eğitiminde kullanılan girdi değerleri

Çalışmada oluşturulan yapay sinir ağının giriş değişkenleri 10 adet bileşenden oluşmaktadır. Bunlar iç mekân boyutları (en, boy, yükseklik), iç mekân duvar renkleri (krem rengi, şampanya, bej), aydınlatma türü (yarı direkt aydınlatma, karma aydınlatma, yarı endirekt aydınlatma) ve iç mekân içerisindeki köşegenler üzerindeki aydınlık düzeyi değerleridir.

2.2.1.1 İç mekân boyutları

Çalışmada yapılan ölçümler çalışma odası ve salon olmak üzere iki farklı iç mekânda gerçekleştirilmiştir. Bu iki farklı mekân için 2 farklı en, boy ve yükseklik değerleri mevcuttur.

2.2.1.2 İç mekân rengi

Ölçümlerin yapıldığı ortamlarda üç farklı renk kullanılmıştır. Salon kısmında şampanya ve krem rengi olmak üzere iki faklı renk kullanılmıştır. Çalışma odasında ise şampanya ve bej olmak üzere iki farklı renk kullanılmıştır.

2.2.1.3 İç mekân aydınlatma türü

Ölçümlerin yapıldığı iç mekânların ikisinde de yarı direkt, karma ve yarı endirekt aydınlatma türlerinin üçü sırasıyla kullanılmıştır.

2.2.1.4 Belirli noktalardaki aydınlık düzeyi değerleri

Yapay sinir ağı eğitiminde mekân özelliklerine ek olarak köşegen üzerindeki aydınlık düzeyi değerleri de kullanılmıştır. Burada amaç az miktarda ölçüm ve mekân özelliklerinde yola çıkarak ortamın aydınlık dağılımını elde etmektir.

2.2.2 YSA eğitiminde kullanılan hedef değerleri

Oluşturulan yapay sinir ağında hedef verisi olarak ortam içerisindeki aydınlık düzeyi dağılımı kullanılmıştır. Burada da amaç yine az miktarda ölçüm ve mekân özelliklerinden yola çıkılarak hedef olarak belirlenen ortamın aydınlık dağılımını elde etmektir. Şekil 2.78'de görüldüğü gibi oluşturulan ağın giriş değişkenleri 10 adet bileşenden ve çıkış değişkenleri ise 1 adet bileşenden oluşmaktadır. İç mekân renkleri şampanya, krem rengi ve bej sırasıyla 1, 2 ve 3 olmak üzere numaralandırılmışlardır. Aynı şekilde yarı direkt, karma ve yarı endirekt aydınlatma türleride 1, 2 ve 3 olmak üzere numaralandırılmışlardır. Ağın girdi ve çıktı değişkenleri ve adet olarak değerleri aşağıdaki Tablo 2.61'de verilmiştir.

Tablo 2.61 Y.S.A eğitiminde kullanılan toplam veri adedi

Kod	**Giriş Parametreleri**	**Toplam**
X_1	En	2
X_2	Boy	2
X_3	Yükseklik	1
X_4	Şampanya	1
X_5	Krem Rengi	1
X_6	Bej	1
X_7	Yarı Direkt	1
X_8	Karma	1
X_9	Yarı Endirekt	1
X_{10}	Köşegen Lüks Değerleri	18
	Çıkış Parametreleri	**Toplam**
Y_1	Mekân İçi Lüks Dağılımı	81

Tablo 2.62'de YSA eğitiminde kullanılan parametreler ve bu parametrelerin maksimum ve minimum değerleri verilmiştir.

Tablo 2.62 Y.S.A eğitiminde kullanılan verilerin min. ve max değerleri

	Kod	Parametre	Sembol	Birim	Max	Min
Mekân Boyutları	X_1	En	a	m	3.80	2.80
	X_2	Boy	b	m	4.00	3.90
	X_3	Yükseklik	h	m	2.60	2.60
Mekân Rengi	X_4	Şampanya	ş	-	3	1
	X_5	Krem Rengi	k	-		
	X_6	Bej	b	-		
Aydınlatma Türü	X_7	Yarı Direkt	yd	-	3	1
	X_8	Karma	k	-		
	X_9	Yarı Endirekt	ye	-		
	X_{10}	Köşegen Lüks Değerleri	E	lx	140	0
	Y_1	Mekân İçi Lüks Dağılımı	E	lx	140	0

Yapay sinir ağı ağırlık ve hedef verileri arasında normalden çok büyük veya çok küçük değerler görülebilir. Bunlar yanlışlıkla eğitim setine girmiş olabilir. Net girdiler hesaplanırken bu değerler aşırı büyük veya küçük değerlerin doğmasına neden olarak ağı yanıltabilirler. Bütün eğitim verilerinin belirli bir aralıkta yani çoğunlukla 0-1 aralığında ölçeklendirilmesi hem farklı ortamlardan gelen bilgilerin aynı ölçek üzerine indirgenmesine hem de yanlış girilen çok büyük ve küçük şekildeki değerlerin etkisinin ortadan kalkmasına neden olur.

Bu çalışmada Min-Max normalizasyon kullanılmıştır. Minimum; bir verinin alabileceği en düşük değer iken, maksimum; verinin alabileceği en yüksek değeri ifade eder. Bir veriyi Min-Max yöntemi ile 0 ile 1 aralığına indirgemek için aşağıdaki denklem kullanılmıştır.

$$x' = \frac{x_i - x_{min}}{x_{max} - x_{min}} \quad (2.1)$$

Yukarıdaki denklemde;

x' = Normalizasyonu yapılmış veri

x_i = Girdi değerleri

x_{max} = En büyük girdi değeri

x_{min}= En küçük girdi değerini ifade etmektedir.

Örneğin: A=1x9'luk bir matris olsun.

A = [58 65 72 82 87 **150** 76 68 60]

A matrisinin 6. Sütunundaki değer yanlışlıkla fazla girilmiştir ve normal değerlerin en büyüğünde 63 fazladır. Bu A vektörü yapay sinir ağı eğitiminde direk kullanılacak olursa ağın perfonmansını olumsuz yönde etkileyecektir. Şimdi bu A vektörüne normalizasyon işlemi uygulayalım;

A_n = [0,41 0,46 0,52 0,59 0,61 **1,07** 0,54 0,48 0,43]

Normalisazyon işleminden sonra A_n matrisinin 6. Sütünundaki değer 150'den 1.07' ye dönüştü yani normalizasyondan sonra bu değerin en büyük değerle farkı 0.46' düştü. Bunun anlamı normalizasyon işlemi harmonikleri olabildiğince minimize etmiştir. Aşağıda şekil 2.79'da yukarıda verilen A matrisinin normalizasyon işleminden önce ve sonraki grafiği verilmiştir. Şekilde de görldüğü gibi normalizasyonla birlikte hata (harmonik) neredeyse ortadan kaldırılmıştır.

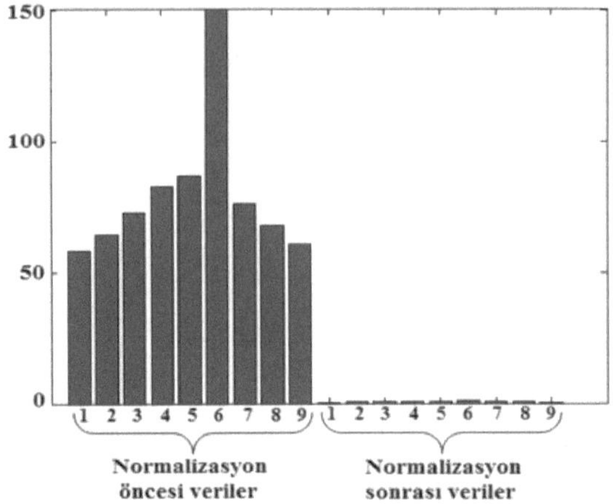

Şekil 2.79 A matrisinin normalizasyon işleminden önce ve sonraki grafiği

Yapay sinir ağının eğitiminde normalize edilmiş giriş ve çıkış değerleri kullanılır (Tablo 2.63). İşlem sonunda ters dönüşüm yapılarak gerçek değerlere dönüşüm sağlanılır. Ağın eğitiminde ise eğitim algoritması olarak Levenberg-Marquardt (LM) algoritması kullanılmıştır. Levenberg-Marquardt (LM) algoritmasını tercih etmemizin sebebi ise yapay sinir ağlarının eğitiminde sağlamış olduğu hız ve kararlılıktır.

Tablo 2.63 Y.S.A eğitiminde kullanılan normalizasyonu yapılmış verilerin min. ve max değerleri

Kod	**Parametre**	**Max**	**Min**
X_1	En	0,022143	0,02
X_2	Boy	0,027857	0,027143
X_3	Yükseklik	0,018571	0,018571
X_4	Şampanya	0,007143	0,007143
X_5	Krem Rengi	0,014286	0,014286
X_6	Bej	0,021429	0,021429
X_7	Yarı Direkt	0,007143	0,007143
X_8	Karma	0,014286	0,014286
X_9	Yarı Endirekt	0,021429	0,021429
X_{10}	Köşegen Lüks Değerleri	1	0
Y_1	Mekân İçi Lüks Dağılımı	1	0

2.3 Tahmin modelinin çok değişkenliregresyon analizi ile karşılaştırılması

Bu çalışmada, iç mekân aydınlatma sistemlerinde ilk kurulum aşamasında sistemin herhangi bir zamandaki aydınlık düzeyi dağılımı tahmini amaçlanmıştır. Tahmin edilen bu dağılımdan yola çıkarak iç mekânın o anki ortalama aydınlık düzeyi dağılımı (E_{ort}) ve dolayısıyla sistemin *Yıpranma Çarpanının* tahmin edilmesi amaçlanmıştır. Tüm bu tahmin değerlerinden sonra yıpranma çarpanına bakılarak sistemin bakıma ihtiyacının olup olmadığı ve sistemde yüzde kaç enerji kaybı olduğuna karar verilecektir. Bu bilgiler ışığında bir iç mekânın aydınlatma standartlarına uygun olarak tasarımı yapılmıştır ve belirli bir zaman diliminde sonra aydınlatma elemanlarımdaki randıman düşüşlerinden, duvarlardaki kirlenmelerden, armatürlerde ve lambalarda meydana gelen tozlanmadan meydana gelen kayıpların (ışığa dönüşmeyen enerjinin) tahmin etmek amacıyla bir YSA modeli oluşturulmuştur. Oluşturulan bu YSA modeli iç mekân boyutları, duvar rengi, aydınlatma türü, verileri ve iç mekân aydınlık düzeyi ölçüm verileriyle eğitilmişitr. Bu bilgiler doğrultusunda eğitilen Y.S.A modeline en, boy, yükseklik, aydınlatma türü, mekân rengi ve az sayıda aydınlık düzeyi değeri girildiğinde iç mekân içerisindeki aydınlık düzeyi dağılımı YSA tarafından tahmin edilmişitr. Yukarıdaki bilgilerden de anlaşıldığı gibi burada amaç; iç mekân aydınlık düzeyi dağılımı tahmini için bir model oluşturmaktır.

Regresyon analizi, iki ya da daha çok değişken arasındaki ilişkiyi ölçmek için kullanılan analiz metodudur. Burada regresyon analizi yapılmasındaki amaç oluşturulan YSA modelinin girdi değerleri (bağımsız değişkenler) ve çıktı değerleri (bağımlı değişkenler) arasındaki ilişkiyi ölçmek, oluşturulan YSA modelinin tutarlılık derecesini sınamaktır. Birden fazla bağımsız değişkenli analize "Çoklu Regresyon Analizi*(Multiple Regression Analysis)* adı verilmektedir. Bu çalışmada çoklu regresyon analizi uygulanmıştır. Çünkü çalışmada bağımsız değişken sayısı birden fazladır.
Çoklu regresyonda ikili regresyondan farklı olarak bağımlı değişken üzerinde birden fazla bağımsız değişkenin toplu etkisi araştırılır. Bir bağımlı değişkene etki eden çok sayıda bağımsız değişken analiz işleminedâhil edilerek çoklu regresyon modeli uygulanabilir. Hem tanımlayıcı istatisitk hem de çıkarımsal istatistik sağlar yani tahmini denklem kurularak diğer hesaplamaları yaparlar. Çoklu regresyon denkleminde birden fazla tahmin değişkeni vardır.

Formülü

$$Y_i = (b_0 + b_1X_1 + b_2X_2 + \ldots\ldots + b_nX_n)\, e_i \qquad (2.2)$$

Biçimindedir. Bu denklemde:

Y = Bağımlı değişken,

b_0 = Regresyon eğrisinin y eksenini kesim noktası,

b_1 = İlk tahmin değişkeninin X_1 katsayısı,

b_2 = İkinci tahmin değişkeninin X_2 katsayısı,

e_i = i'inci denek için Y'nin tahmin edilen değeriyle gözlenen değeri arasındaki farktır.

Regresyonda değişkenlerin bağımlı değişken ve bağımsız değişkenler olarak iki gruba ayrılması bir zorunluluktur. Bağımlı değişkenler, bağımsız değişkenler tarafından açıklanmaya çalışılan değişkenlerdir. Regresyonda bağımlı değişken Y ve bağımsız değişkenler de X ile gösterilir. Yani bu çalışma için oluşturulan yapay sinir ağının eğitiminde kullanılan girdi değerleri bağımsız değişkenle, YSA'nın hedef değerleri ise bağımlı değişkenleri oluşturmaktadır. Bu durumda;

Bağımlı Değişken *(y)* : (Oluşturulan YSA modelinin hedef değerleri)

y= İç mekân aydınlık düzeyi dağılımı

Bağımsız Değişkenler *(x)*: (Oluşturulan Y.S.A modelinin girdi değerleri)

X_1 = İç mekân rengi

X_2 = İç mekân duvar rengi

X_3 = Aydınlatma türü

X_4 = En

X_5 = Boy

X_6 = Yükseklik

X_7 = Belirli noktalardaki aydınlık düzeyi değerleri

Regresyon modeli için hesaplamalar yapılarak tahmin değerleri bulunduktan sonra anova tablosu hazırlandı. Anova tablosu kullanılarak belirlilik katsayısı hesaplandı:

R^2=SSR/SST (2.3)

R^2 değeri sayesinde Y bağımlı değişkeninin değerleri arasındaki varyasyonun model tarafından ne oranda açıklandığı gözlemlenir. Burada

SST: Kareler toplamı

SSR: Tahminlerin kareleri toplamını ifade eder.

Regresyon modelinden elde edilen % 99,52 güven olasılığına bakarak kurduğumuz modelin geçerliliğinin çok yüksek olduğunu söyleyebiliriz. Bulunan bu değer sayesinde, iç mekân boyutları, duvar rengi ve aydınlatma türü değişkenlerinden yola çıkılarak, iç mekân içerisindeki aydınlık düzeyi dağılımını tahmin eden modelin geçerliliği kanıtlanmıştır. İç mekân içerisindeki lüks dağılımındakideğişimin %99,52'sinin (R^2)iç mekân boyutları, duvar rengi ve aydınlatma türü verileritarafından açıklanabildiğini, geri kalan % 0,48'lik kısım için ise başka değişkenlere ihtiyaç olmadığı söylenebilir.

Öğrenme algoritmasını etkileyen en önemli unsurlardan biri de performans fonksiyonudur. En çok kullanılan performans fonksiyonları*MSE*(Hata Kareleri Ortalaması)(Mean squared error), *RMSE*(Hata Kareleri Ortalamasının Karekökü)*(*Root Mean Square Error*)* ve *MAPE* (Mutlak Hata Oranları Ortalaması) (Mean Absolute Percentage Error) teknikleri en çok kullanılan performans ölçüm teknikleridir.Bu çalışma için oluşturulan YSA modeli tahmin sonuçlarının doğruluğunun ölçümünde*MSE* (Hata Kareleri Ortalaması) (Mean squared error) performans ölçüm teknikği kullanılmıştır.

$$MSE = \sum \frac{(y1-y2)^2}{n} \qquad (2.4)$$

Burada;

y_1 = gerçek lüks değerleri,

y_2 = tahmin edilen lüks değerleri,

n = tahmin sayısıdır (bağımlı değişken).

Aşağıdaki tablo 2.64'de çalışma için eğitilen yapay sinir ağına ait parametreler verilmiştir.

Tablo 2.64 YSA Girdi Parametreleri

Ağ Tipi	Feed-Forward backpropagation
Eğitim Algoritması	Levenberg-Marquardt (trainlm)
Öğrenme Fonksiyonu	Trainlm
Performans Fonksiyonu	MSE
Tabaka Sayısı	1 ile 10 arasında
Nöron Sayısı	1 ile 20 arasında
Aktivasyon Fonksiyonu	Tansig, Logsig

Modelden elde edilen tahmin değerleri ile gerçek değerler üzerinde yapılan ölçümlerde, MSE= 4,3 bulunmuştur. Elde edilen düşük MSE değeri, gerçek aydınlık düzeyi dağılımı ile YSA modelinin tahmin ettiği aydınlık düzeyi oranları arasındaki sapmaların çok küçük olduğunu göstermektedir. Bunun anlamı, tahmin sonuçları yüksek doğruluk derecesine sahiptir demektir.

MSE, istenen çıkışın ağ çıkışına ne kadar iyi uyup uymadığına karar vermek için kullanılan bir değerdir. Özellikle MSE değeri 0,01'in altına inmelidir. NMSE ise ağ çıkışını normalize ederek istenen çıkışın arzulanan çıkışa uyup uymadığını kontrol etmek amacıyla kullanılan bir değerdir.

Korelasyon katsayısı (r) yapay sinir ağı çıkışının iyi eğitilip eğitilmediğine karar vermek için kullanılan bir büyüklüktür. Korelasyon katsayısı istenen ağ çıkışı ile hedeflenen çıkış arasında farka bağlı olarak elde edilen bir katsayıdır. Korelasyon katsayısı –1 ile 1 arasında değişir. r=1 olması durumunda ağ çıkışı ile hedeflenen çıkış arasında mükemmel bir benzerlik olduğu kabul edilir. r=-1 olduğunda ağ çıkışı ile hedeflenen çıkış arasında ters yönde bir ilişki olduğu kabul edilir. r=0 olduğunda ise ağ çıkışı ile hedeflenen çıkış arasında herhangi bir benzerlik bulunmamaktadır. Bu çalışmada tasarlanan YSA'nın korelasyon katsayısı r=0,9976 dır. YSA eğitimi sonucunda elde edilenr^2 (belirlilik katsayısı) değeri ise 99,52'dir. Kurulan model için yapılan çoklu regresyon analizi sonucunda 9 adet r^2 değeri elde edilmiştir. Elde edilen r^2 değerleri ise Tablo 2.65'de görüldüğü üzere sırasıyla r_1^2=(0,9750), r_2^2=(0,9880), r_3^2=(0,9970), r_4^2=(0,9990), r_5^2=(1,0000), r_6^2=(0,9980), r_7^2=(0,9920), r_8^2=(0,9750) ve r_9^2=(0,9610)'dir.

Tablo 2.65 YSA ve MLRA r2 değerlerinin karşılaştırılması

YSA (r) değeri	**YSA (r^2) değeri**	**MLRA değerleri**	**(r^2)**	**YSA Sapma Miktarı**	**MLRA Sapma Miktarı**	**Sapma Farkı (YSA – MLRA)**
0,9976	0,9952	**1. MLRA Değeri**	0,9750	0,0048	0,0250	-0,0202
0,9976	0,9952	**2. MLRA Değeri**	0,9880	0,0048	0,0120	-0,0072
0,9976	0,9952	**3. MLRA Değeri**	0,9970	0,0048	0,0030	0,0018
0,9976	0,9952	**4. MLRA Değeri**	0,9990	0,0048	0,0010	0,0038
0,9976	0,9952	**5. MLRA Değeri**	1,0000	0,0048	0,0000	0,0048
0,9976	0,9952	**6. MLRA Değeri**	0,9980	0,0048	0,0020	0,0028
0,9976	0,9952	**7. MLRA Değeri**	0,9920	0,0048	0,0080	-0,0032
0,9976	0,9952	**8. MLRA Değeri**	0,9750	0,0048	0,0250	-0,0202
0,9976	0,9952	**9. MLRA Değeri**	0,9610	0,0048	0,0390	-0,0342
				Ortalama Sapma Farkı		**-0,0080**

Kurulan Y.S.A modelinden ve çoklu regresyon analizinden elde edilen r^2 değerleri paralellik göstermektedir ve 1'e çok yakın çıkmışlardır. Bu benzeşim ve 1'e yakınlık kurulan modelin geçerliliğinin çok yüksek olduğunun istatistiksel kanıtıdır.

Çalışmada elde edilen YSA r^2 (belirlilik katsayısı) sapma değerleri, SPSS.18 programında elde edilen MLRA r^2 (belirlilik katsayısı) sapma değerlerinin farkları ile birebir karşılaştırılmış; 1., 2., 7., 8., 9., r^2 değerlerinde daha yüksek YSA sonuçları; 3.,4.,5.,6., r^2 değerlerinde ise daha yüksek MLRA sonuçlarının elde edildiği gözlenmiştir. Çalışma sonunda ortalama sapma farkının -0,0080 olması ise YSA sonuçlarının çok iyi olduğunu göstermektedir. SPSS çıktı verileri ise EK-II'de verilmiştir.

3. BULGULAR VE TARTIŞMA

3.1. Gerçek ölçümler sonucu ve YSA tahmini sonucu elde edilen yıpanma katsayılarının karşılaştırılması

Kitabın bu bölümünde ölçümlerin yapıldığı iç mekânda belirli bir kullanımdan sonra ölçülen aydınlık düzeyi dağılımları ile YSA'nın tahmin ettiği aydınlık düzeyi dağılımları karşılaştırılmıştır.

3.1.1. Dört, Beş ve Onsekiz ay kullanım sonrası şampanya renk yarı direkt aydınlatılmış salondaki yıpranma faktörünün YSA ile tahmini

Şampanya renk yarı direkt aydınlatılmış salona ait ilk kurulum aşamasındaki aydınlık düzeyi dağılımı Tablo 3.1'de verilmiştir.

Tablo 3.1 Şampanya rengi yarı direkt aydınlatılmış salonda ilk kurulum aşamasındaki aydınlık düzeyi dağılımı

58,3	64,4	72,8	82,7	86,5	84,4	76	67,8	60,8
62,5	70,4	83,1	96,7	104	100	87,5	75,8	66,3
67	75,4	94,1	111	120	118	101	84,2	71,3
69,1	79,4	102	122	129	128	113	91,6	75,2
69	81,5	105	125	132	129	114	93,6	76,1
66,8	79,8	102	110	124	110	106	86,7	71,9
62,5	73,5	88,4	105	111	107	95	80,5	69,1
57,2	66,1	76,3	88	94,1	91,9	82,5	72,9	64,4
49,8	57,1	67,1	75,5	79,9	78,8	73,1	65,6	59

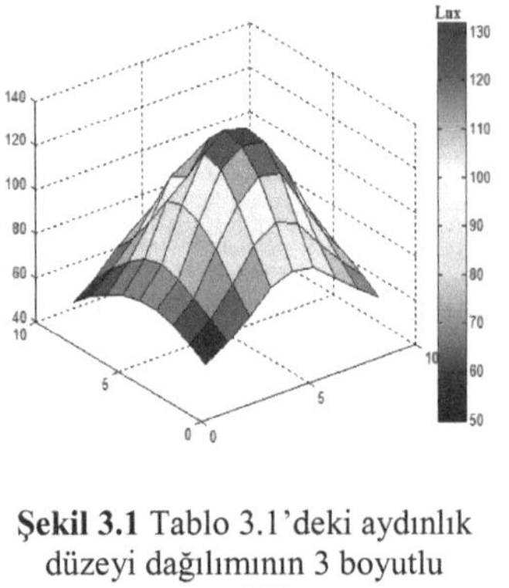

Şekil 3.1 Tablo 3.1'deki aydınlık düzeyi dağılımının 3 boyutlu grafiği

Bu ortam, aydınlatma sistemi kurulumdan sonra 18 ay kullanıma tabi tutulmuştur. Bu zaman diliminde ortamdaki gerek aydınlatma elemanları gerekse iç mekân duvarları belirli oranda yıpranmış, tozlanmış ve kirlenmiştir. Fakat bu zaman diliminin herhangi bir noktasında ve bu sürenin sonunda sistemde ne kadar ve hangi oranda yıpranma olduğu bilinmiyor ve hesap edilemiyor. Bu süre sonunda ortamdaki ışığa dönüşmeyen enerjinin bulunabilmesi için ortam içerisinde birçok noktada ölçüm yapılması gerekiyor. Bu işlem de uzun ve yorucu bir süreçtir. Aydınlık düzeyi dağılımının tahmini için eğitilen YSA'yı test etmek amacıyla 4 ay, 5 ay ve 18 ay sonra şampanya renk yarı direkt aydınlatılmış salondaki yıpranma faktörü eğitilen YSA'ya tahmin ettirilmiştir. Eğitilen YSA'nın başarısını test etmek amacıyla mekân içerisinde 4 ay sonunda 81 adet noktada ölçüm yapılmış ve aşağıdaki Tablo 3.2 elde edilmiştir. Şekil 3.2'de ise bu ölçüm değerlerinin 3 boyutlu modellenmiş hali görülmektedir.

Tablo 3.2 Şampanya rengi yarı direkt aydınlatılmış salonda 4 ay kullanımdan sonra yapılan gerçek zamanlı aydınlık düzeyi dağılımı

51,5	56,8	64	72,2	74,6	72,4	66	59,1	51,7
55,6	63,7	72,9	84,9	88,8	86,3	74,1	65,1	56,5
9,1	68,5	83,4	99,2	104,9	105,2	87,8	72,4	61
60,8	72,8	90,6	107,4	112,3	113,8	99,1	77,3	63,9
61,2	73,4	93,2	110,9	117,1	115,2	100,9	80	65,3
59,4	70,4	89,7	108,9	111,4	107,3	95	77,9	64,8
54,7	64,8	78,5	93,8	100,2	96	84,2	71,1	60,5
50,4	58,2	68,4	78	82,8	81,7	73,5	65	57,2
43,1	50,6	59,7	67,6	70,8	70,4	64,9	59	52,4

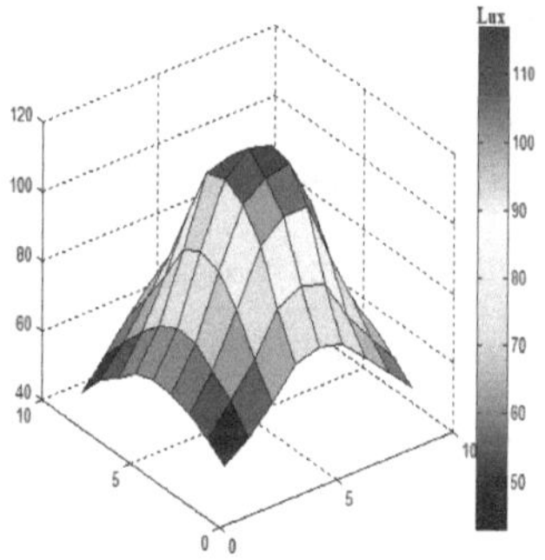

Şekil 3.2 Tablo 3.2'deki aydınlık düzeyi dağılımının 3 boyutlu grafiği

Aynı zamanda 4 ay kullanımdan sonra ortam içerisindeki aydınlık düzeyi dağılımı eğitilen YSA'ya tahmin ettirilmiş ve Tablo 3.3'daki aydınlık düzeyi dağılımı elde edilmiştir. Şekil 3.3'de ise bu ölçüm değerlerinin 3 boyutlu modellenmiş hali görülmektedir.

Tablo 3.3 Şampanya rengi yarı direkt aydınlatılmış salonda 4 ay kullanımdan sonra YSA'nın tahmin ettiği aydınlık düzeyi dağılımı

52,5	59,2	72,5	75,3	77,9	74,1	71,3	60,9	52,7
55,9	64,0	79,6	86,8	91,7	87,8	80,6	67,4	57,6
58,8	68,8	87,2	99,9	106,9	103,7	90,8	73,8	62,1
61,4	72,6	92,7	108,6	116,5	113,7	98,3	78,7	65,4
61,3	73,2	93,4	110,4	117,8	115,6	100,1	79,7	65,5
59,7	70,4	90,4	105,0	111,6	108,3	95,9	77,0	64,2
56,4	65,5	83,3	93,8	98,6	94,4	87,0	71,8	61,5
52,3	59,9	75,9	81,2	83,8	79,2	76,8	66,2	57,8
46,0	53,1	67,5	70,8	72,5	67,7	67,9	59,9	53,5

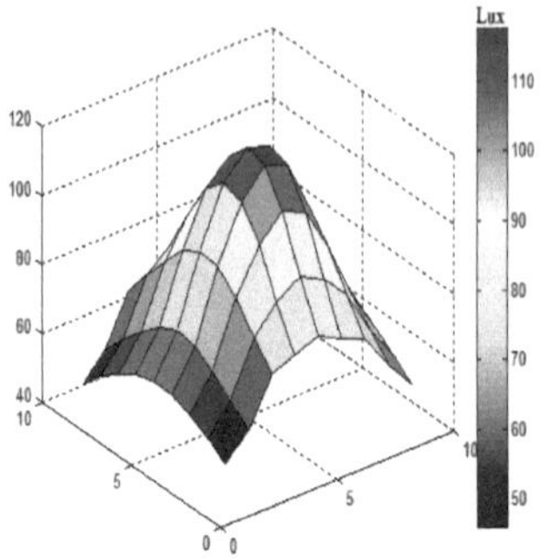

Şekil 3.3 Tablo 3.3'deki aydınlık düzeyi dağılımının 3 boyutlu grafiği

Tablo 3.1'de ilk kurulum aşamasında ortam içerisindeki aydınlık düzeyi dağılımı görülmektedir. Başlangıçta bu ortamda ortalama aydınlık düzeyi E_{ort}=86,73 lüks tür. Tablo 3.2'de ise 4 ay sonra bu ortam içerisindeki aydınlık düzeyi dağılımı görülmektedir. Bu durumda ise ortamın ortalama aydınlık düzeyi E_{ort}=76,73 lüks tür. Tablo 3.3'de ise belirli bir kullanım periyodundan sonra ortam içerisindeki aydınlık düzeyi dağılımının YSA tarafından tahmini dağılımı görülmektedir. YSA'nın tahmin ettiği ortalama aydınlık düzeyi ise E_{ort}=78,17 lüks tür. Başlangıçta doğal olarak ortamın yıpranma çarpanı 1'dir. Belirli bir kullanım periyodundan sonra ortamın yıpranma çarpanı 1,12 olarak ölçülmüştür. Belirli bir kullanım periyodu sonrası YSA'nın tahmin ettiği yıpranma çarpanı ise 1,11 olarak bulunmuştur. İlk kurulum aşamasına göre gerçekte ortam içerisinde %11 ışığa dönüşmeyen kayıp enerji vardır. YSA tahminine göre ise ilk kurulum aşamasına göre ortam içerisinde %10 ışığa dönüşmeyen kayıp enerji vardır. Eğer bu aydınlatma sistemine 4. ayın sonunda müdahale edilirse % 10-11 ışığa dönüşmeyen kayıp enerjinin önüne geçilmiş olunacaktır.

Bu işlemlerden sonra aynı ortam 1 ay daha kullanıma tabi tutulmuş. Eğitilen YSA'nın başarısını test etmek amacıyla 5. ayın sonunda 81 adet noktada ölçüm yapılmış ve aşağıdaki Tablo 3.4 elde edilmiştir. Şekil 3.4'de ise bu ölçüm değerlerinin 3 boyutlu modellenmiş hali görülmektedir.

Tablo 3.4 Şampanya rengi yarı direkt aydınlatılmış salonda 5 ay kullanımdan sonra yapılan gerçek zamanlı aydınlık düzeyi dağılımı

51,2	56,5	63,8	72,6	75,8	74,0	66,4	59,2	52,9
54,9	61,7	72,9	85,1	91,6	87,9	76,6	65,9	57,5
58,5	66,0	82,7	97,6	105,4	103,3	88,6	73,5	61,8
60,4	69,2	89,9	107,2	113,3	112,0	99,1	80,1	65,1
60,2	71,0	92,5	109,8	115,8	112,8	99,9	81,5	65,9
58,4	69,5	89,6	95,2	108,4	95,2	93,1	76,0	62,6
54,7	64,0	77,4	92,3	97,3	93,8	83,3	70,3	60,3
50,2	57,7	66,5	77,0	82,4	80,5	72,0	63,7	56,4
43,7	49,9	58,9	66,0	69,8	68,8	63,4	57,4	51,4

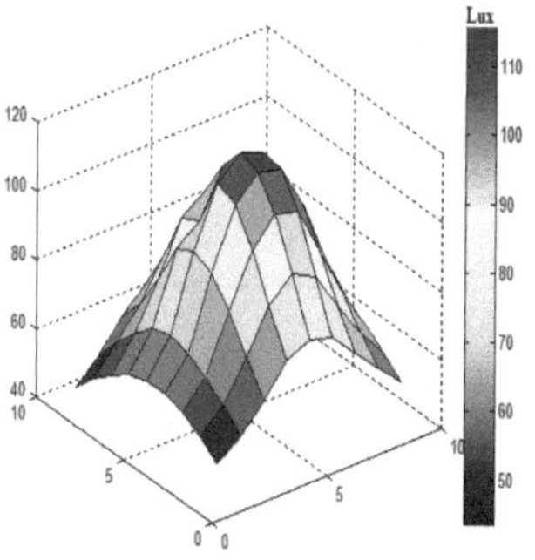

Şekil 3.4 Tablo 3.4'deki aydınlık düzeyi dağılımının 3 boyutlu grafiği

Aynı zamanda 5 ay kullanımdan sonra ortam içerisindeki aydınlık düzeyi dağılımı eğitilen YSA'ya tahmin ettirilmiş ve Tablo 3.5'deki aydınlık düzeyi dağılımı elde edilmiştir. Şekil 3.5'de ise bu ölçüm değerlerinin 3 boyutlu modellenmiş hali görülmektedir.

Tablo 3.5 Şampanya rengi yarı direkt aydınlatılmış salonda 5 ay kullanımdan sonra YSA'nın tahmin ettiği aydınlık düzeyi dağılımı

51,9	57,2	72,6	77,0	77,3	72,6	69,5	60,3	51,7
55,1	61,5	79,5	87,9	90,8	85,7	78,9	67,2	56,9
57,8	65,9	86,6	99,9	105,7	101,1	89,4	74,5	62,0
60,0	68,7	91,8	108,0	115,2	110,9	97,1	79,8	65,7
60,2	70,1	92,6	109,3	116,4	113,0	99,2	81,1	66,0
58,4	67,0	89,7	105,0	110,4	105,7	94,5	77,7	64,1
55,3	62,2	82,9	95,0	97,6	92,1	85,2	71,6	60,6
51,4	56,9	75,9	83,2	83,2	77,5	74,7	65,2	56,3
45,2	50,4	67,6	73,2	72,0	66,3	65,8	58,4	51,7

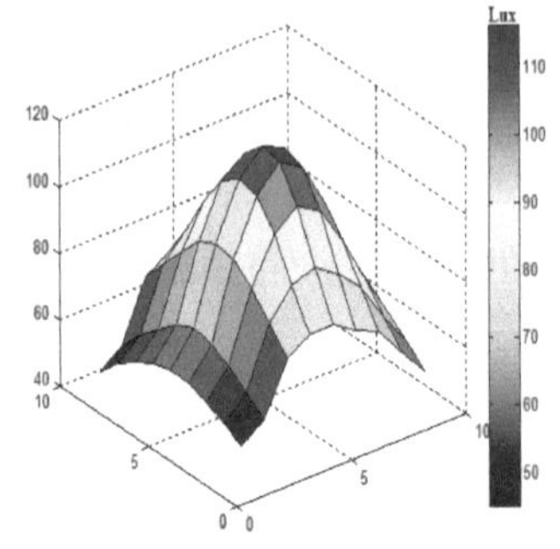

Şekil 3.5 Tablo 3.5 deki aydınlık düzeyi dağılımının 3 boyutlu grafiği

Tablo 3.1'de görüldüğü gibi başlangıçta bu ortamın ortalama aydınlık düzeyi E_{ort}=86,73 lüks tür. Tablo 3.4'de ise 5. ayın sununda bu ortam içerisindeki gerçek aydınlık düzeyi dağılımı görülmektedir. Bu durumda ise ortamın ortalama aydınlık düzeyi E_{ort}=75,89 lüks tür. Tablo 3.5'de ise 5. ayın sonunda ortam içerisindeki aydınlık düzeyi dağılımının YSA tarafından tahmini dağılımı görülmektedir. YSA'nın tahmin ettiği ortalama aydınlık düzeyi ise E_{ort}=77,17 lüks tür. 5 ayın sonunda sonunda uzun süren ölçümlere göre ortamın yıpranma çarpanı 1,14'dür. 5. Ayın sonunda YSA'nın tahmin ettiği yıpranma çarpanı ise 1,12'dir. 5. ayın sonunda ilk kurulum aşamasına göre gerçekte ortam içerisinde %12 ışığa dönüşmeyen kayıp enerji vardır. YSA tahminine göre ise ilk kurulum aşamasına göre ortam içerisinde %11 ışığa dönüşmeyen kayıp enerji vardır. Eğer bu aydınlatma sistemine 5. ayın sonunda müdahale edilirse % 11-12 oranında ışığa dönüşmeyen kayıp enerjinin önüne geçilmiş olunacaktır.

Aynı iç mekân içerisinde 18 ay sonra 81 adet noktada ölçümler tekrar yapılmış ve aşağıdaki Tablo 3.6 elde edilmiştir. Şekil 3.6'da ise bu ölçüm değerlerinin 3 boyutlu modellenmiş hali görülmektedir.

Tablo 3.6 Şampanya rengi yarı direkt aydınlatılmış salonda 18 ay kullanımdan sonra yapılan gerçek zamanlı aydınlık düzeyi dağılımı

25,3	28,3	31,7	35,8	36,3	35,3	32,4	29,2	26,1
27,4	31,4	35,9	39,6	42,7	42,0	36,5	32,4	23,1
29,3	34,0	38,6	41,7	51,0	50,6	42,8	36,4	30,2
29,5	36,1	42,7	51,2	54,4	54,8	48,9	39,1	31,8
30,5	36,4	43,9	52,7	55,7	54,5	49,7	40,0	32,4
28,8	34,7	40,9	50,0	51,9	50,5	44,5	37,4	31,7
27,6	31,9	37,7	43,1	44,8	44,5	39,2	34,3	30,1
25,0	28,4	33,6	38,3	37,8	37,0	36,3	31,3	28,0
21,6	23,5	29,6	33,3	35,4	34,4	32,1	28,7	25,7

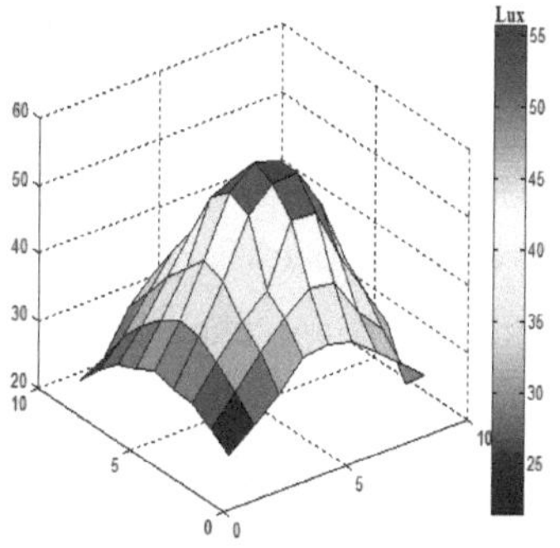

Şekil 3.6 Tablo 3.6'daki aydınlık düzeyi dağılımının 3 boyutlu grafiği

18 aylık kullanım ve yıpranmadan sonra ortam içerisindeki aydınlık düzeyi dağılımı eğitilen YSA'ya tahmin ettirildi ve Tablo 3.7'deki aydınlık düzeyi dağılımı elde edildi.

Tablo 3.7 Şampanya rengi yarı direkt aydınlatılmış salonda 18 ay kullanımdan sonra YSA'nın tahmin ettiği aydınlık düzeyi dağılımı

24,9	29,0	33,5	37,4	39,5	37,2	34,0	28,5	26,2
26,8	31,4	36,8	41,9	44,5	42,5	38,8	32,1	28,6
28,9	34,1	40,8	48,0	51,2	49,5	44,6	36,7	31,1
30,2	35,9	43,6	51,9	55,1	53,8	48,9	39,5	32,5
30,6	36,3	43,7	52,4	55,5	54,3	49,5	39,8	32,5
29,4	35,3	42,1	49,3	52,7	51,1	46,2	38,0	32,0
27,4	32,5	38,5	44,5	47,3	45,0	40,8	33,8	30,4
25,6	29,9	35,1	40,1	42,2	39,4	35,8	29,9	28,2
22,4	26,3	31,2	35,9	37,6	34,3	30,8	25,9	26,1

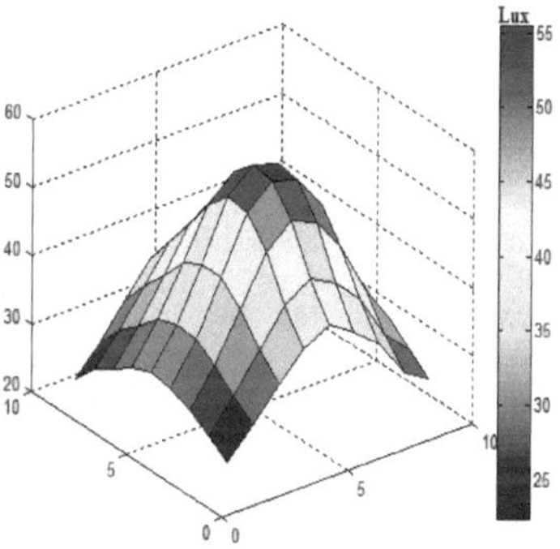

Şekil 3.7 Tablo 3.7'deki aydınlık düzeyi dağılımının 3 boyutlu grafiği

Tablo 3.1'de görüldüğü üzere başlangıçta bu ortamda ortalama aydınlık düzeyi E_{ort}=86,73 lüks tür. Tablo 3.6'da 18 ay sonra bu ortam içerisinde ölçülen gerçek aydınlık düzeyi dağılımı görülmektedir. 18. ayın sonunda ortamın ortalama aydınlık düzeyi E_{ort}=36.94 lüks tür. Tablo 3.7'de ise 18.

ayın sonunda ortam içerisindeki aydınlık düzeyi dağılımının YSA tarafından tahmini dağılımı görülmektedir. YSA'nın tahmin ettiği ortalama aydınlık düzeyi ise E_{ort}=37.75 lüks tür. 18 aylık kullanım sonunda ortamın yıpranma çarpanı 2.35 olarak ölçülmüştür. Bu uzun kullanım periyodu sonrası YSA'nın tahmin ettiği yıpranma çarpanı ise 2.30'dur. İlk kurulum aşamasına göre gerçekte ortam içerisinde %57.3 ışığa dönüşmeyen kayıp enerji vardır. YSA tahminine göre ise ilk kurulum aşamasına göre ortam içerisinde %56.4 ışığa dönüşmeyen kayıp enerji vardır. Eğer bu aydınlatma sistemine müdahale edilirse %56-57 oranında ışığa dönüşmeyen kayıp enerjinin önüne geçilmiş olunacaktır. Görüldüğü gibi herhangi bir zamanda sistemdeki kayıplar YSA tarafından büyük bir başarıyla tahmin edilebilmektedir.

3.1.2. Dört ay kullanım sonrası krem rengi yarı direkt aydınlatılmış salondaki yıpranma faktörünün YSA ile tahmini

Krem Rengi yarı direkt aydınlatılmış salondaki aydınlatma sistemi ilk kurulum aşamasındaki aydınlık düzeyi dağılımı Tablo 3.8'de verilmiştir. Şekil 3.8'de ise bu ortamın ilk kurulum aşamasındaki aydınlık düzeyi dağılımının 3 boyutlu modellenmiş hali görülmektedir.

Tablo 3.8 Krem rengi yarı direkt aydınlatılmış salonda ilk kurulum aşamasındaki aydınlık düzeyi dağılımı

65,4	72,4	80,0	87,3	92,5	89,5	82,4	74,1	65,9
69,3	78,1	90,1	102	109	105	94,0	81,8	71,7
73,3	84,2	102	120	125	121	106	91,9	77,3
75,2	88,7	111	130	137	132	114	97,8	81,3
75,6	91,5	113	129	140	134	118	97,6	82,2
73,8	88,1	108	123	133	130	113	93,9	79,8
68,4	78,9	96,7	110	118	116	102	87,5	75,8
62,7	71,3	83,8	97,2	102	100	90,3	80,4	71,3
54,6	61,8	72,7	83,6	88,8	86,8	80,8	73,9	66,7

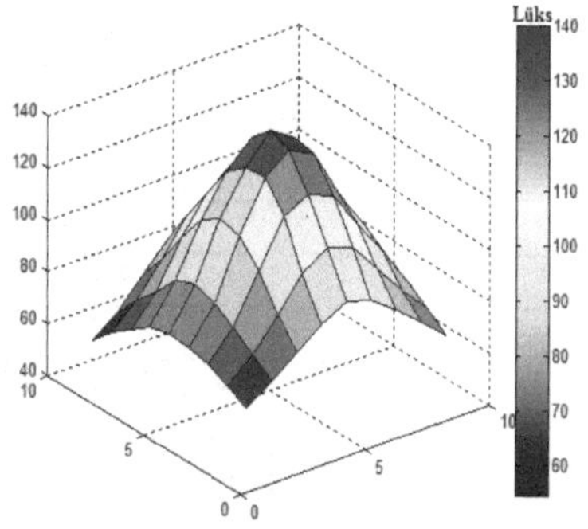

Şekil 3.8 Tablo 3.8'deki aydınlık düzeyi dağılımının 3 boyutlu grafiği

Bu ortam kurulumdan sonra 4 ay kullanıma tabi tutulmuştur. Bu zaman diliminde ortamdaki gerek aydınlatma elemanları gerekse, iç mekân duvarları belirli oranda yıpranmış, tozlanmış ve kirlenmiştir. Fakat bu zaman dilimi sonunda sistemde ne kadar ve hangi oranda yıpranma oldu bu bilinmiyor, hesap edilemiyor ancak ortam içerisinde birçok noktada ölçüm yapılması gerekiyor. 4. ayın sonunda bu iç mekan içerisinde 81 adet noktada aydınlık düzeyi ölçümü yapılmış ve aşağıdaki Tablo 3.9 elde edilmiştir Şekil 3.9'da ise bu ölçüm değerlerinin 3 boyutlu modellenmiş hali görülmektedir.

Tablo 3.9 Krem rengi yarı direkt aydınlatılmış salonda 4 ay kullanımdan sonra yapılan gerçek zamanlı aydınlık düzeyi dağılımı

57,3	63,3	69,8	76,2	81,1	78,5	72,1	64,9	57,8
60,5	68,3	78,9	89,3	95,7	92,3	82,6	71,7	62,8
64,0	73,7	89,5	105,1	109,2	107,0	93,3	80,8	67,7
65,7	77,6	97,2	113,7	119,9	115,5	99,7	86,0	71,2
66,0	80,1	99,1	112,8	122,8	117,3	103,3	85,7	72,0
64,5	77,0	94,7	107,5	116,4	113,7	99,2	82,3	69,8
59,2	68,2	84,4	95,7	103,0	101,3	89,4	76,6	66,2
54,4	61,8	72,9	85,1	89,3	87,5	78,9	70,2	62,3
47,3	53,9	63,1	72,9	77,7	75,8	70,5	64,6	58,4

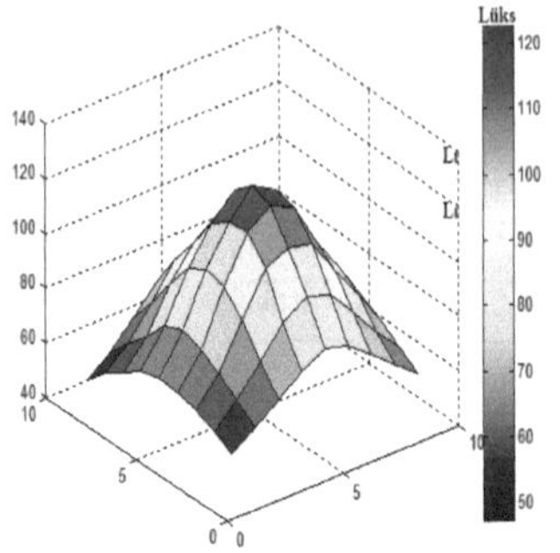

Şekil 3.9 Tablo 3.9'daki aydınlık düzeyi dağılımının 3 boyutlu grafiği

4 aylık zaman diliminden sonra ortam içerisindeki aydınlık düzeyi dağılımı eğitilen YSA'ya tahmin ettirilmiş ve Tablo 3,10'daki aydınlık düzeyi dağılımı elde edilmiştir. Şekil 3.10'da ise YSA'nın tahmin ettiği değerlerinin 3 boyutlu modellenmiş hali görülmektedir.

Tablo 3.10 Krem Rengi yarı direkt aydınlatılmış salonda 4 ay kullanımdan sonra YSA'nın tahmin ettiği aydınlık dağılımı

56,6	64,9	73,8	81,2	80,0	77,2	70,7	66,0	58,5
60,3	70,3	82,6	92,6	95,2	91,2	81,2	72,3	63,8
63,6	75,2	92,4	104,3	111,9	106,7	93,3	79,1	68,2
66,3	79,1	98,7	112,1	122,1	116,5	101,2	85,0	71,8
66,1	80,1	99,4	112,6	123,3	117,9	103,0	85,5	72,2
64,2	77,0	95,5	109,3	116,7	111,4	97,7	83,2	70,9
60,6	71,6	86,4	99,8	102,6	98,1	87,0	77,3	68,0
55,9	65,3	77,1	88,1	86,4	83,0	75,9	71,2	64,2
49,1	57,5	67,8	77,7	74,4	71,6	66,4	64,8	59,2

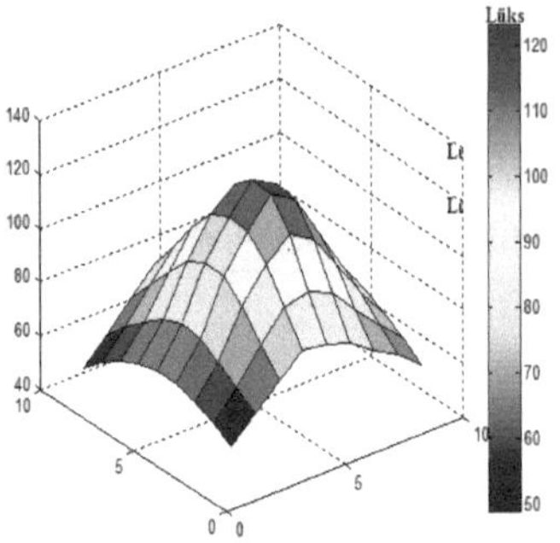

Şekil 3.10 Tablo 3.10'daki aydınlık düzeyi dağılımının 3 boyutlu grafiği

Tablo 3.8'de ilk kurulum aşamasında ortam içerisindeki aydınlık düzeyi dağılımı görülmektedir. Başlangıçta bu ortamda ortalama aydınlık düzeyi E_{ort}=93,6 lüks tür. Tablo 3.9'da ise 4 aylık kullanımdan sonra bu ortam içerisindeki aydınlık düzeyi dağılımı görülmektedir. Bu durumda ise ortamın ortalama aydınlık düzeyi E_{ort}=81,91 lüks tür. Tablo 3.10'da ise 4 aylık kullanımdan sonra ortam içerisindeki aydınlık düzeyi dağılımının YSA tarafından tahmini dağılımı görülmektedir. YSA'nın tahmin etiği ortalama aydınlık düzeyi ise E_{ort}=82,45 lüks tür. Başlangıçta doğal olarak ortamın yıpranma çarpanı 1'dir. Belirli bir kullanım periyodundan sonra ortamın yıpranma çarpanı 1,14 olarak ölçülmüştür. Belirli bir kullanım periyodu sonrası YSA'nın tahmin ettiği yıpranma çarpanı ise 1,14 dür. İlk kurulum aşamasına göre gerçekte ortam içerisinde %12 ışığa dönüşmeyen kayıp enerji vardır. YSA tahminine göre ise ilk kurulum aşamasına göre ortam içerisinde %12 ışığa dönüşmeyen kayıp enerji vardır. Eğer bu aydınlatma sistemine müdahele edilirse %12 ışığa dönüşmeyen kayıp enerjinin önüne geçilmiş olacaktır.

3.1.3. Onaltı ay kullanım sonrası krem rengi yarı endirekt aydınlatılmış salondaki yıpranma faktörünün YSA ile tahmini

Krem Rengi yarı endirekt aydınlatılmış salondaki aydınlatma sistemi ilk kurulum aşamasındaki aydınlık düzeyi dağılımı Tablo 3.11'de verilmiştir. Şekil 3.11'de ise bu ortamın ilk kurulum aşamasındaki aydınlık düzeyi dağılımının 3 boyutlu modellenmiş hali görülmektedir.

Tablo 3.11 Krem rengi yarı endirekt aydınlatılmış salonda ilk kurulum aşamasındaki aydınlık düzeyi dağılımı

51,4	57,1	62	66,9	69,1	67,5	64,1	59,7	54,3
55,4	61,6	68,1	74,3	77,2	75,6	70,3	64,5	59
58,6	65,8	74,3	82,7	87,9	84,4	76,9	69,5	61,9
60,7	68,6	79,7	89,3	94,4	92,3	82,8	72,9	64,5
60,8	70	81,2	92,4	99,6	95,6	86,1	75,6	66,8
59,2	68	78,4	88	94,4	91,8	84,2	73,6	65,5
56,3	64,3	73,1	81,3	86,4	84,2	77,9	69,9	62,8
54,5	61,5	68,8	75,9	79,1	78,8	73,2	67,1	60,2
48,2	54	62	68	70,8	70,6	66,9	61,9	56,5

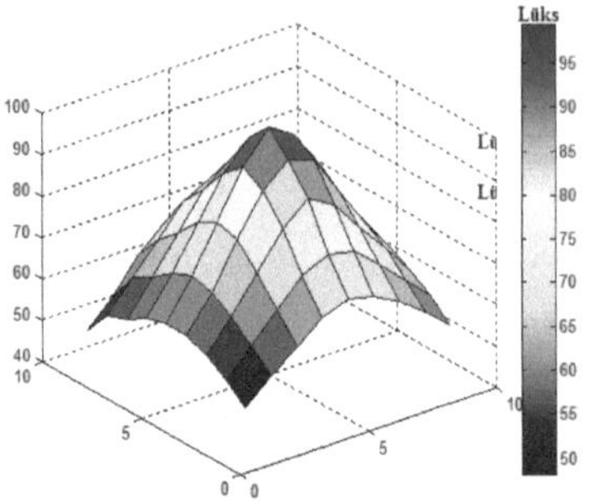

Şekil 3.11 Tablo 3.11'deki aydınlık düzeyi dağılımının 3 boyutlu grafiği

Bu ortam kurulumdan sonra 16 ay kullanıma tabi tutulmuştur. Bu zaman diliminde ortamdaki gerek aydınlatma elemanları gerekse, iç mekân duvarları belirli oranda yıpranmış, tozlanmış ve kirlenmiştir. Fakat bu zaman dilimi sonunda sistemde ne kadar ve hangi oranda yıpranma olduğu bilinmiyor, hesap edilemiyor. Bu zaman dilimi sonunda bu iç mekân içerisinde 81 adet noktada ölçüm yapılmış ve aşağıdaki Tablo 3.12 elde edilmiştir. Şekil 3.12'de ise bu ölçüm değerlerinin 3 boyutlu modellenmiş hali görülmektedir.

Tablo 3.12 Krem rengi yarı direkt aydınlatılmış salonda 16 ay kullanımdan sonra yapılan gerçek zamanlı aydınlık düzeyi dağılımı

22,5	25,7	27,7	30	30,8	30,5	29	27,3	24,7
24,7	27,5	31,7	33,9	35,1	35,2	31,6	29,1	27,2
25,9	29,3	34,5	37,6	40,6	38,6	35,8	31,3	27,8
27,6	30,8	37	41	43,3	42,9	38,5	34,2	28,7
27,8	32,2	37,7	43,4	47,9	45,6	41,3	36,2	30,9
27,1	31,1	38,1	42,6	46	44,4	40,9	35,2	30,4
26,2	30,2	34,5	39,7	42,2	41,1	38	32,5	29,5
26,9	30,5	34	37,2	39,9	40,5	34,9	31,8	28,4
23,8	27	30,7	33,3	34,2	34,3	32,1	29,5	26,9

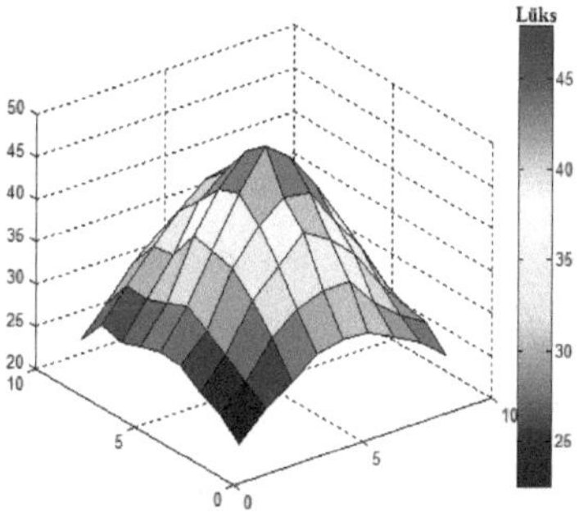

Şekil 3.12 Tablo 3.12'deki aydınlık düzeyi dağılımının 3 boyutlu grafiği

Bu zaman diliminden sonra ortam içerisindeki aydınlık düzeyi dağılımı eğitilen YSA'ya tahmin ettirilmiş ve Tablo 3.13'deki aydınlık düzeyi dağılımı elde edilmiştir. Şekil 3.13'de ise YSA'nın tahmin ettiği aydınlık düzeyi dağerlernin 3 boyutlu modellenmiş hali görülmektedir.

Tablo 3.13 Krem rengi yarı endirekt aydınlatılmış salonda 16 aylık kullanımdan sonra YSA'nın tahmin ettiği lüks dağılımı

21,6	24,9	28,2	30,1	34,3	33,1	30,8	26,2	25,3
23,7	27,4	31,3	34,1	38,6	37,1	34,3	29,2	27,6
26,0	29,9	34,8	39,3	44,2	42,3	38,6	33,2	29,9
27,5	31,8	37,3	42,8	47,4	45,2	41,0	35,8	31,1
28,0	32,3	37,7	43,2	47,8	45,5	41,3	36,0	31,1
26,4	31,0	36,1	40,3	45,6	43,6	39,8	34,1	30,7
24,3	28,4	32,8	36,0	40,9	39,4	36,4	30,8	29,3
22,2	25,7	29,4	31,9	36,5	35,3	32,9	27,5	27,3
19,3	22,4	25,8	28,1	32,5	31,6	29,6	24,4	25,4

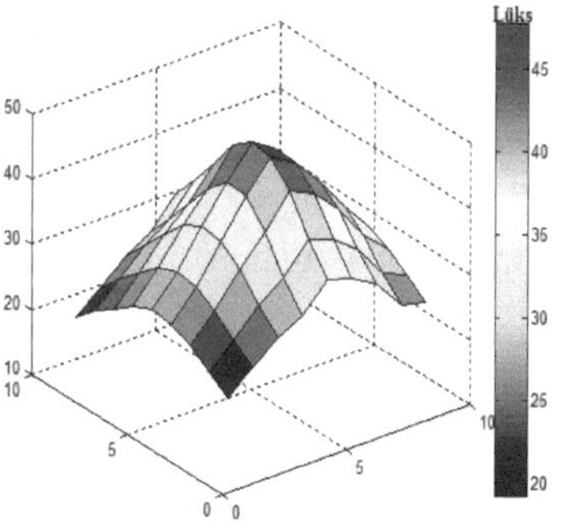

Şekil 3.13 Tablo 3.13'deki aydınlık düzeyi dağılımının 3 boyutlu grafiği

Tablo 3.11'de ilk kurulum aşamasınada ortam içerisindeki aydınlık düzeyi dağılımı görülmektedir. Başlangıçta bu ortamda ortalama aydınlık düzeyi

E_{ort}=71,4 lüks tür. Tablo 3.12'da ise belirli bir kullanım periyodundan sonra bu ortam içerisindeki aydınlık düzeyi dağılımı görülmektedir. Bu durumda ise ortamın ortalama aydınlık düzeyi E_{ort}=33,56 lüks tür. Tablo 3.13'de ise belirli bir kullanım periyodundan sonra ortam içerisindeki aydınlık düzeyi dağılımının YSA tarafından tahmini dağılımı görülmektedir. YSA'nın tahmin etiği ortalama aydınlık düzeyi ise E_{ort}=32,99 lüks tür. Başlangıçta doğal olarak ortamın yıpranma çarpanı 1'dir. Belirli bir kullanım periyodundan sonra ortamın yıpranma çarpanı 2,13 olarak ölçülmüştür. Belirli bir kullanım periyodu sonrası YSA'nın tahmin ettiği yıpranma çarpanı ise 2,16 dır. İlk kurulum aşamasına göre gerçekte ortam içerisinde %53,2 ışığa dönüşmeyen kayıp enerji varken YSA tahminine göre ise ortam içerisinde %54 ışığa dönüşmeyen kayıp enerji ortaya çıkmaktadır. Eğer bu aydınlatma sistemine müdahele edilirse %53-54 oranında ışığa dönüşmeyen kayıp enerjinin önüne geçilmiş olacaktır.

3.1.4. Altı aylık kullanımdan sonra bej renk karma aydınlatılmış çalışma odasındaki yıpranma çarpanının YSA tarafından tahmini

Bej renk karma aydınlatılmış salondaki aydınlatma sistemi ilk kurulum aşamasındaki aydınlık düzeyi dağılımı Tablo 3.14'de verilmiştir. Şekil 3.14'de ise bu ortamın ilk kurulum aşamasındaki aydınlık düzeyi dağılımının 3 boyutlu modellenmiş hali görülmektedir.

Tablo 3.14 Bej rengi karma aydınlatılmış çalışma odasında ilk kurulum aşamasındaki aydınlık düzeyi dağılımı

66,2	70,6	74,5	76	76,4	74,6	71,6	67,5	62,6
75,5	82,2	89,4	92,3	93,1	89,7	85,5	78,6	72,2
86,3	97,5	107	110	110	107	101	92,1	82,3
93,8	107	117	119	119	117	111	101	89
94,4	106	116	119	121	122	114	102	90,4
88,9	99,5	109	115	117	115	104	93,3	84,4
80,7	88,1	92,2	97,3	99,2	96,2	89	81,4	74
70,1	75,1	76,9	79,7	80,3	78	73,7	68,3	62,8
61,4	64,8	67,2	68,1	68,1	65,6	60,9	55,8	51,9

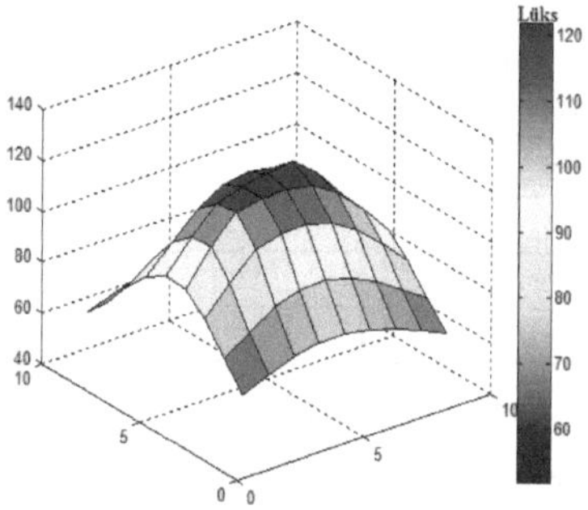

Şekil 3.14 Tablo 3.14'deki aydınlık düzeyi dağılımının 3 boyutlu grafiği

Bu ortam kurulumdan sonra 6 ay kullanıma tabi tutulmuştur. Bu zaman diliminde ortamdaki gerek aydınlatma elemanları gerekse, iç mekân duvarları belirli oranda yıpranmış, tozlanmış ve kirlenmiştir. Fakat bu zaman dilimi sonunda sistemde ne kadar ve hangi oranda yıpranma olduğu bilinmiyor, hesap edilemiyor ancak ortam içerisinde birçok noktada ölçüm yapılması gerekiyor. Bu zaman dilimi sonunda bu iç mekân içerisinde 81 adet noktada ölçüm yapılmış ve Tablo 3.15'deki aydınlık düzeyi dağılımı elde edilmiştir. Şekil 3.15'de ise bu ortamda 6 aylık kullanım sonra ölçülen aydınlık düzeyi dağılımının 3 boyutlu modellenmiş hali görülmektedir.

Tablo 3.15 Bej rengi karma aydınlatılmış çalışma odasında 6 aylık kullanımdan sonra yapılan gerçek zamanlı aydınlık düzeyi dağılımı

52,4	57,1	60,2	61,6	61,9	60,7	58,1	54,9	50,9
60,8	65,8	71,7	74,3	74,1	72,5	69,0	63,8	58,4
68,9	77,0	85,7	89,1	89,0	87,3	81,9	73,9	65,8
75,0	86,0	94,1	96,3	96,2	94,7	89,3	80,6	71,3
75,8	84,5	92,2	95,3	98,0	98,1	92,8	82,0	72,5
69,5	78,3	87,0	91,1	93,7	92,8	85,7	75,8	68,2
62,5	68,7	75,5	79,5	80,8	78,0	72,7	66,3	60,4
55,6	59,3	63,2	65,1	65,5	63,6	60,4	55,6	51,3
47,1	51,5	53,6	54,9	55,0	53,1	49,2	44,8	41,5

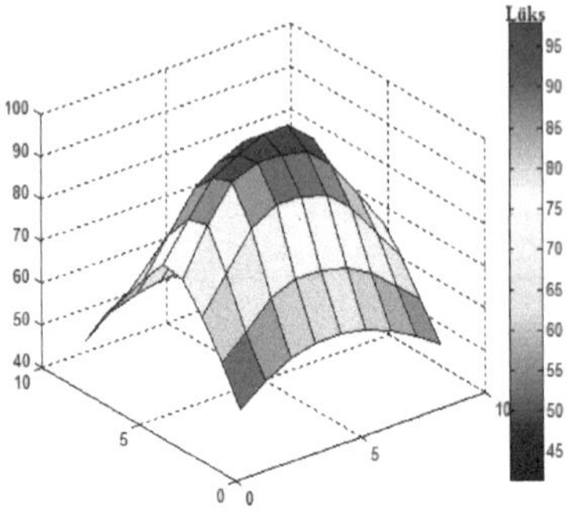

Şekil 3.15 Tablo 3.15'deki aydınlık düzeyi dağılımının 3 boyutlu grafiği

Bu zaman diliminden sonra ortam içerisindeki aydınlık düzeyi dağılımı eğitilen YSA'ya tahmin ettirilmiş ve Tablo 3,16'daki aydınlık düzeyi dağılımı elde edilmiştir. Şekil 3.16'da ise 6 aylık kullanım sonunda YSA'nın tahmin ettiği aydınlık düzeyi dağılımının 3 boyutlu modellenmiş hali görülmektedir.

Tablo 3.16 Bej rengi karma aydınlatılmış çalışma odasındaki 6 ay kullanımdan sonra YSA'nın tahmin ettiği aydınlık düzeyi dağılımı

52,7	58,3	65,3	67,3	69,4	65,3	60,5	55,3	49,4
60,1	66,4	73,6	76,1	78,6	75,1	70,0	63,8	56,9
67,4	75,2	83,4	86,1	89,7	87,0	81,4	73,1	64,0
74,2	82,8	91,3	93,0	97,4	94,9	89,7	80,5	70,5
75,8	84,7	92,8	94,6	98,2	97,3	92,3	82,4	72,2
71,9	79,7	87,6	90,3	94,2	91,3	85,6	76,7	68,6
63,9	70,9	78,7	81,3	84,8	80,3	74,5	67,5	60,4
55,5	61,6	69,5	72,5	75,0	69,8	64,1	58,4	51,9
48,2	54,0	61,6	64,1	67,2	60,4	54,4	49,1	44,5

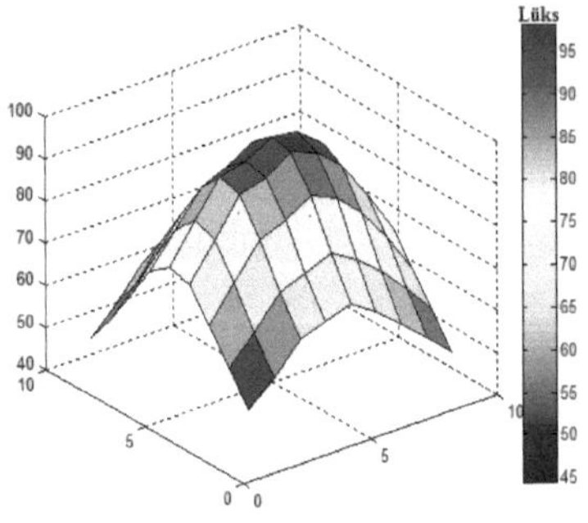

Şekil 3.16 Tablo 3.16'daki aydınlık düzeyi dağılımının 3 boyutlu grafiği

Tablo 3.14'de ilk kurulum aşamasınada ortam içerisindeki aydınlık düzeyi dağılımı görülmektedir. Başlangıçta bu ortamda ortalama aydınlık düzeyi E_{ort}=86,73 lüks tür. Tablo 3.15'da ise 6 aylık kullanımdan sonra bu ortam içerisindeki aydınlık düzeyi dağılımı görülmektedir. Bu durumda ise ortamın ortalama aydınlık düzeyi E_{ort}=71,58 lüks tür. Tablo 3.16'da ise 6 aylık kullanımdan sonra ortam içerisindeki aydınlık düzeyi dağılımının YSA tarafından tahmini görülmektedir. YSA'nın tahmin etiği ortalama aydınlık düzeyi ise E_{ort}=73,16 lüks tür. Başlangıçta doğal olarak ortamın yıpranma çarpanı 1'dir. Belirli bir kullanım periyodundan sonra ortamın yıpranma çarpanı 1,21 olarak ölçülmüştür. Belirli bir kullanım periyodu sonrası YSA'nın tahmin ettiği yıpranma çarpanı ise 1,19 dır. İlk kurulum aşamasına göre gerçekte ortam içerisinde %17 ışığa dönüşmeyen kayıp enerji varken YSA tahminine göre ise ortam içerisinde %16 ışığa dönüşmeyen kayıp enerji vardır. Eğer bu aydınlatma sistemine müdahele edilirse %16-17 oranında ışığa dönüşmeyen kayıp enerjinin önüne geçilmiş olunur.

3.1.5. İç Mekân En ve Boy Bilgisi Kullanılmadan Eğitilen YSA'nın Aydınlık Düzeyi Dağılımı Tahmini

Bu bölümde ilk olarak iç mekân boy bilgisi kullanılmadan ve sonrasında iç mekân en bilgileri kullanılmadan YSA modeli oluşturulmuş ve aydınlık düzeyi tahmini için eğitilmiştir. Şekil 3.17'de Şampanya renk yarı direkt aydınlatılmış salona ait 4 aylık kullanımdan sonraki aydınlık düzeyi dağılımı verilmiştir. Şekil 3.18'de ise bu iç mekâna ait boy bilgisi olmadan eğitilmiş olan YSA'nın tahmin ettiği aydınlık düzeyi dağılımı verilmiştir.

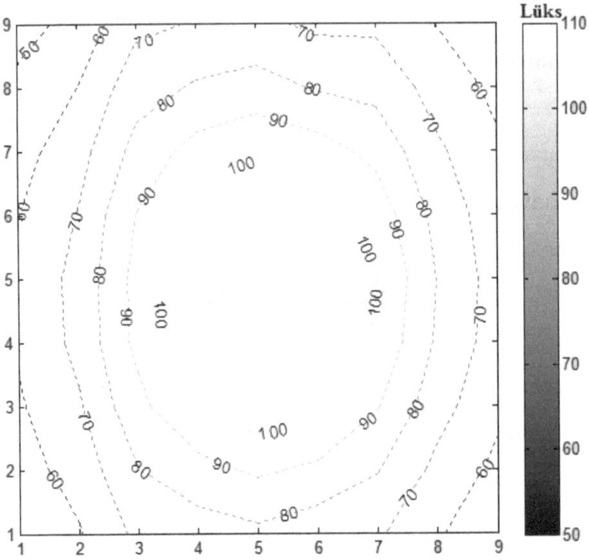

Şekil 3.17 Şampanya rengi yarı direkt aydınlatılmış salonda 4 ay kullanımdan sonraki aydınlık düzeyi dağılımı

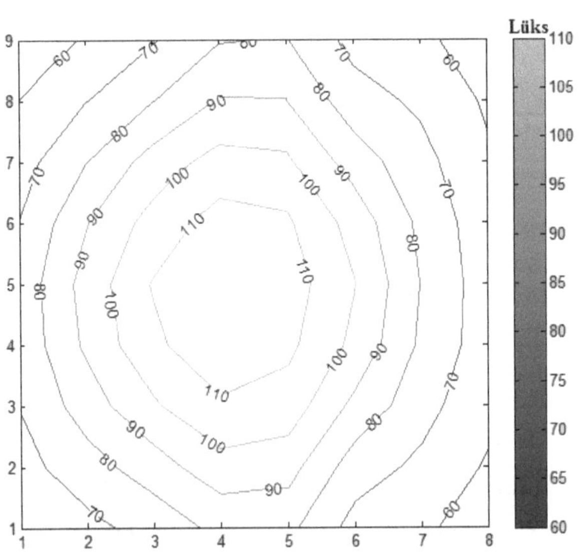

Şekil 3.18Şampanya rengi yarı direkt aydınlatılmış salonda 4 ay kullanımdan sonra boy bilgisi kullanılmadan eğitilen YSA'nın tahmin ettiği aydınlık düzeyi dağılımı

4 ay sonra şampanya renk yarı direkt aydınlatılmış salona ait ortalama aydınlık düzeyi E_{ort}=76,73 lüks tür. İç mekân boy bilgisi olmadan eğitilen YSA'nın tahmin ettiği ortalama aydınlık düzeyi ise E_{ort}=81,5 lüks tür. Görüldüğü üzere boy bilgisi olmadan eğitilmiş olan YSA'nın tahmin ettiği ortalama aydınlık düzeyi gerçek ortalama aydınlık düzeyi değerinde 5 lüks fazla çıkmıştır. Bu da %6,5 hata demektir.

Şekil 3.19'da ise 4 ay sonra bu iç mekâna ait en bilgisi olmadan eğitilmiş olan YSA'nın tahmin ettiği aydınlık düzeyi dağılımı verilmiştir.

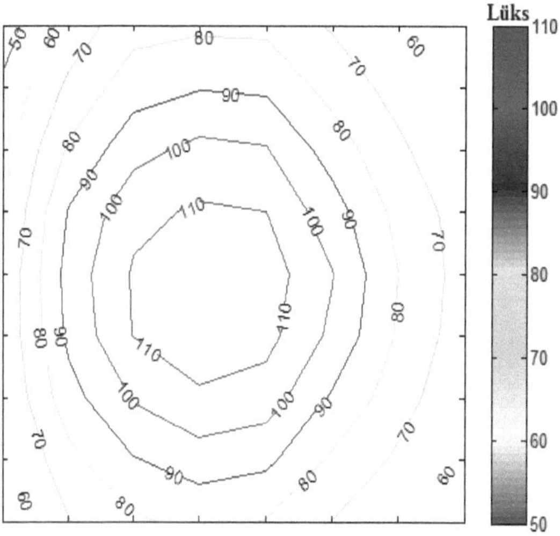

Şekil 3.19 Şampanya rengi yarı direkt aydınlatılmış salonda 4 ay kullanımdan sonra en bilgisi kullanılmadan eğitilen YSA'nın tahmin ettiği aydınlık düzeyi dağılımı

4 ay sonra şampanya renk yarı direkt aydınlatılmış salona ait ortalama aydınlık düzeyi E_{ort}=76,73 lüks tür. İç mekân en bilgisi olmadan eğitilen YSA'nın tahmin ettiği ortalama aydınlık düzeyi ise E_{ort}=80,72 lüks tür. Görüldüğü üzere en bilgisi olmadan eğitilmiş olan YSA'nın tahmin ettiği

ortalama aydınlık düzeyi gerçek ortalama aydınlık düzeyi değerinde 4 lüks fazla çıkmıştır. Bu da %5.21 hata demektir.

4. SONUÇLAR

İdeal bir aydınlatma siteminde en temel amaç gereksiz aydınlatma yapmadan veekonomik koşullar altında çalışma düzleminde uygun aydınlığın sağlanmasıdır. Yani amaç yıpranma çarpanını 1 değerinde tutmak ya da 1'e yaklaştırmaktır. Aydınlık düzeyinin ilk tasarım aşamasında gerek ışık akısı yöntemi gibi sayısal hesaplama yöntemleriyle gerekse Dialux, Relux ve Calculux gibi aydınlatma tasarım programlarıyla uygun ve doğruseçilmesi, sonrasında da izin verilen ölçütler çerçevesindeideal aydınlık düzeyinin sürekliliğinin sağlanmasıaydınlatma tekniğinin önemli konularından biridir. Aydınlatma benzetim programlarısistemin ilk kurulum aşamasında kurulacak sistemin tasarlanmasında kolaylık sağlarlar. Fakat asıl sorun mevcut bir aydınlatma sistemininbelirli kullanım zamanından sonra değerlendirilmesidir ve bu değerlendirme işlemi aydınlatma tekniğinde hala karmaşık bir problem olarakyerini korumaktadır. Bir iç mekânda aydınlatma kavramı irdelendiğindeen önemli unsur iç mekân içerisindeki aydınlık düzeyi dağılımıdır. İç mekândaki lüks dağılımı sayesinde mekândaki aydınlığın uygun olup olmadığına karar verilebilir. Bu nedenle hem bir aydınlatma sisteminin ilk kurulum aşamasında hem de ileriki zamanlarda uygun aydınlığın olup olmadığının kontrolü için aydınlık düzeyinin tespiti gerekir. Bir iç mekândaki aydınlık dağılımının uygunluğu, o mekânda bulunan insanların psikolojilerini, fizyolojilerini, yaptıkları işe odaklanmalarını ve dolayısıyla yapılan işin kalitesini, hatalarını yani iş verimini önemli ölçüde etkiler. Aynı zamanda uygun olmayan bir aydınlatma enerji kayıplarını da beraberinde getirir. Bu kayıplar boşa harcanan elektrik enerjisi olabildiği gibi iş kazaları gibi önemli kayıplar da olabilir.

Yukarıda söz edilenlere ek olarak aydınlatma sisteminin kurulduğu mekânın renk seçimi de aydınlık düzeyi dağılımı üzerinde önem arzetmektedir. Renk değişiminde ortam içerisindeki aydınlık düzeyi dağılımıda değişmektedir. Yani aydınlatma sistemini kurup belirli bir zaman sonra mekân rengini zevke göre değiştirmek uygun değildir. Eğer mevcut rengin yerine kullanıdığımız rengin renksel geriverim endeksi çok ise kamaşmaya, eğer mevcut rengin yerine kullandığımız rengin renksel geriverim endeksi düşükse görme zorluklarına, iş kazalarına, psikolojik ve fizyolojik problemlere yol açmaktadır. Aynı şekilde iyi tasarlanmış bir iç mekânda aydınlatma elemanının türü hesaplamalara uygun olmadan keyfi olarak değiştirilirse bu da aydınlatmanın türüne göre (direkt, yarı direkt, karma, yarı endirekt, endirekt) kamaşma ve görme bozukluğu gibi olumsuzlukları beraberinde getirecektir. Bu açıdan olaylara bakıldığında aydınlatma sistemi tasarımının profesyonel bir iş olduğu aşikârdır. Gerek ilk kurulum aşaması gerekse sonrasında yapılan periyodik bakım planları amacına en uygun bir şekilde yapılmalıdır. Yanlış bir aydınlatma gereğinden fazla ya da az seçilen aydınlık seviyesi ekonomik kayıpları, görme bozukluklarını, psikolojik sorunları, fizjolojik bozuklukları, iş kazalarını vb. olumsuzlukları beraberinde getirecektir.

Bir aydınlatma sistemi nekadar iyi tasarlanırsa tasarlansın zaman içerisinde performansı düşmektedir. Bilindiği üzere lambaların ışık akılarında zamanla bir azalma söz konusudur ve buna ek olarak aydınlatma sisteminin kullanımı boyunca çevresel koşullardan ötürü aydınlatma aygıtlarında ve oda yüzeylerinde kirlilik ve toz birikmesi meydana gelmektedir. Bu iki sebep iç mekân içerisindeki çalışma düzlemi üzerindeki aydınlık düzeyi dağılımında kayıplara, azalmalara yol açmaktadır fakat sistemin elektrik sarfiyatında herhangi bir değişiklik olmamaktadır. Bu da aynı enerji miktarına karşılık daha az aydınlık düzeyi anlamına gelmektedir. Bu durum tespit edilip kontrol altına alınmazsa ışığa dönüşemeyen enerji miktarı her geçen gün daha da artacak demektir. Dolayısıyla bir iç mekânda aydınlatma sisteminin kullanımında belirli bir zaman sonra çalışma düzleminde yeterliaydınlığınolup olmadığının kontrol edilmesi gerekecektir. Aksi halde istenilen seviyede aydınlık düzeyinin sağlanamaması durumunda sistemin bakımının yapılması vehatta yenilemelere gidilmesi gerekmektedir. Uluslararası Aydınlatma Komisyonu CIE (Commission Internationale De L'eclairage) bir aydınlatma sisteminin ortalama ömrünün sonunda, sistemdeki aydınlatma elemanlarının yenilenmesini öneriyor. Sistem üzerinde ortalama ömür tespiti çok zor olduğu gibi ortalama ömür süresi kadar geçen süre zarfında gerek aydınlatma elemanının yıpranmasından gerekse kirlenmelerden ve tozlanmalardan ötürü sistem içerisindeki ışık akısı miktarı sürekli azalacaktır. Yani CIE'nin önerisine göre başlangıç zamanı ile ortalama ömür arasında kalan zaman diliminde ışığa dönüşemeye enerjinin önüne geçmek mümkün olmamaktadır.

Belirli bir zaman diliminden sonra bir iç mekân içerisinde aydınlatma sisteminin bakım zamanının tespiti için bu iç mekân içerisinde çalışma düzlemi üzerinde belirli noktalarda belirli sayıda aydınlık düzeyi (lüks) ölçümleri yapılması gerekmektedir. Yapılan bu noktasal aydınlık düzeyi ölçümlerinden sonra ortalama aydınlık düzeyi belirlenir ve bu ortalama aydınlık düzeyinden yola çıkarak sistemin yıpranma çarpanı hesap edilir. Bulunan yıpranma çarpanına göre sisteme müdahale edilir. Bu hesaplama yukarıda da anlatıldığı gibi uzun ve yorucu ölçümlersonucunda mümkün olabilmektedir. Bu çalışmanın yapılmasında amaç tüm bu uzun zaman alan yorucu ölçümlerden kurtulmak ve bu ölçümleri az sayıda ölçümden yola çıkarak yapay sinir ağlarına tahmin ettirmektir. Yani yapay sinir ağına iç

mekân rengi, en, boy, yükseklik, aydınlatma türü bilgilerinin yanında az sayıda ölçüm sonucunu girdiğimizde mekân içerisindeki tüm aydınlık düzeyi dağılımını Y.S.A' ya buldurmak amaç edinilmiştir. Böylece, bir iç mekândaaydınlatmasistemlerindeki bakım eksikliklerinden, mekân kirlenmesinden, aydınlatma elemanlarındaki ışık akısı kayıplarından ve yanlış aydınlatma türü seçiminden kaynaklanan aydınlık düzeyi yetersizliklerine daha kolay, daha hızlıve doğru bir şekilde müdahale amaçlanmıştır. Tüm bunlara ek alarak doğru zaman da yapılan doğru müdahale ile sistemin enerji tasarrufu yüzde oranının hesap edilmesi hedeflenmiştir. Çalışmalar neticesinde aşağıdaki sonuçlar elde edilmiştir:
Calculux, dialux, relux gibi aydınlatma simulasyon programları ile iyibir aydınlatma sitemi tasarımı yapılabilir fakat bu ve benzeri programlarla ya da hesaplama teknikleriyle belirli bir kullanım zamanından, aydınlatma sistemindeki belirli deformasyonlardan sonra mekân içerisindeki çalışma düzlemi üzerindeki aydınlık düzeyini heasap etmek tek tek çok sayıda ölçüm dışında mümkündeğildir. Tek tek tüm noktaları da ölçmek çok zor ve çok zaman gerektiren bir uğraştır. Bu açıdan bakıldığındayapay sinir ağları (YSA) ile az sayıda ölçüm ile ortam içerisindeki tüm aydınlık dağılımını tahmin etmek mümkündür. İç mekân rengi, aydınlatma türü, oda en, boy ve yüksekliği gibi fiziksel özelliklerle az sayıda ölçümden yola çıkarak ortamın aydınlık düzeyi dağılımının YSA ile bulunması ilk defa bu çalışmada uygulanmıştır.
Bu uygulama sayesinde herhangibir zamanda ortam içerisinde çalışma düzlemi üzerindeki aydınlık düzeyi dağılımını üç boyutlu olarak görme imkânı bulunmuş ve sisteme daha doğru müdahale imkânı sağlanmıştır.

Bir iç mekânda aydınlık düzeyi dağılımında duvar rengi, aydınlatma türü, mekân boyutları gibi bağımsız değişkenler iç mekân içerisindeki aydınlık düzeyi dağılımı (bağımlı değişken) üzerinde önemli ölçüde belirleyici niteliğindedir. Bu bağımsız değişkenlerin belirleyiciliğini ve oluşturulan modelin anlamlılığını teyit etmek amacıyla çok değişkenli regresyon analizi yapılmıştır ve her bir bağımsız değişkenin bağımlı değişkenlerle ilişkisi ortaya konulmuştur. Elde edilen belirlilik katsayılarının (R^2)1'e çok yakın değerler olduğu gözlemlenmiştir. Bu da mekân özelliklerden yola çıkarak YSA kullanılarak ortam içinde üç boyutlu aydınlık düzeyi dağılımı tahmini yapılması olayını mantıklı ve sayısal temeller üzerine oturtulmasına olanak sağlamıştır. Kurulan model üzerinde bağımsız değişkenler değiştirilerek ortam içindeki aydınlık düzeyi değişimleri incelenmiş ve daha gerçekçi aydınlatma hesaplamaları yapılmıştır. Bu değişkenler değiştirilmek suretiyle farklı mekân özellikleri için faklı tahmin sonuçlarının elde edilmesinin mümkün olduğu ispatlanmıştır.

İç mekân içerisindeki aydınlık düzeyi değılımında iç mekânın en ve boy bilgilerinin (bağımsız değişken) iç mekân içerisindeki lüks dağılımı (bağımlı değişken) üzerinde etkisinin hangi ölçüde belirleyici niteliğinde olduğunu test etmek amacıyla iç mekân en ve boy değişkenlerinin kullanılmadığı bir yapay sinir ağları eğitilmiştir. 4 ay sonra şampanya renk yarı direkt aydınlatılmış salona ait ortalama aydınlık düzeyi E_{ort}=76,73 lüks olarak ölçülmüştür. İç mekân boy bilgisi olmadan eğitilen YSA'nın tahmin ettiği ortalama aydınlık düzeyi E_{ort}=81,5 lüks tür. İç mekân en bilgisi olmadan eğitilen YSA'nın tahmin ettiği ortalama aydınlık düzeyi ise E_{ort}=80,72 lüks tür. Görüldüğü üzere en bilgisi olmadan eğitilmiş olan YSA'nın tahmin ettiği ortalama aydınlık düzeyi gerçek ortalama aydınlık düzeyi değerinde 4 lüks fazla çıkmıştır. Bu da %5.21 hata demektir. Boy bilgisi olmadan eğitilmiş olan YSA'nın tahmin ettiği ortalama aydınlık düzeyi gerçek ortalama aydınlık düzeyi deęerinde 5 lüks fazla çıkmıştır. Bu da %6,5 hata demektir. Yukarıdaki %5,2 ve %6,5'lik hata oranlarından da anlaşıldığı gibi iç mekân eni ve boyu iç mekân aydınlık düzeyi dağılımı üzerinde etkilidir. Gerçekte sistemin yıpranma çarpanı Yç=1.31 olarak ölçülmüştür. Boy bilgisi olmadan yıpranma çarpanı Yç =1,065 olarak bulunmuştur. En bilgisi olmadan yıpranma çarpanı ise Yç =1.075 olarak bulunmuştur.

Çalışmada iki farklı iç mekân kullanılmıştır. Kullanılan bu iki farklı iç mekândan ilkinde şampanya ve bej, ikincisinde şampanya ve krem rengi kullanılmıştır. Yine bu iki iç mekânlarda sırasıyla yarı direkt, karma ve yarı endirekt aydınlatma türleri kullanılmıştır. Neticede bu bağımsız değişkenler değiştirilerek çalışma için 12 farklı ortam elde edilmiştir. Tasarlanan yapay sinir ağı sistemi oluşturulan 12 farklı ortam türü için, %0 ile %100 verimler dâhil olmak üzere beş farklı aydınlık seviyesinde eğitilmiştir. Bu sebeple lambaların ışık akılarındaki azalma hangi düzeyde olursa olsun, kayıplar ne oranda olursa olsun ortamdaki aydınlık düzeyi dağılımı yapay sinir ağı ile tahmin edilip modellenebilmektedir. Aynı şekilde duvar rengi, aydınlatma türü ve mekân boyutları değişse bile iç mekân içerisindeki aydınlık düzeyi dağılımı yapay sinir ağı ile tahmin edilip modellenebilmektedir. Yani standartlarda belirtilen en az noktada ölçümlerden alınan değerler ile teknik ve fiziksek özellikler birleştirilip neticesinde mekân içerisindeki aydınlık dağılımı haritası oluşturulan YSA tarfından çıkartılabilmektedir. Burada yapılan ölçümler ise CIE'nin standartlarına uygun olarak yapılmıştır.

Yapay sinir ağının tahmin ettiği iç mekân içerisindeki aydınlık düzeyi dağılımı Matlab ortamındaüç boyutlu olarak modellenmiş ve çalışma yüksekliğindeki düzlem üzerindeki izolüks (eş aydınlık) grafiği çıkartılmıştır. Bu eğrilerde belirtilen değerler arasına kalanaydınlık düzeyleri aynı renkle gösterilmiş ve izolüks eğrilerisayesinde ortam içindeki aydınlığın düzgünlüğü ile ilgili karar verme olanağı sağlanmıştır. Yapay sinir ağında girdi verisi olarak bağımsız değişkenlerin yanında az sayıda lüks değerinin kullanılması ve hedef değeri olarak ise mekân içerisindeki birçok noktadaki aydınlık düzeyi değerinin kullanılması, az sayıda ölçümden yola çıkarak tüm mekânın aydınlık dağılımının tahmin edilmesine ve medelllenmesine olanak sağlamıştır. Bu kolaylık ise aydınlatma sisteminde zaman içerisinde oluşabilecek yetersizliklere daha kolay ve çabuk müdahale edilmesine ve sistemin iyileştirilmesineolanak sağlamıştır.

Belirli bir zaman diliminden, aydınlatma elemanlarındaki yıpranmalardan ve lamba ve duvarlarda bir miktar kirlenme meydana geldikten sonra mekân içerisinde test amaçlı tüm noktalarda aydınlık düzeyi ölçümleri yapılmıştır. Sonrasında aynı ortam şartları kullanılarak eğitilen yapay sinir ağına ortam içerisindeki aydınlık düzeyi dağılımı tahmin ettirilmiştir. Gerçek aydınlık düzeyi dağılımı ile YSA'nın tahmin ettiği aydınlık düzeyi dağılımınınneredeyse aynı olması YSA'nın aydınlık düzeyi tahminindeki başarısını ortaya koymuştur. Bu başarı kurulan modelin ve yapılan çoklu regresyon analizinin doğruluğunuda teyit eder niteliktedir.
YSA kullanılarak kurulu bir aydınlatma sisteminin aydınlık düzeyi dağılımı, yıpranma çarpanı, verimi ve bunlardan yola çıkarak bakım zamanının tespiti sağlanmıştır. Bu tespitlerenerji tasarrufu temeline dayalı aydınlatma yapılmasına katkıda bulunularak enerji verimliliği sağlanmasına olanak tanımıştır. Bu sayede ışığa dönüşmeyen enerjinin önüne geçilmiştir.

Bir iç mekânda kullanılan duvar rengine göre yarı endirekt aydınlatma türü yerine yarı direkt aydınlatma türünün kullanılması, aydınlık düzeyi dağılımında %15 ile %20'lik bir farkı beraberinde getirdiği görülmüştür. Bir iç mekânda kullanılan duvar rengine göre karma aydınlatma türü yerine yarı direkt aydınlatma türünün kullanılması, aydınlık düzeyi dağılımında yaklaşık %5 ile %10'luk bir farkı beraberinde getirdiği görülmüştür.

Bir iç mekânda kullanılan duvar rengine göre yarı endirekt aydınlatma türü yerine karma aydınlatma türünün kullanılması, %15 ile %23'lük bir farkı beraberinde getirdiği görülmüştür.

Bir iç mekânda tasarım aşamasında aydınlatma türünün bilinçli olarak seçilmesi iç mekânda ferahlığın yanı sıra bir takım enerji tasarruflarını da beraberinde getirdiği görülmüştür.

İç mekân aydınlık şiddeti dağılımında ve dolayısıyla bina enerji tüketiminde iç mekânda kullanılan aydınlatma türünün etkili olduğu sayısal olarak kanıtlanmıştır.

Bir mekânın gerçek boyutları sabit tutulduğu halde farklı renkler kullanılarak, farklı boyutsal etkiler ortaya çıkarmanın mümkün olduğu ve açık renkli mekânların olduğundan büyük algılanmalarına, koyu renkli mekânların ise küçük algılanmalarına neden olduğu sayısal olarak ispatlanmıştır.

Bir iç mekânda aydınlık düzeyi dağılımında ve dolayısıyla bina enerji tüketiminde mekân renginin etkili olduğu sayısal olarak kanıtlanmıştır.

Bu çalışmanın sonucunda gerçek zamanlı ölçüm sonuçları ile eğitilen YSA modelinin tahmin ettiği sonuçlar karşılaştırılmıştır. Modellenen iç mekân aydınlık düzeyi dağılımlarının nerdeyse aynı olduğu gözlenmiştir. Bu sayede YSA kullanılarak iç mekân aydınlatmasında aydınlık düzeyi dağılımının gerçeğe yakın olarak modellenmesi sağlanmıştır. Bu çalışma sayesindekullanılmakta olan bir aydınlatma sisteminin hem yeterliliği hem de aydınlık dağılımının düzgünlüğü ile ilgili çok sayıda bilgiye ulaşılmıştır. Uzun deneysel ölçümler sonucunda ortaya konulabilecek çözüm önerileri YSA sayesindekolaylaştırılmıştır. Aydınlatma elemanlarındaki yıpranmaya bağlı yetersizliklerden, tozlanmadan, kirlenmeden ve iç mekân duvarlarında zamana bağlı oluşan kirlenmeden kaynaklanan yetersizliklerin tespitinde büyük kolaylık sağlamıştır. YSA sayesinde bakım planlarının belirlenmesin de kolaylaşmıştır.

İç mekân aydınlatmasında aydınlık düzeyi dağılımı tahmininde YSA kullanımı genişletilebilir. Yani yapay sinir ağı eğitiminde daha farklı değişkenler kullanılıp çok daha farklı özelliklerdeki ortamların aydınlık düzeyi dağılımları YSA'ya tahmin ettirilebilir. Bu da tahminlerin çeşitli mekânlarda uygulanmasına olanak sağlayacaktır [167-168].

KAYNAKLAR

[1] Şahin, M., Büyüktümtürk, F., Oğuz, Y. (2013) Yapay Sinir Ağları ile Aydınlık Kalitesi Kontrolü. AKU J. Sci. Eng. 13, (1-10).

[2] Şahin, M., Oğuz, Y., Büyüktümtürk, F. (2014) İç Mekân Aydınlatmasında Renk Seçiminin Aydınlatma Ekonomisi ve Görselliğe Etkisi. Makine Teknolojileri Elektronik Dergisi.

[3] Şahin, M., 'Yapay Sinir Ağları İle Dâhili Ortamlardaki Aydınlık Düzeyinin Analizi', Marmara Üniversitesi Fen Bilimleri Enstitüsü, Yüksek Lisans Tezi, İstanbul, 2010.

[4] Kaya, E., 'Aydınlatma Kontrolünün Enerji Verimliliğine Katkısı, VI. Ulusal Aydınlatma Sempozyumu ve Sergisi Bildirileri', 24-25 Kasım, İzmir, Türkiye, 2011.

[5] Moleculer Expressions, basic electromagnetic wave properties, http://micro.magnet.fsu.edu/primer/java/wavebasics/, (14.02.2014).

[6] Boşlukta Elektromanyetik (Işık) Dalga', Türkiye bilimler akademisi ulusal açıkder malzemeleri, http://www.acikders.org.tr/, (28.11.2014).

[7] Bilim ve Teknoloji Dergisi, http://www.biltek.tubitak.gov.tr/, (28.11.2014).

[8] Electromagnetic spectrum, http://en.wikipedia.org/wiki/Electromagnetic_spectrum, (15.02.2013).

[9] Elektromanyetik Spektrum, http://guide.ceit.metu.edu.tr/thinkquest/tapndx5.htm, (15.02.2013).

[10] Görme olayı ve gözün yapısı , www.fenokulu.net, Erişim Tarihi:19.02.2013 , (16.02.2014).

[11] Güvenkaya, G. (2008) İlköğretim Dersliklerinde Aydınlatma Enerjisi Yönetimi Açısından Yönlere Göre Uygun Cephe Seçeneklerinin Belirlenmesi Üzerine Bir Yaklaşım. İ.T.Ü Fen Bilimleri Enstitüsü Mimarlık Anabilim Dalı, Doktora Tezi, İstanbul, Türkiye.

[12] Özkaya, M., (1998) 'Aydınlatma Tekniği', Birsen Yayınevi, İstanbul.

[13] The Correlation of Models of Vision and Visual Performanc (2002) Commission Internationale de L'Eclairage, CIE Publication, Vienna, Avustria.

[14] Görgülü S., Kocabey S., Yüksek İ., Dursun B. (2010) Enerji Verimliliği Kapsamında Yapılarda Doğal Aydınlatma Yöntemleri: Kırklareli Örneği. Uluslar arası

II. Trakya Bölgesi Kalkınma-Girişimcilik Sempozyumu, 1-2 Ekim, İğneada, Kırklareli, Türkiye.

[15] Yavuz, C. (2004) Aydınlatma Türk Milli Komitesi, Stadium Lighting Tecniques-Applications Around The World And Turkey, İstanbul, Türkiye.

[16] Kocabey, S. (2008) İç Hacimlerde Aydınlık Düzeyi Dağılımının Bulunması ve Sonlu Elemanlar Yöntemi İle İncelenmesi. Doktora Tezi, Marmara Üniversitesi Fen Bilimleri Enstitüsü, İstanbul, Türkiye

[17] Doğan, H. (2004) Sonlu Farklar Yöntemiyle Aydınlatma Hesabının Analizi. Yüksek Lisans Tezi, Marmara Üniversitesi Fen Bilimleri Enstitüsü, İstanbul, Türkiye

[18] The Impact of Lighting on Office Workers, Steelcase Workplace Index.: www.steelcase.com, (12.8.2009).

[19] History of Lighting and Lamps, http://inventors.about.com/od/lstartinventions/a/lighting.htm, (10.12.2012)

[20] Arc lamp. http://en.wikipedia.org/wiki/Arc_lamp#cite_note-slingo-2, (10.12.2012).

[21] Luckiesh, M. (1920) Lighting The Home. The Century Co. Newyork.

[22] Küçükdoğu, M. Ş., (2005), 'Temel Aydınlatma Bilgileri-2', Best Dergi, İstanbul,

[23] Özkaya, M. (2004) Aydınlatma Tekniği. İ.T.Ü Elektrik-Elektronik Fakültesi, İstanbul, Türkiye.

[24] Kocabey, S., Dursun, B. (2004) İç Aydınlatmada Etkin Enerji Kullanımı İle İlgili Bir Uygulama". 3e Electrotech Dergisi, Sayı: 127.

[25] Yener, K.A. (2007) Binalarda Günışığından Yararlanma Yöntemleri: Çağdaş Teknikler. VIII. Ulusal Tesisat Mühendisli Kongresi, Sempozyum Bildirisi, 231-241, İzmir, Türkiye.

[26] Capeluto, I.G. (2003) The influence of the urban environment on the availability of daylighting in Office buildings in Israel. Building and Environment, 744-751.

[27] Leslie, R.P. (2003) Capturing the daylight dividend in buildings: why and how?. Building and Environment, 381-385.

[28] Daylight İn Buildings, A Source Book On Daylighting Systems And Components(2010) Energy Conservation İn Buildings & Solar Heating and Cooling Programmes, Daylight in Buildings, Annex.

[29] Özlü, K. (2008) Konut Yaşama Mekânlarında Yapay Aydınlatma. Yüksek Lisans Tezi, Karadeniz Teknik Üniversitesi Fen Bilimleri Enstitüsü, Trabzon, Türkiye

[30] Proffesionel Lighting Desing. http://pldturkiye.com/, (10.12.2012).

[31] Gordon, G. (2003) Interior Lighting for Designers. Fourth Edition, John Wiley & Sons, Inc. Canada.

[32] Şahin, M. Y., Oğuz, Büyüktümtürk, F., (2014) "*Technical and Economical Compare Semi Direct and Semi Indirect Lighting''*, LightWorld, Lighting Industry, 27, pp. 146-170.

[33] Yapar, T. (2007) Aydınlatma Otomasyonu İle Enerji Tasarrufu. Yüksek Lisans Tezi, Yıldız Teknik Üniversitesi Fen Bilimleri Enstitüsü, İstanbul, Türkiye

[34] Dursun, B. (2005) Dâhili Ortamlarda Aydınlatma Hesaplama Tekniklerinin Analizi Ve Bir Uygulama Örneği. Marmara Üniversitesi Fen Bilimleri Enstitüsü, Yüksek Lisans Tezi, İstanbul, Türkiye

[35] Lighting Language, http://www.ieslightlogic.org/lighting-language/, (19.02.2013).

[36] Led Lighting Blog, http://www.eneltec-led.com/LED-Lighting-Blog/, (10.12.2012).

[37] Dünyanın En Büyük Havaalanı, http://www.teknomag.com/dunyanin-en-buyuk-havaalani-acildi_p3424_1.html, Tarihi:19.02.2013

[38] Sirel, Ş. (1991) Aydınlatma Tekniği Nedir?. Yapı Fiziği Uzmanlık Uygulamaları, İstanbul, Türkiye.

[39] Çetin F.D., Gümüş B., Özbudak Y.B. (2003) Aydınlatma Özelliklerinin Ergonomik Açıdan Değerlendirilmesi. II. Ulusal Aydınlatma Sempozyumu ve Sergisi Bildirileri, 08-10 Mayıs, Diyarbakır, Türkiye.

[40] Şahin, M. Y., Oğuz, Büyüktümtürk, F. (2014) "Karma ve Yarı Endirekt Aydınlatma Türlerinin Teknik ve Ekonomik Yönden Karşılaştırılması'', Balıkesir Üniversitesi Fen Bilimleri Enstitüsü Dergisi, BAUFBE-201406186362.

[41] E, A. Kürkçü. Çakar, İ. Zeyrek, S. (2013) İşyerinde Aydınlatma. Çalışma ve Sosyal Güvenlik Bakanlığı İş Sağlığı ve Güvenliği Enstitüsü Müdürlüğü (İSGÜM), Bilgi Dokümanları, Ankara, Türkiye.

[42] Smith, N. A. (2000) 'Lighting For Health and Safety2, Butterworth-Heinemann, London, England.

[43] Temel Elektrik & Elektronik, En Az Aydınlık Düzeyleri Tablosu , http://www.elektrotekno.com/about31582.html, (19.02.2014).

[44] Şenol, B., (1998), Çalışma Masalarında Kullanılan Aydınlatma Aygıtlarının Performanslarının Ölçme Yöntemi İle Değerlendirmesi", Yüksek Lisans Tezi, İTÜ, İstanbul.

[45] Kocabey, S. (1999) Dâhili ortamlarda aydınlık seviyesinin kontrolü ile enerji tasarrufunun sağlanması. Yüksek Lisans Tezi, Marmara Üniversitesi Fen Bilimleri Enstitüsü, , İstanbul, Türkiye

[46] Alma E., Taylor, F. (2000) Illumination Fundamentals. Lighting Research Center, Rensselaer Polytechnic Institute.

[47] Samedov, F. Durak, M. (2003) Metrolojik Kapsamda Optik Ölçüm ve Kalibrasyonlar. TMMOB V. Ulusal Ölçübilim Kongresi, 09-10 Ekim, Eskişehir, Türkiye.

[48] Malman,D. (2005) Lighting for Librarie's. Architectural Lighting Design, and provided through the Libris Design Project. San Francisco.

[49] Cost Estimating Simplified. http://www.librisdesign.org/, (10.12.2012).

[50]Sancak. V. (2009) Endüstriyel Tesislerde Aydınlatma Tekniği Açısından Enerji verimliliği, Ulusal Aydınlatma Sempozyumu ve Sergisi Bildirileri, 07-08 Mayıs, İzmir, Türkiye.

[51] Radyan tanımlanması, http://mathworld.wolfram.com/Radian.html, (19.09.2012).

[52] Çolak, N. (1999) 'Ofis Aydınlatma Kontrol Sistemlerinde Kullanılacak Verilerin Yapay Sinir Ağları İle Belirlenmesi', Doktora Tezi, İTÜ, İstanbul.

[53] Solid Angles, http://www.intl-lighttech.com/, (20.09.2012).

[54] EPA's Green Lights An Energy Star Pragram (1997) Lighting Fundamentals. Air and Radiation, United States Environmental Protection Agency.

[55] Aydınlatma Aygıt Tasarımı Temel İlkeleri, http://okulsel.net/docs/index-6863.html, (02.10.2012)

[56] Sirel, O. (2004) Fotometrik Ölçmeler. Yapı Fiziği Uzmanlık Enstitüsü, Teknolüks Semineri, Türkiye.

[57] Gürdal O., Üncü.İ.S. (2007) 'Armatürlerin Üç Boyutlu Işık Şiddet Dağılımlarının Bilgisayar Ortamında Formülasyonu ve Görselleştirilmesi', Gazi Üniversitesi Mühendislik ve Mimarlık Fakültesi Dergisi, pp 331-337, Ankara, Türkiye.

[58] Lüksmetre, http://www.aktuelresim.com/Word/l%C3%BCksmetre, (02/10/2013)

[59]Techno Team, Swivelling goniophotometer for lamps and small luminaires,

http://www.technoteam.de/index_eng.html, (11.12.2012)

[60] Professional Test Equipments, http://www.multimeterwarehouse.com/index.htm, (11.12.2013)

[61] Goniophotometer, http://www.isuzuoptics.com.tw/product/rigolist.htm, (02.10.2012)

[62] Light Measurements, http://www.optronik.de/,%20Optronik%20Berlin%20GmbH, (11.12.2012).

[63] Commission:, (2000), IES Lighting Handbook, Reference Volume, Illuminating Engineering Society of North America (IESNA), New York.

[64] Aydınlatma Birimleri ve Denklemler, http://www.m3muhendislik.net/, (10.01.2013)

[65] Commission, (1993), 'Philips Lighting Manual', Philips, Eindhoven.

[66] Commission, (1997), 'Lighting Fundamentals2, EPA's Greenlights, Washington, USA.

[67] Electric Lighting, http://phcjam.blogspot.com.tr/2011/07/electric-lighting-lamps-efficacy.html, (17.07.2014)

[68] Erdem, S. (2007) Aydınlatma Mühendisliğinde İleri Yöntemlerle Çözüm Teknikleri. Gazi Üniversitesi Fen Bilimleri Enstitüsü Elektrik Elektronik Mühendisliği, Yüksek Lisans Tezi, Ankara, Türkiye

[69] Sirel, S. (1997) Müzelerde ve Bürolarda Aydınlatma, Yapı Fiziği Uzmanlık Enstitüsü, İstanbul, Türkiye.

[70] Sirel, S. (1996) Aydınlatma Tasarımında Temel Kurallar. Yapı Fiziği Uzmanlık Enstitüsü, istanbul, Türkiye.

[71] Anderson, E, A., Ketch, J,M. (2013) Depreciation of Lighting Equipment Due to Dust and Dirt. Illuminating Engineering Society (IES).

[72] Onaygil, S. (2007) Aydınlatmanın Temel Prensipleri, Tedaş Semineri, 23-24 Ocak.

[73]Luger, G.F. (2005) Artificial intelligence: structures and strategies for complex problem solving. 5th Edition, Addison Wesley, USA.

[74]Simon, H,A. (1995) Artificial İntelligence: An Empirical Science. Artificial Intelligence, 77, 95-127.

[75]Flynn, J. R.(2008) What is intelligence? Beyond the Flynn effect. Netherlands Journal of Psychology, 64(1), 41-43.

[76] Bobrow, D.G., Brady, J.M. (1998) Artificial Intelligence 40 Years Later. Artificial Intelligence, Elsevier, 103, [1-4].

[77] Şen, Z. (2002) Üç Türk İslam Bilim ve Düşünce Adamı', İstanbul Teknik Üniversitesi İnşaat Fakültesi & Su Vakfı Yayınları, İstanbul, Türkiye.

[78] Russell S.; , Norvig P, (2003) Artificial Intelligence. A Modern Approach, 2nd Edition, New Jersey, 16-25.

[79] Mehrotra, K., Mohan,C.K., Ranka, S. (2000) Elements Of Artificial Neural Network. 2nd Edition, Massachusetts Institute of Technology, 4-6.

[80] Kocabaş, Ş. (2000) Yapay Zekâ Araştırma ve Uygulama Alanları. İTÜ, Uçak ve Uzay Bilimleri Fakültesi, Uzay Müh. Bölümü Ders Notları

[81] McBride, R.D., O'Leary, E.D. (1993) Use of mathematical programming with artificial intelligence and expert systems. Elsevier, 70(1), 1–15.

[82] Schlieper, W.A., Isenhour, T.L., Marshall, J.C. (1988) Complexometric Analysis Using An Artificial Intelligence Driven Robotic System. Analytical Chemistry, 60, 1142-1145, USA.

[83] Ladislav, M., Dusan, S. (1988) Application of expert systems in the situational control of robotic technical complexes. Artificial Intelligence, 14, 87-96, Czech Republic.

[84] Witte, R., Sateli, B., Khamis, N., Rilling, J. (2011) Intelligent software development environments: Integrating natural language processing with the eclipse platform. 24th Canadian Conference on Artificial Intelligence, 6657, 408-419, Canada.

[85] Uğur, L.O. (2007) Yapı Maliyetinin Yapay Sinir Ağı İle Analizi. Doktora Tezi, Gazi Üniversitesi Fen Bilimleri Enstitüsü, Ankara, Türkiye

[86] Kalogirou, S.A. (1999) Applications of Artificial Neural Networks in Energy Systems a Review. Energy Conversion and Management, 40, 1073-1087.

[87] Medsker, L.R. (1997) The future of artificial neural networks could be bright. Computers/Control engineering, 10, 28-9, Washington, DC, USA.

[88] Saoud, S., Khellaf, A. (2011) A neural network based on an inexpensive eight-bit microcontroller. Neural Computing and Applications, 20, 329-334, Algeria.

[89] Villaverde, I., Granna, M. (2011) Neuro-evolutionary mobile robot egomotion estimation with a 3D ToF camera. Neural Computing and Applications,.20, 345-354, Spain.

[90] Cristea, V.M., Hosu A., Sandru, M., Seserman, L. (2011) Antioxidant a. Neural networks, 127, 1323-1328, Romania.

[91] Li, Y., Ma, W. (2010) Applications of Artificial Neural Networks in Financial Economics: A Survey. Computational Intelligence and Design (ISCID), China.

[92] Matić, D., Kulić, F., Sanchez, M.P., Llinares, J.P. (2010) Artificial Neural Networks Eccentricity Fault Detection of Induction Motor. Fifth International Multi-conference on Computing in the Global Information Technology, pp.1, Serbia.

[93] Sözen A., Akçayol M.A. (2004) Modelling (Using Artificial Neural-Networks) the Performance Parameters of a Solar-Driven Ejector-Absorption Cycle.Applied Energy, 309-325.

[94] Yazıcı, A.C. (2007) Artificial Neural Networks": revıew. Türkiye Klinikleri J Med Sci, Başkent Üniversitesi Tıp Fakültesi Biyoistatistik ve Fizyoloji Anabilim Dalı, 65-71, Ankara, Türkiye.

[95] Kalogirou S.A. (2000) Artificial Neural Networks in Renewable Energy Systems Applications: A Review. Renewable and Sustainable EnergyReviews. 373-401.

[96] Kalogirou S. A. (2000) Long-Term Performance Prediction of Forced Circulation Solar Domestic Water Heating Systems Using Artificial Neural Networks.Applied Energy, 61–75.

[97] Artificial Neural Networks Technology, http://www.psych.utoronto.ca/users/reingold/courses/ai/cache/neural2.html, (01.02.2014)

[98] Jin, L.V.(2007) Summary of Artificial Neuron Model Research. Industrial Electronics Society, 33rd Annual Conference of the IEEE, 5-8 Nov.

[99] Öztemel, Ç. (2003) Yapay Sinir Ağları. Papatya Yayıncılık 49-52.

[100] Conference Publications, Electronic Technology Directions to the Year 2000, 1995. (1995) Proceedings, Introduction to artificial neural Networks, 36-6223-25 Adelaide, USA.

[101] Yadav, R.N. (2003) Classification using single neuron. Industrial Informatics, Proceedings. IEEE International Conference on, 21-24 Aug.Kanpur, India.

[102] Wortock, J., M., M., (2002). Brain Based Learning Principles Applied to the Teaching of Basic Cardiac Code to Associate Degree Nursing Students Using the

Human Patient Simulator, Doctor of Philosophy, University of South Florida, Florida, USA.

[103] Thomas, P. B. (2001). The Implication of Brain Research in Preparing Young Children to Enter School Ready to Learn, The Florida Agricultural and Mechanical University College of Education, Doctor of Philosophy, Florida, USA.

[104] Neural-Plasticity.
http://www.wisegeek.com/what-is-neural-plasticity.htm, (14.11.2012)

[105] Demirel Ö. (2011) Öğrenme ve Yöntemleri Öğretme Sanatı. Pegem Akademi Yayıncılık, 17. Basım, Ankara.

[106] Demirel Ö. (2012) Kuramdan Uygulamaya Eğitimde Program Geliştirme, Pegem Akademi Yayıncılık, 18. Basım, Ankara.

[107] Sönmez, V. (2004) Dizgeli Eğitim. Anı Yayıncılık, Ankara

[108] Anderson, J.A. (1995) An Introduction to NeuralNetworks. The M.I.T Press.

[109] Artificial Neural Networks.
http://en.wikipedia.org/wiki/Artificial_neural_network, (13.11.2012)

[110] Activation Function Neural Networks.
http://en.wikibooks.org/wiki/Artificial_Neural_Networks/Activation_Functions, (14.11.2012)

[111] Laurene Fausett, L. (1994) Fundamentals Of Neural Network, Architectures, Algorithms, And Applications.

[112] Freeman, J.A., Skapura, D.M. (1991) Neural Networks Algorithms, Applications, and Programming Techniques. Computation and Neural Systems Serıes, Addison-Wesley Publishing Company, ISBN 0-201-51376-5, pp 4-6.

[113] Takçı, H. (2013) İlk Yapay Sinir Ağları, Gebze Yüksek Teknoloji Estitüsü, Bilgisayar Mühendisliği Bölümü, Ders Notları, Gebze, Türkiye.

[114] Wasilewska, A., Vaidya, A., Anjali, A., Durgadas, D., Natarajan, J. (2013) Neural NetworksCourse Notes. State University of New York at Stony Brook, U.S.A

[115] Lee T.T., Jeng J.T., (1998)The Chebyshev-Polynomials-Based Unified Model Neural Networks for Function ApproximationSystems, Man, and Cybernetics, Part B, IEEE Transactions, 28(6), 925-935.

[116] Bayraktar, H. (2009) Yapay Sinir Ağlarıyla Uydu Görüntüleri Spektral Bant Aralıklarının Mavi Bant Örneğinde Modellenmesi. Yıldız Teknik ÜniversitesiFen Bilimleri Enstitüsü, Doktora Tezi, İstanbul, Türkiye.

[117] Krenker, A., Bešter, J., Kos, A. (2011) Introduction to the Artificial Neural Networks. Artificial Neural Networks - Methodological Advances and Biomedical Applications, InTech, 1-362.

[118] Mellit, A., Sağlam, S, Kalogirou, S.A. (2013) Artificial neural network-based model for estimating the produced power of a photovoltaic module. Renewable Energy, Elsevier, 60, 71–78.

[119] Kisi, O., Kim, S., Shiri, J. (2013) Estimation of dew point temperature using neuro-fuzzy and neural network techniques. Theoretical and Applied Climatology, 114(3-4),365-373.

[120] Chavoshi, S., Sulaiman, W.N.A., Saghafian, B., Sulaiman, M.N.B., Manaf, L.A. (2013) Flood prediction in southern strip of Caspian Sea watershed. Water Resources, 40(6),593-605.

[121] Palmé, T., Fast, M. And Thern, M. (2011) Gas Turbine Sensor Validation Through Classification With Artificial Neural Networks'. Applied Energy, 88(11), 3898–3904.

[122] Cedeño, M. A., Domínguez,J.Q., Andina, D. (2011) WBCD Breast Cancer Database Classification Applying Artificial Metaplasticity Neural Network. Expert Systems with Applications, Elsevier, 38(8), 9573–9579.

[123] Cios, K.J., Shin, I. (1995) Image Recognition Neural Network: IRNN. Neurocomputing, Elsevier, 7(2), 159–185.

[124] Xu, L., Meng, Q.H., Wang, K., Lu, W., aqnd Li, N. (2009) Pulse İmages Recognition Using Fuzzy Neural Network.Expert Systems with Applications, Elsevier, 36(2), 23805–3811.

[125] Ibai, N.F., Hosani, H.I., M. Naqbi, R.M., Dhanhani, S., and Shehhi, S. (2011) Iris Recognition Using Artificial Neural Networks. Expert Systems with Applications, Elsevier, 38(5), 5940–5946.

[126] Joly, R.B., Ogaji, S.O.T., Singh, R., and Probert , S.D. (2004) Gas-turbine diagnostics using artificial neural-networks for a high bypass ratio military turbofan engine. Applied Energy, Elsevier, 78(4), Pages 397–418.

[127] Yeh, C., LiangLin, C., Wu,T.M., Yen, C.W., and J.F. (2008) A Neural Network-Based Diagnostic Method For Solitary Pulmonary Nodules. Neurocomputing, Elsevier, 72(1–3), 612–624.

[128] Intrator, O., Intrator, N. (2001) Interpretıng Neural-Network Results: A Sımulatıon Study. Computational Statistics and Data Analysis, Elsevier, 37(3), 373–393.

[129] Vural, B.B. (2007) Yapay Sinir Ağları İle Finansal Tahmin. Ankara Üniversitesi Sosyal Bilimler Enstitüsü İşletme Anabilim Dalı, Yüksek Lisans Tezi, Ankara, Türkiye.

[130] Khan I. M., Frayman Y., and Nahavandi, S. (2009) Mixed Transfer Function Neural Networks for Knowledge Acquisition. Industrial Technology, IEEE International Conference on , Date of Conference: 10-13 Feb. Gippsland, VIC.

[131] Alpdoğan, Y., Bilge, H. Ş. (2009) Kendinden Düzenlenen Haritalar İle Ders İçeriklerinin Sınıflandırılması.Gazi Üniversitesi Müh. Mim. Fak. Dergisi, 24(2), 303-310.

[132] Yapay Sinir Ağlarına Giriş, http://www.ahmetkakici.com/yazilim/yapay-sinir-aglarina-giris/, (03.02.2010)

[133] Yapay Sinir Ağları, http://tr.wikipedia.org/wiki/Yapay_sinir_ağları, (14.11.2010)

[134] Design and Simulate Neural Networks, http://www.mathworks.com/, (18.11.2012)

[135] Demuth, H.; Beale, M. (2000) Neural Network Toolbox For Use With Matlab. Sixth printing, User's Guide, Version 4.

[136] Akdoğan, H., Kumru, P.Y., Temiz, B. (2010) Üretim Aşamasındaki Transformatörlerin Demir Kayıplarının Yapay Sinir Ağları ile Belirlenmesi. 3e Electtotech, 193, Kocaeli.

[137] Lai W.K., Coghill, G.G. (1991) Hard-Limiting Non-Linear Functions in Artificial Neural Networks. Neural Networks, IEEE International Joint Conference on,18-21 Nov, New Zealand.

[138] Erler, M., Sağıroğlu, Ş., Beşdok, E. (2003) 'Mühendislikte Yapay Zeka Uygulamaları-1. Yapay Sinir Ağları, Ufuk Yayıncılık, Kayseri.

[139] Kurban. R. (2006) Neural Networks User Guide Version 5 Derleme. Erciyes Üniversitesi Fen Bilimleri Enstitüsü, Kayseri, Türkiye

[140] Özel, Y. (2006) Farklı Kömür Yakıtları İle Elektrik Enerjisi Üretimi ve Yakıt Performansının Yapay Zekâ Yöntemi Kullanılarak Saptanması., Doktora Tezi, Marmara Üniversitesi Fen Bilimleri Enstitüsü, İstanbul, Türkiye.

[141] Beale, H.M., Hagan, T.M., Demuth, B.H. (2012) Neural Network Toolbox User's Guide. Revised for Version 8.0 (Release 2012b).

[142] Yavuz S, Deveci, M. (2012) İstatiksel Normalizasyon Tekniklerinin Yapay Sinir Ağın Performansına Etkisi. Erciyes Üniversitesi İktisadi ve İdari Bilimler Fakültesi Dergisi, 40, 167-187.

[143] Saranya C, Manikandan, G. (2013) A Study on Normalization Techniques for Privacy Preserving Data Mining. International Journal of Engineering and Technology 5(3), 2701-2704.

[144] Visalakshi K, N., Thangavel, K. (2009) Impact of Normalization in Distributed K-Means Clustering. International Journal of Soft Computing, 4(4), 168-172.

[145] Çuhadar, M., Kayacan, C. (2005). Yapay Sinir Ağları Kullanılarak Konaklama İşletmelerinde Doluluk Oranı Tahmini. AnatoliaTurizm Araştırmaları Dergisi, 16(1), 24-30.

[146] Maomao, C. Zhao, Jing, Z. (2012) Application Of BP Neural Network İn Evaluating E-Business Performance For Service İndustry, International Journal Of Networking And Virtual Organisations,10(3-4) Pp. 374-385.

[147] Ondrej, K. (2011) Utilization Of C# Neural Networks Library İn İndustry Applications. İn; 1st International Conference On E-Technologies And Networks For Development, Icend 2011, August 3, 2011 - August 5, 2011, Dar Es Salaam, Tanzania, United Republic Of.

[148] Changsong, C., Shanxu, D., Tao, C., Bangyin, L. (2011) Online 24-h Solar Power Forecasting Based On Weather Type Classification Using Artificial Neural Network. Solar Energy, Elsevier, 85(11), 2856-2870.

[149] Bayındır, R., Sağıroğlu, Ş. ve Çolak, İ. (2007) Yapay Sinir Ağları Tabanlı Reaktif Güç Kompanzasyonu.

[150] Sağıroğlu, Ş., Çolak, İ. ve Bayındır, R. (2006) Power Factor Correction Technique Based on Artificial Neural Networks. Energy Conversion and Management, 47(18), 3204-3215.

[151] Milivojevic, M., Stopic, S., .,Friedrich, B., Stojanovic, B.,Drndarevic, D. (2012) Computer Modeling Of High-Pressure Leaching Process Of Nickel Laterite By Design Of Experiments and Neural Networks. Internatıonal Journal Of Mınerals Metallurgy And Materıals, 19(7), 584-594.

[152] Najmaei, N Kermani, M. R. (2011) Applications Of Artificial Intelligence İn Safe Human-Robot Interactions. Ieee Transactıons On Systems Man And Cybernetıcs Part B-Cybernetıcs, 41(2), 448-459.

[153] Eski, I., Erkaya, S., Serta S., Sahin Y. (2011) Fault Detection On Robot Manipulators Using Artificial Neural Networks, Robotics And Computer-Integrated Manufacturing, Elsevıer, 27(1), 115-123.

[154] Francisca Nonyelum Ogwueleka N.F., Sanjay MisraS., Colomo-PalaciosR., Fernandez L. (2012) Neural Network And Classification Approach İn İdentifying Customer Behavior İn The Banking Sector: A Case Study Of An İnternational Bank, Human Factors And Ergonomics İn Manufacturing & Service Industries. A Wiley Company.

[155] Nicholas C., Vasileios B., Agis S (2011) A New Approach İn Financial Modelling With The Aid of Artificial Neural Networks. Journal Of Algorithms And Computational Technology, 5(3), 513-529.

[156] Yuhong L., Weihua M. (2010) Applications Of Artificial Neural Networks İn Financial Economics: A Survey, In; 3rd International Symposium On Computational Intelligence And Design, Vol. 1, Pp. 211-214, China.

[157] Ze Feng W., Zarader, Jean-Luc Z., Sylvain A. (2012) Aircraft Fault Diagnosis And Decision System Based On İmproved Artificial Neural Networks, In: Ieee/Asme International Conference On Advanced Intelligent Mechatronics, Aım 2012, France.

[158] Karacor, A.G., Torun, E., Abay, R. (2011) Aircraft Classification Using Image Processıng Techniques And Artificial Neural Networks, International Journal of Pattern Recognition and Artificial Intelligence, 25(8), 1321-1335.

[159] Al-GarniZ.A., Jamal A. (2011) Artificial Neural Network Application Of Modeling Failure Rate For Boeing 737 Tires, Willey, 27(2), 209–219.

[160] Alkim, E., Gurbuz, E., Kilic, E. (2012) A Fast And Adaptive Automated Disease Diagnosis Method With An İnnovative Neural Network Model. Neural Networks, Vol. 33, 88-96.

[161] Biglarian A., Bakhshi E., Gohari M.R., Khodabakhshi R. (2012) Artificial Neural Network For Prediction Of Distant Metastasis İn Colorectal Cancer. Asian Pacific Journal Of Cancer Prevention: Apjcp. 13(3), 27-30

[162] Shukla A., Kaur P., Tiwari R. (2009) Janghel Ieee International Advance Computing Conference, Mar 06-07, Patiala, India.

[163] Polak S., Skowron A., Brandys J., Mendyk A. (2008) Artificial Neural Networks Based Modeling For Pharmacoeconomics Application. Applied Mathematics and Computation, 203(2) Issue: 2 Pages: 482- 492.

[164] Mendez, D.G., Johnsson, M., Paya A.S., Fernandez, D.R. (2008) Artificial Neural Networks For Diagnoses Of Dysfunctions İn Urology.Healthınf 2008: Proceedıngs Of The Fırst Internatıonal Conference On Health Informatıcs, Vol 2 Pages: 191-196.

[165] Sağıroğlu, Ş. (2006)Yapay Sinir Ağları ve Mühendislik Uygulamaları, Erciyes ÜniversitesiMühendislik Fakültesi, Bilgisayar Mühendisliği Bölümü, Kayseri, Türkiye.

[166] Commission, (2001) Interior Lighting Code. British Standards Institution, *CIBSE*, London, England.

[167] Şahin, M. Y., Oğuz, Büyüktümtürk, F. ', Approximate and Three-Dimensional (2015) Modeling of Brightness Levels in Interior Spaces by Using Artificial Neural Networks.Journal of Electrical Engineering & Technology, 10(4): pp: 1823-1830.

[168] Şahin, M. Y., Oğuz, Büyüktümtürk, F. (2015) 'Examination of Interior Lighting Categories in terms of Energy Consumption and Ergonomic of Buildings' Journal of Environmental Science, Computer Science and Engineering & Technology, Sec. A; Vol.4.No.3, pp. 409-426.

EKLER

Ek 1. Yapay Sinir Ağı Eğitiminde Kullanılan Verilerinin Normalize Edilmiş Hali

EK 2. Multi Lineer Regresyon Analizi Sonuçları

Ek 1. Yapay Sinir Ağı Eğitiminde Kullanılan Verilerinin Normalizasyonu.

Tablo 3.1 Şampanya rengi %100 güçle yarı direkt aydınlatılmış salondaki aydınlık düzeyi dağılımlarının normalize edilmiş hali

0,416429	0,46	0,52	0,590714	0,617857	0,602857	0,542857	0,484286	0,434286
0,446429	0,502857	0,593571	0,690714	0,742857	0,714286	0,625	0,541429	0,473571
0,478571	0,538571	0,672143	0,792857	0,857143	0,842857	0,721429	0,601429	0,509286
0,493571	0,567143	0,728571	0,871429	0,921429	0,914286	0,807143	0,654286	0,537143
0,492857	0,582143	0,75	0,892857	0,942857	0,921429	0,814286	0,668571	0,543571
0,477143	0,57	0,728571	0,785714	0,885714	0,785714	0,757143	0,619286	0,513571
0,446429	0,525	0,631429	0,75	0,792857	0,764286	0,678571	0,575	0,493571
0,408571	0,472143	0,545	0,628571	0,672143	0,656429	0,589286	0,520714	0,46
0,355714	0,407857	0,479286	0,539286	0,570714	0,562857	0,522143	0,468571	0,421429

Tablo 3.2 Şampanya rengi %75 güçle yarı direkt aydınlatılmış salondaki aydınlık düzeyi dağılımlarının normalize edilmiş hali

0,382143	0,424286	0,476429	0,531429	0,546429	0,53	0,486429	0,435	0,384286
0,410714	0,467857	0,535714	0,619286	0,649286	0,635	0,548571	0,480714	0,417143
0,437143	0,507857	0,609286	0,721429	0,764286	0,764286	0,642143	0,53	0,450714
0,449286	0,532857	0,662143	0,785714	0,821429	0,828571	0,721429	0,570714	0,475714
0,45	0,539286	0,678571	0,807143	0,85	0,835714	0,735714	0,584286	0,481429
0,437143	0,517857	0,653571	0,792857	0,814286	0,785714	0,692143	0,569286	0,477857
0,409286	0,476429	0,573571	0,685	0,728571	0,700714	0,616429	0,526429	0,451429
0,372857	0,430714	0,501429	0,572143	0,61	0,597143	0,537857	0,479286	0,422143
0,321429	0,374286	0,441429	0,495714	0,520714	0,515714	0,478571	0,434286	0,389286

Tablo 3.3 Şampanya rengi %50 güçle yarı direkt aydınlatılmış salondaki aydınlık düzeyi dağılımlarının normalize edilmiş hali

0,185	0,207143	0,230714	0,26	0,262857	0,258571	0,235	0,212857	0,190714
0,198571	0,227143	0,26	0,289286	0,308571	0,302857	0,263571	0,235	0,169286
0,212143	0,246429	0,282143	0,301429	0,367143	0,365	0,312143	0,263571	0,219286
0,215	0,262143	0,308571	0,370714	0,392857	0,395714	0,352857	0,285714	0,231429
0,222857	0,264286	0,317857	0,38	0,401429	0,395714	0,358571	0,288571	0,235
0,210714	0,252143	0,296429	0,360714	0,377143	0,364286	0,322143	0,271429	0,23
0,2	0,231429	0,275714	0,311429	0,322857	0,320714	0,283571	0,249286	0,218571
0,182143	0,209286	0,243571	0,276429	0,273571	0,270714	0,262857	0,227143	0,202857
0,157857	0,174286	0,215	0,240714	0,256429	0,252143	0,232857	0,208571	0,187143

Tablo 3.4 Şampanya rengi %25 güçle yarı direkt aydınlatılmış salondaki aydınlık düzeyi dağılımlarının normalize edilmiş hali

0,050071	0,055429	0,063929	0,071286	0,075714	0,073571	0,067786	0,060429	0,055786
0,053857	0,061357	0,072143	0,082143	0,087857	0,085714	0,077143	0,070143	0,061857
0,059786	0,066714	0,080714	0,095	0,103571	0,104286	0,087857	0,075714	0,067071
0,061571	0,072143	0,085714	0,105	0,111429	0,113571	0,098571	0,081429	0,071429
0,061857	0,074286	0,088571	0,107857	0,115	0,115	0,1	0,085714	0,072143
0,059143	0,072857	0,087857	0,105	0,110714	0,105	0,091429	0,075714	0,065571
0,054786	0,066857	0,077857	0,09	0,097143	0,093571	0,082857	0,072143	0,062071
0,049571	0,059071	0,069429	0,077857	0,082857	0,080714	0,074286	0,065143	0,056643
0,043214	0,050429	0,058214	0,067429	0,071429	0,0705	0,068357	0,057857	0,053286

Tablo 3.5 Şampanya rengi %0 güçle yarı direkt aydınlatılmış salondaki aydınlık düzeyi dağılımlarının normalize edilmiş hali

0	0	0	0	0	0	0	0	0
0	0	0	0	0	0	0	0	0
0	0	0	0	0	0	0	0	0
0	0	0	0	0	0	0	0	0
0	0	0	0	0	0	0	0	0
0	0	0	0	0	0	0	0	0
0	0	0	0	0	0	0	0	0
0	0	0	0	0	0	0	0	0
0	0	0	0	0	0	0	0	0

Tablo 3.6 Krem rengi %100 güçle yarı direkt aydınlatılmış salondaki aydınlık düzeyi dağılımlarının normalize edilmiş hali

0,467143	0,517143	0,571429	0,623571	0,660714	0,639286	0,588571	0,529286	0,470714
0,495	0,557857	0,643571	0,728571	0,778571	0,75	0,671429	0,584286	0,512143
0,523571	0,601429	0,728571	0,857143	0,892857	0,864286	0,757143	0,656429	0,552143
0,537143	0,633571	0,792857	0,928571	0,978571	0,942857	0,814286	0,698571	0,580714
0,54	0,653571	0,807143	0,921429	1	0,957143	0,842857	0,697143	0,587143
0,527143	0,629286	0,771429	0,878571	0,95	0,928571	0,807143	0,670714	0,57
0,488571	0,563571	0,690714	0,785714	0,842857	0,828571	0,728571	0,625	0,541429
0,447857	0,509286	0,598571	0,694286	0,728571	0,714286	0,645	0,574286	0,509286
0,39	0,441429	0,519286	0,597143	0,634286	0,62	0,577143	0,527857	0,476429

Tablo 3.7 Krem rengi renkli %75 güçle yarı direkt aydınlatılmış salondaki aydınlık düzeyi dağılımlarının normalize edilmiş hali

0,437857	0,484286	0,532857	0,582857	0,615714	0,592857	0,544286	0,487143	0,438571
0,462143	0,520714	0,595714	0,685714	0,757143	0,69	0,617857	0,538571	0,476429
0,490714	0,56	0,670714	0,785714	0,842857	0,807143	0,711429	0,597143	0,512143
0,503571	0,583571	0,742857	0,864286	0,907143	0,878571	0,764286	0,639286	0,532857
0,502857	0,603571	0,75	0,871429	0,914286	0,892857	0,785714	0,632857	0,539286
0,48	0,565	0,7	0,807143	0,864286	0,857143	0,75	0,621429	0,532857
0,449286	0,520714	0,630714	0,728571	0,771429	0,764286	0,681429	0,577857	0,512143
0,41	0,464286	0,542143	0,629286	0,669286	0,658571	0,592143	0,535714	0,48
0,356429	0,406429	0,477143	0,541429	0,578571	0,571429	0,535714	0,495714	0,447143

Tablo 3.8 Krem rengi renkli %50 güçle yarı direkt aydınlatılmış salondaki aydınlık düzeyi dağılımlarının normalize edilmiş hali

0,195714	0,217857	0,24	0,261429	0,264286	0,264286	0,241429	0,221429	0,195714
0,208571	0,235	0,265	0,289286	0,305	0,292143	0,271429	0,242857	0,21
0,220714	0,251429	0,291429	0,349286	0,368571	0,350714	0,297857	0,262857	0,225
0,225714	0,262857	0,319286	0,377857	0,412143	0,382143	0,329286	0,277857	0,237857
0,226429	0,265714	0,321429	0,387143	0,394286	0,385714	0,337857	0,273571	0,244286
0,222143	0,257857	0,3	0,355	0,382857	0,377143	0,324286	0,265714	0,239286
0,207857	0,242143	0,285	0,318571	0,342857	0,335714	0,285714	0,259286	0,228571
0,261429	0,217143	0,250714	0,282857	0,291429	0,282857	0,267143	0,242143	0,217143
0,157143	0,188571	0,221429	0,251429	0,261429	0,26	0,244286	0,225	0,201429

Tablo 3.9 Krem rengi renkli %25 güçle yarı direkt aydınlatılmış salondaki aydınlık düzeyi dağılımlarının normalize edilmiş hali

0,058071	0,065	0,072857	0,079286	0,081429	0,078571	0,073571	0,065714	0,058
0,062571	0,070286	0,08	0,090714	0,095	0,090714	0,081429	0,072143	0,063357
0,066143	0,075	0,089286	0,106429	0,112857	0,1	0,090714	0,079286	0,068286
0,068	0,079286	0,098571	0,116429	0,122143	0,117857	0,102143	0,084286	0,072143
0,0685	0,081429	0,099286	0,115714	0,122857	0,119286	0,105	0,085	0,072857
0,066643	0,079286	0,095	0,110714	0,118571	0,116429	0,098571	0,082857	0,071429
0,066071	0,076429	0,087857	0,102143	0,107143	0,105	0,09	0,077857	0,068429
0,059643	0,068143	0,077857	0,086429	0,090714	0,089286	0,081429	0,072857	0,064143
0,051929	0,056786	0,068857	0,076429	0,079286	0,078571	0,073571	0,066429	0,059429

Tablo 3.10 Krem rengi renkli %0 güçle yarı direkt aydınlatılmış salondaki aydınlık düzeyi dağılımlarının normalize edilmiş hali

0	0	0	0	0	0	0	0	0
0	0	0	0	0	0	0	0	0
0	0	0	0	0	0	0	0	0
0	0	0	0	0	0	0	0	0
0	0	0	0	0	0	0	0	0
0	0	0	0	0	0	0	0	0
0	0	0	0	0	0	0	0	0
0	0	0	0	0	0	0	0	0
0	0	0	0	0	0	0	0	0

Tablo 3.11 Şampanya rengi %100 güçle karma aydınlatılmış salondaki aydınlık düzeyi dağılımlarının normalize edilmiş hali

0,422857	0,468571	0,541429	0,597857	0,619286	0,602143	0,543571	0,49	0,442857
0,458571	0,510714	0,587143	0,677857	0,714286	0,691429	0,615	0,542143	0,48
0,489286	0,54	0,647857	0,757143	0,792857	0,764286	0,685714	0,594286	0,512143
0,503571	0,563571	0,699286	0,807143	0,828571	0,8	0,742857	0,630714	0,535
0,5	0,571429	0,702143	0,8	0,828571	0,814286	0,757143	0,642857	0,54
0,490714	0,569286	0,692143	0,778571	0,807143	0,807143	0,742857	0,624286	0,53
0,462857	0,532857	0,632143	0,721429	0,757143	0,75	0,677143	0,583571	0,515
0,425	0,484286	0,558571	0,637857	0,675	0,661429	0,608571	0,542143	0,487857
0,374286	0,424286	0,495	0,555714	0,587857	0,579286	0,550714	0,501429	0,453571

Tablo 3.12 Şampanya rengi %75 güçle karma aydınlatılmış salondaki aydınlık düzeyi dağılımlarının normalize edilmiş hali

0,381429	0,422143	0,475714	0,525	0,545714	0,53	0,487143	0,44	0,397857
0,412857	0,459286	0,525714	0,59	0,625	0,632143	0,543571	0,479286	0,428571
0,437143	0,484286	0,577857	0,667857	0,695	0,672857	0,608571	0,525	0,457143
0,449286	0,499286	0,611429	0,714286	0,728571	0,721429	0,667143	0,555	0,475714
0,445	0,505714	0,617857	0,721429	0,735714	0,728571	0,678571	0,563571	0,480714
0,437143	0,487857	0,586429	0,681429	0,713571	0,703571	0,642143	0,544286	0,463571
0,410714	0,452857	0,527857	0,613571	0,647857	0,645714	0,584286	0,517857	0,442143
0,372857	0,410714	0,472857	0,537857	0,571429	0,565	0,529286	0,475714	0,422857
0,324286	0,362143	0,418571	0,471429	0,500714	0,499286	0,479286	0,434286	0,392143

Tablo 3.13 Şampanya rengi %50 güçle karma aydınlatılmış salondaki aydınlık düzeyi dağılımlarının normalize edilmiş hali

0,237857	0,272857	0,290714	0,324286	0,340714	0,33	0,298571	0,277857	0,252857
0,257857	0,272857	0,316429	0,358571	0,360714	0,350714	0,318571	0,279286	0,272857
0,272857	0,286429	0,341429	0,397857	0,400714	0,387143	0,355	0,306429	0,28
0,281429	0,3	0,368571	0,421429	0,42	0,407143	0,380714	0,325	0,280714
0,28	0,303571	0,37	0,415714	0,418571	0,411429	0,390714	0,329286	0,282857
0,271429	0,286429	0,350714	0,392857	0,408571	0,406429	0,377143	0,321429	0,272143
0,255	0,263571	0,317143	0,360714	0,381429	0,377857	0,347143	0,300714	0,258571
0,240714	0,265	0,301429	0,344286	0,361429	0,353571	0,322143	0,282143	0,266429
0,210714	0,238571	0,265	0,301429	0,316429	0,315714	0,294286	0,275714	0,252857

Tablo 3.14 Şampanya rengi %25 güçle karma aydınlatılmış salondaki aydınlık düzeyi dağılımlarının normalize edilmiş hali

0,059286	0,066786	0,075	0,082143	0,085	0,081429	0,076429	0,070071	0,066857
0,062857	0,074286	0,08	0,092143	0,095714	0,094286	0,085714	0,080714	0,072857
0,067857	0,077857	0,087857	0,105	0,102857	0,105714	0,093571	0,085	0,077857
0,072857	0,08	0,095714	0,111429	0,110714	0,113571	0,102143	0,089286	0,08
0,071429	0,08	0,093571	0,110714	0,113571	0,111429	0,105714	0,092857	0,080714
0,069286	0,077857	0,092143	0,109286	0,112857	0,110714	0,100714	0,09	0,079286
0,065	0,074286	0,087143	0,097143	0,101429	0,099286	0,091429	0,079286	0,072143
0,058571	0,067857	0,079286	0,088571	0,091429	0,090714	0,083571	0,074286	0,067643
0,052143	0,058571	0,072143	0,079286	0,084286	0,080714	0,077143	0,068857	0,061714

Tablo 3.15 Şampanya rengi %0 güçle karma aydınlatılmış salondaki aydınlık düzeyi dağılımlarının normalize edilmiş hali

0	0	0	0	0	0	0	0	0
0	0	0	0	0	0	0	0	0
0	0	0	0	0	0	0	0	0
0	0	0	0	0	0	0	0	0
0	0	0	0	0	0	0	0	0
0	0	0	0	0	0	0	0	0
0	0	0	0	0	0	0	0	0
0	0	0	0	0	0	0	0	0
0	0	0	0	0	0	0	0	0

Tablo 3.16 Krem rengi %100 güçle karma aydınlatılmış salondaki aydınlık düzeyi dağılımlarının normalize edilmiş hali

0,485714	0,529286	0,589286	0,641429	0,671429	0,655	0,607143	0,56	0,512857
0,515	0,583571	0,652857	0,735714	0,764286	0,742857	0,689286	0,618571	0,542143
0,547143	0,623571	0,721429	0,821429	0,864286	0,828571	0,757143	0,664286	0,581429
0,554286	0,647857	0,771429	0,871429	0,892857	0,864286	0,785714	0,7	0,602143
0,548571	0,642857	0,764286	0,85	0,871429	0,864286	0,807143	0,703571	0,595714
0,536429	0,627143	0,75	0,821429	0,857143	0,85	0,785714	0,678571	0,59
0,505	0,576429	0,678571	0,757143	0,792857	0,792857	0,721429	0,632857	0,56
0,467143	0,523571	0,062143	0,687143	0,714286	0,704286	0,655714	0,592857	0,53
0,404286	0,455714	0,521429	0,596429	0,628571	0,627143	0,593571	0,543571	0,498571

Tablo 3.17 Krem rengi %75 güçle karma aydınlatılmış salondaki aydınlık düzeyi dağılımlarının normalize edilmiş hali

0,444286	0,491429	0,540714	0,598571	0,613571	0,603571	0,562143	0,517857	0,471429
0,475714	0,529286	0,598571	0,675714	0,714286	0,695	0,635	0,57	0,509286
0,502857	0,561429	0,658571	0,757143	0,8	0,771429	0,700714	0,619286	0,537143
0,518571	0,590714	0,712857	0,814286	0,828571	0,8	0,742857	0,645714	0,556429
0,510714	0,602143	0,721429	0,792857	0,821429	0,807143	0,757143	0,655	0,557857
0,494286	0,572857	0,681429	0,764286	0,792857	0,8	0,735714	0,633571	0,55
0,466429	0,532143	0,629286	0,712857	0,75	0,742857	0,674286	0,591429	0,526429
0,428571	0,485714	0,547143	0,632857	0,662143	0,66	0,602143	0,548571	0,500714
0,375714	0,422143	0,487857	0,552857	0,586429	0,587143	0,549286	0,512143	0,465714

Tablo 3.18 Krem rengi %50 güçle karma aydınlatılmış salondaki aydınlık düzeyi dağılımlarının normalize edilmiş hali

0,262143	0,274286	0,305	0,338571	0,352143	0,349286	0,325	0,297143	0,265714
0,265714	0,302143	0,34	0,381429	0,401429	0,393571	0,36	0,324286	0,287143
0,283571	0,322143	0,370714	0,427143	0,449286	0,436429	0,392143	0,355	0,309286
0,29	0,333571	0,398571	0,452857	0,468571	0,455	0,414286	0,364286	0,323571
0,295714	0,348571	0,412143	0,456429	0,467857	0,46	0,432143	0,377857	0,325
0,285714	0,328571	0,395714	0,435714	0,455	0,456429	0,421429	0,366429	0,320714
0,267143	0,311429	0,364286	0,407857	0,427143	0,423571	0,388571	0,344286	0,302857
0,269286	0,283571	0,187143	0,374286	0,39	0,388571	0,358571	0,324286	0,290714
0,236429	0,263571	0,295714	0,333571	0,352143	0,347857	0,325714	0,300714	0,270714

Tablo 3.19 Krem rengi %25 güçle karma aydınlatılmış salondaki aydınlık düzeyi dağılımlarının normalize edilmiş hali

0,079286	0,086429	0,092857	0,1	0,102857	0,096429	0,09	0,082857	0,075
0,084286	0,091429	0,103571	0,112143	0,117143	0,109286	0,100714	0,09	0,079286
0,077857	0,087857	0,103571	0,117857	0,122857	0,116429	0,106429	0,094286	0,085
0,08	0,090714	0,109286	0,125	0,128571	0,122143	0,112143	0,099286	0,086429
0,079286	0,093571	0,110714	0,124286	0,126429	0,119286	0,115	0,100714	0,087143
0,077857	0,088571	0,103571	0,116429	0,121429	0,12	0,111429	0,094286	0,083571
0,073571	0,082857	0,096429	0,107857	0,113571	0,112857	0,102143	0,088571	0,08
0,065429	0,075	0,085	0,096429	0,099286	0,097857	0,090714	0,082143	0,075714
0,056643	0,064286	0,076429	0,085	0,088571	0,087143	0,082857	0,077143	0,067071

Tablo 3.20 Krem rengi %0 güçle karma aydınlatılmış salondaki aydınlık düzeyi dağılımlarının normalize edilmiş hali

0	0	0	0	0	0	0	0	0
0	0	0	0	0	0	0	0	0
0	0	0	0	0	0	0	0	0
0	0	0	0	0	0	0	0	0
0	0	0	0	0	0	0	0	0
0	0	0	0	0	0	0	0	0
0	0	0	0	0	0	0	0	0
0	0	0	0	0	0	0	0	0
0	0	0	0	0	0	0	0	0

Tablo 3.21 Şampanya rengi %100 güçle yarı endirekt aydınlatılmış salondaki aydınlık düzeyi dağılımlarının normalize edilmiş hali

0,337143	0,380714	0,432857	0,475714	0,502143	0,493571	0,465	0,421429	0,378571
0,367857	0,414286	0,476429	0,532857	0,564286	0,554286	0,515714	0,469286	0,412143
0,389286	0,445714	0,516429	0,594286	0,635	0,625	0,572143	0,508571	0,44
0,400714	0,461429	0,541429	0,634286	0,685714	0,682143	0,615714	0,534286	0,46
0,400714	0,466429	0,547143	0,646429	0,696429	0,693571	0,624286	0,54	0,467143
0,39	0,449286	0,520714	0,582143	0,619286	0,600714	0,540714	0,482143	0,42
0,369286	0,422143	0,482857	0,534286	0,559286	0,549286	0,505	0,457143	0,401429
0,334286	0,383571	0,435714	0,482857	0,504286	0,495	0,463571	0,422143	0,375714
0,288571	0,334286	0,387143	0,428571	0,446429	0,441429	0,420714	0,385714	0,342857

Tablo 3.22 Şampanya rengi %75 güçle yarı endirekt aydınlatılmış salondaki aydınlık düzeyi dağılımlarının normalize edilmiş hali

0,295714	0,332143	0,375	0,412857	0,427857	0,415714	0,384286	0,349286	0,302143
0,322143	0,369286	0,415714	0,457857	0,475	0,465714	0,428571	0,386429	0,335
0,347143	0,397143	0,45	0,502857	0,533571	0,515714	0,47	0,419286	0,365714
0,36	0,416429	0,474286	0,535	0,571429	0,555	0,503571	0,439286	0,381429
0,364286	0,422857	0,481429	0,540714	0,582857	0,563571	0,510714	0,445714	0,39
0,355	0,415714	0,479286	0,532857	0,563571	0,550714	0,502143	0,444286	0,387143
0,332143	0,387143	0,443571	0,492857	0,517857	0,507857	0,472143	0,422143	0,373571
0,304286	0,351429	0,401429	0,445714	0,465	0,457143	0,428571	0,391429	0,345
0,259286	0,302143	0,356429	0,395714	0,412143	0,408571	0,39	0,357143	0,316429

Tablo 3.23 Şampanya rengi %50 güçle yarı endirekt aydınlatılmış salondaki aydınlık düzeyi dağılımlarının normalize edilmiş hali

0,18	0,196429	0,220714	0,244286	0,25	0,245714	0,229286	0,207143	0,192143
0,190714	0,217143	0,244286	0,271429	0,283571	0,276429	0,256429	0,23	0,200714
0,203571	0,232143	0,267857	0,294286	0,310714	0,299286	0,279286	0,251429	0,217143
0,211429	0,242143	0,275	0,317143	0,335	0,322857	0,285	0,262143	0,227857
0,212857	0,249286	0,277143	0,322857	0,339286	0,327857	0,291429	0,265	0,232143
0,207857	0,240714	0,280714	0,303571	0,323571	0,315	0,282857	0,256429	0,223571
0,197857	0,226429	0,259286	0,278571	0,293571	0,283571	0,258571	0,245714	0,214286
0,18	0,206429	0,235714	0,262857	0,272857	0,26	0,250714	0,226429	0,200714
0,158571	0,180714	0,21	0,232857	0,242857	0,24	0,226429	0,207143	0,185714

Tablo 3.24 Şampanya rengi %25 güçle yarı endirekt aydınlatılmış salondaki aydınlık düzeyi dağılımlarının normalize edilmiş hali

0,055643	0,062429	0,070357	0,08	0,079286	0,077857	0,071429	0,065143	0,058214
0,06	0,07	0,076429	0,085714	0,089286	0,086429	0,079286	0,071	0,062857
0,064643	0,074286	0,085	0,096429	0,100714	0,096429	0,087857	0,080714	0,069929
0,067357	0,078571	0,088571	0,101429	0,109286	0,104286	0,095714	0,082857	0,073571
0,067929	0,079286	0,09	0,103571	0,110714	0,106429	0,095	0,082143	0,072143
0,065214	0,072857	0,082143	0,090714	0,092857	0,091429	0,083571	0,075714	0,065857
0,061714	0,071429	0,082143	0,090714	0,092857	0,091429	0,083571	0,075714	0,065857
0,055571	0,064714	0,074286	0,077857	0,083571	0,082857	0,077143	0,070214	0,061643
0,050286	0,055214	0,064714	0,072857	0,074286	0,073571	0,069429	0,062929	0,055714

Tablo 3.25 Şampanya rengi %0 güçle yarı endirekt aydınlatılmış salondaki aydınlık düzeyi dağılımlarının normalize edilmiş hali

0	0	0	0	0	0	0	0	0
0	0	0	0	0	0	0	0	0
0	0	0	0	0	0	0	0	0
0	0	0	0	0	0	0	0	0
0	0	0	0	0	0	0	0	0
0	0	0	0	0	0	0	0	0
0	0	0	0	0	0	0	0	0
0	0	0	0	0	0	0	0	0
0	0	0	0	0	0	0	0	0

Tablo 3.26 Krem rengi %100 güçle yarı endirekt aydınlatılmış salondaki aydınlık düzeyi dağılımlarının normalize edilmiş hali

0,367143	0,407857	0,442857	0,477857	0,493571	0,482143	0,457857	0,426429	0,387857
0,395714	0,44	0,486429	0,530714	0,551429	0,54	0,502143	0,460714	0,421429
0,418571	0,47	0,530714	0,590714	0,627857	0,602857	0,549286	0,496429	0,442143
0,433571	0,49	0,569286	0,637857	0,674286	0,659286	0,591429	0,520714	0,460714
0,434286	0,5	0,58	0,66	0,711429	0,682857	0,615	0,54	0,477143
0,422857	0,485714	0,56	0,628571	0,674286	0,655714	0,601429	0,525714	0,467857
0,402143	0,459286	0,522143	0,580714	0,617143	0,601429	0,556429	0,499286	0,448571
0,389286	0,439286	0,491429	0,542143	0,565	0,562857	0,522857	0,479286	0,43
0,344286	0,385714	0,442857	0,485714	0,505714	0,504286	0,477857	0,442143	0,403571

Tablo 3.27 Krem rengi %75 güçle yarı endirekt aydınlatılmış salondaki aydınlık düzeyi dağılımlarının normalize edilmiş hali

0,341429	0,375714	0,412143	0,444286	0,461429	0,452143	0,422857	0,397857	0,361429
0,366429	0,408571	0,457857	0,496429	0,518571	0,507857	0,470714	0,430714	0,39
0,388571	0,436429	0,492143	0,545714	0,577857	0,561429	0,511429	0,463571	0,415
0,408571	0,465714	0,536429	0,597143	0,64	0,623571	0,557143	0,495	0,435
0,406429	0,471429	0,542143	0,615714	0,650714	0,625	0,565714	0,500714	0,44
0,395714	0,456429	0,523571	0,587143	0,622143	0,603571	0,55	0,487857	0,432143
0,375	0,423571	0,487143	0,538571	0,565714	0,56	0,512857	0,465	0,417143
0,342857	0,385	0,442143	0,491429	0,512143	0,515714	0,475714	0,433571	0,395
0,297857	0,339286	0,396429	0,438571	0,458571	0,455714	0,435	0,402143	0,367143

Tablo 3.28 Krem rengi %50 güçle yarı endirekt aydınlatılmış salondaki aydınlık düzeyi dağılımlarının normalize edilmiş hali

0,206429	0,224286	0,245	0,263571	0,273571	0,264286	0,250714	0,231429	0,211429
0,219286	0,243571	0,26	0,288571	0,300714	0,288571	0,276429	0,252857	0,227143
0,233571	0,260714	0,284286	0,322143	0,337857	0,327143	0,293571	0,272857	0,243571
0,236429	0,27	0,305	0,345	0,365	0,352857	0,316429	0,276429	0,255714
0,235714	0,27	0,310714	0,35	0,369286	0,357143	0,32	0,281429	0,256429
0,229286	0,263571	0,287857	0,324286	0,345714	0,338571	0,309286	0,274286	0,250714
0,215	0,243571	0,275714	0,297143	0,315714	0,307857	0,285	0,267143	0,237857
0,197143	0,221429	0,248571	0,276429	0,28	0,273571	0,273571	0,252143	0,227143
0,174286	0,192857	0,223571	0,247857	0,261429	0,259286	0,248571	0,231429	0,211429

Tablo 3.29 Krem rengi %25 güçle yarı endirekt aydınlatılmış salondaki aydınlık düzeyi dağılımlarının normalize edilmiş hali

0,068571	0,075	0,082143	0,089286	0,092143	0,09	0,085	0,08	0,072857
0,073571	0,081429	0,09	0,101429	0,104286	0,101429	0,094286	0,085714	0,077143
0,077857	0,086429	0,098571	0,112857	0,117143	0,115	0,105	0,098571	0,082857
0,079286	0,091429	0,105	0,119286	0,125	0,122857	0,112857	0,097857	0,086429
0,08	0,091429	0,106429	0,120714	0,127143	0,123571	0,114286	0,1	0,087143
0,077143	0,086429	0,103571	0,114286	0,122857	0,12	0,111429	0,097857	0,086429
0,076429	0,087857	0,097857	0,108571	0,112143	0,112143	0,105	0,093571	0,082143
0,069786	0,077143	0,088571	0,097857	0,101429	0,099286	0,095	0,085714	0,077143
0,061071	0,0675	0,078571	0,086429	0,09	0,09	0,085714	0,08	0,072857

Tablo 3.30 Krem rengi %0 güçle yarı endirekt aydınlatılmış salondaki aydınlık düzeyi dağılımlarının normalize edilmiş hali

0	0	0	0	0	0	0	0	0
0	0	0	0	0	0	0	0	0
0	0	0	0	0	0	0	0	0
0	0	0	0	0	0	0	0	0
0	0	0	0	0	0	0	0	0
0	0	0	0	0	0	0	0	0
0	0	0	0	0	0	0	0	0
0	0	0	0	0	0	0	0	0
0	0	0	0	0	0	0	0	0

Tablo 3.31 Şampanya rengi %100 güçle yarı direkt aydınlatılmış çalışma odasındaki aydınlık düzeyi dağılımlarının normalize edilmiş hali

0,452143	0,472857	0,517143	0,519286	0,525	0,495	0,480714	0,444286	0,418571
0,522857	0,58	0,632143	0,642143	0,662143	0,620714	0,575714	0,53	0,485
0,611429	0,697857	0,785714	0,828571	0,842857	0,785714	0,721429	0,644286	0,567143
0,664286	0,757143	0,835714	0,921429	0,942857	0,9	0,828571	0,735714	0,64
0,704286	0,8	0,885714	0,942857	0,964286	0,921429	0,857143	0,757143	0,66
0,647857	0,728571	0,8	0,871429	0,9	0,857143	0,792857	0,705	0,618571
0,560714	0,633571	0,665	0,706429	0,722143	0,678571	0,655	0,589286	0,529286
0,478571	0,525	0,544286	0,548571	0,553571	0,543571	0,529286	0,488571	0,447857
0,429286	0,448571	0,449286	0,459286	0,457143	0,430714	0,426429	0,392143	0,365714

Tablo 3.32 Şampanya rengi renk %75 güçle yarı direkt aydınlatılmış çalışma odasındaki aydınlık düzeyi dağılımlarının normalize edilmiş hali

0,402143	0,426429	0,460714	0,47	0,473571	0,462143	0,453571	0,42	0,392857
0,463571	0,502857	0,561429	0,582143	0,58	0,572857	0,537143	0,497143	0,455714
0,54	0,617857	0,708571	0,75	0,764286	0,735714	0,681429	0,600714	0,533571
0,612857	0,71	0,792857	0,85	0,871429	0,835714	0,771429	0,677143	0,591429
0,624286	0,728571	0,821429	0,871429	0,892857	0,864286	0,785714	0,701429	0,603571
0,575	0,667143	0,75	0,814286	0,835714	0,8	0,728571	0,637143	0,566429
0,507143	0,559286	0,615714	0,655	0,66	0,647143	0,596429	0,54	0,489286
0,434286	0,466429	0,493571	0,510714	0,507857	0,515	0,485714	0,447857	0,410714
0,376429	0,4	0,416429	0,422143	0,42	0,418571	0,390714	0,361429	0,33

Tablo 3.33 Şampanya rengi %50 güçle yarı direkt aydınlatılmış çalışma odasındaki aydınlık düzeyi dağılımlarının normalize edilmiş hali

0,207143	0,228571	0,243571	0,249286	0,247857	0,235	0,227143	0,212143	0,195714
0,248571	0,265714	0,278571	0,29	0,295714	0,283571	0,263571	0,251429	0,23
0,280714	0,316429	0,352857	0,375714	0,384286	0,359286	0,333571	0,289286	0,265714
0,302143	0,348571	0,384286	0,41	0,425714	0,412857	0,38	0,329286	0,285
0,306429	0,355	0,397857	0,418571	0,437143	0,42	0,385714	0,342857	0,295714
0,286429	0,325	0,362857	0,391429	0,41	0,385714	0,343571	0,300714	0,275
0,261429	0,276429	0,305714	0,327143	0,327857	0,302143	0,275714	0,262143	0,236429
0,215	0,232143	0,25	0,256429	0,258571	0,262143	0,250714	0,23	0,210714
0,187857	0,202857	0,208571	0,214286	0,223571	0,216429	0,2	0,185714	0,171429

Tablo 3.34 Şampanya rengi %25 güçle yarı direkt aydınlatılmış çalışma odasındaki aydınlık düzeyi dağılımlarının normalize edilmiş hali

0,082143	0,087857	0,092143	0,093571	0,094286	0,09	0,086429	0,080714	0,075
0,084286	0,090714	0,098571	0,102857	0,102143	0,101429	0,095714	0,088571	0,086429
0,098571	0,11	0,122857	0,128571	0,131429	0,128571	0,117143	0,105714	0,1
0,11	0,123571	0,139286	0,147857	0,15	0,147143	0,133571	0,118571	0,110714
0,112857	0,127857	0,143571	0,150714	0,154286	0,15	0,137143	0,119286	0,112143
0,105	0,117143	0,128571	0,137857	0,142143	0,134286	0,122857	0,111429	0,102857
0,091429	0,100714	0,107857	0,110714	0,113571	0,108571	0,1	0,092857	0,089286
0,078571	0,083571	0,089286	0,088571	0,088571	0,087143	0,082143	0,077143	0,074286
0,0685	0,071429	0,075	0,075	0,075714	0,072143	0,064643	0,060714	0,056429

Tablo 3.35 Şampanya rengi %0 güçle yarı direkt aydınlatılmış çalışma odasındaki aydınlık düzeyi dağılımlarının normalize edilmiş hali

0	0	0	0	0	0	0	0	0
0	0	0	0	0	0	0	0	0
0	0	0	0	0	0	0	0	0
0	0	0	0	0	0	0	0	0
0	0	0	0	0	0	0	0	0
0	0	0	0	0	0	0	0	0
0	0	0	0	0	0	0	0	0
0	0	0	0	0	0	0	0	0
0	0	0	0	0	0	0	0	0

Tablo 3.36 Bej rengi %100 güçle yarı direkt aydınlatılmış çalışma odasındaki aydınlık düzeyi dağılımlarının normalize edilmiş hali

0,499286	0,504286	0,529286	0,547857	0,547143	0,537143	0,519286	0,492143	0,455
0,555	0,601429	0,657143	0,686429	0,694286	0,665	0,629286	0,572143	0,521429
0,651429	0,728571	0,807143	0,857143	0,864286	0,828571	0,764286	0,692143	0,605714
0,672143	0,771429	0,842857	0,921429	0,957143	0,964286	0,878571	0,764286	0,671429
0,708571	0,807143	0,907143	0,971429	0,985714	0,957143	0,885714	0,785714	0,676429
0,651429	0,742857	0,814286	0,878571	0,907143	0,892857	0,821429	0,721429	0,625
0,569286	0,639286	0,695	0,735714	0,757143	0,735714	0,674286	0,605	0,545
0,486429	0,525	0,552857	0,582143	0,589286	0,567857	0,529286	0,489286	0,462857
0,44	0,465714	0,485714	0,495	0,492857	0,472857	0,435714	0,407857	0,385714

Tablo 3.37 Bej rengi %75 güçle yarı direkt aydınlatılmış çalışma odasındaki aydınlık düzeyi dağılımlarının normalize edilmiş hali

0,442857	0,464286	0,492857	0,507143	0,532143	0,513571	0,493571	0,464286	0,432143
0,524286	0,572143	0,621429	0,656429	0,667857	0,64	0,598571	0,546429	0,497857
0,605714	0,682143	0,764286	0,814286	0,828571	0,792857	0,735714	0,655714	0,580714
0,656429	0,757143	0,857143	0,921429	0,921429	0,885714	0,814286	0,735714	0,639286
0,671429	0,771429	0,857143	0,914286	0,928571	0,9	0,835714	0,742857	0,637143
0,622143	0,71	0,778571	0,828571	0,857143	0,835714	0,764286	0,671429	0,659286
0,540714	0,594286	0,656429	0,692857	0,707143	0,685714	0,635714	0,567857	0,512143
0,467143	0,500714	0,536429	0,552143	0,547857	0,525714	0,501429	0,464286	0,435714
0,41	0,425	0,438571	0,45	0,452857	0,437857	0,403571	0,376429	0,35

Tablo 3.38 Bej rengi %50 güçle yarı direkt aydınlatılmış çalışma odasındaki aydınlık düzeyi dağılımlarının normalize edilmiş hali

0,228571	0,241429	0,257857	0,265714	0,263571	0,257857	0,247857	0,232857	0,217857
0,259286	0,267857	0,292143	0,306429	0,311429	0,301429	0,282143	0,272857	0,252143
0,287857	0,33	0,373571	0,397143	0,407143	0,389286	0,359286	0,347143	0,278571
0,317857	0,373571	0,425	0,457143	0,456429	0,438571	0,402857	0,354286	0,307143
0,324286	0,378571	0,421429	0,450714	0,457143	0,445714	0,411429	0,362857	0,314286
0,301429	0,348571	0,386429	0,410714	0,423571	0,414286	0,38	0,328571	0,29
0,265714	0,297143	0,322143	0,342857	0,35	0,335	0,306429	0,275	0,267857
0,238571	0,260714	0,262143	0,275	0,274286	0,282143	0,260714	0,244286	0,223571
0,212857	0,224286	0,232143	0,238571	0,24	0,231429	0,217857	0,197143	0,185714

Tablo 3.39 Bej renk %25 güçle yarı direkt aydınlatılmış çalışma odasındaki aydınlık düzeyi dağılımlarının normalize edilmiş hali

0,097143	0,106429	0,112143	0,115714	0,115	0,112857	0,108571	0,1	0,092857
0,117143	0,125714	0,135714	0,141429	0,142857	0,138571	0,130714	0,120714	0,110714
0,133571	0,15	0,167143	0,181429	0,183571	0,175	0,162143	0,146429	0,127857
0,147143	0,166429	0,190714	0,205714	0,205	0,196429	0,18	0,159286	0,14
0,148571	0,17	0,19	0,202143	0,205714	0,199286	0,184286	0,170714	0,142143
0,138571	0,155714	0,173571	0,185	0,190714	0,185714	0,167143	0,148571	0,128571
0,118571	0,130714	0,143571	0,152143	0,155	0,15	0,137143	0,122857	0,112857
0,103571	0,112143	0,117857	0,123571	0,124286	0,12	0,113571	0,099286	0,092143
0,085714	0,091429	0,096429	0,097857	0,1	0,097143	0,089286	0,085	0,077857

Tablo 3.40 Bej rengi %0 güçle yarı direkt aydınlatılmış çalışma odasındaki aydınlık düzeyi dağılımlarının normalize edilmiş hali

0	0	0	0	0	0	0	0	0
0	0	0	0	0	0	0	0	0
0	0	0	0	0	0	0	0	0
0	0	0	0	0	0	0	0	0
0	0	0	0	0	0	0	0	0
0	0	0	0	0	0	0	0	0
0	0	0	0	0	0	0	0	0
0	0	0	0	0	0	0	0	0
0	0	0	0	0	0	0	0	0

Tablo 3.41 Şampanya rengi %100 güçle karma aydınlatılmış çalışma odasındaki aydınlık düzeyi dağılımlarının normalize edilmiş hali

0,411429	0,443571	0,468571	0,481429	0,484286	0,475714	0,459286	0,432857	0,402143
0,486429	0,521429	0,559286	0,587143	0,593571	0,57	0,542143	0,507857	0,467143
0,549286	0,615	0,691429	0,728571	0,721429	0,700714	0,648571	0,585	0,527857
0,608571	0,691429	0,764286	0,8	0,792857	0,771429	0,721429	0,652857	0,580714
0,623571	0,708571	0,764286	0,792857	0,8	0,785714	0,742857	0,665714	0,588571
0,581429	0,656429	0,714286	0,75	0,764286	0,75	0,697857	0,622143	0,547143
0,52	0,568571	0,610714	0,649286	0,655	0,625714	0,578571	0,53	0,480714
0,457857	0,489286	0,512857	0,53	0,532857	0,512857	0,485	0,451429	0,410714
0,404286	0,427857	0,445714	0,453571	0,452857	0,434286	0,401429	0,387857	0,362857

Tablo 3.42 Şampanya rengi %75 güçle karma aydınlatılmış çalışma odasındaki aydınlık düzeyi dağılımlarının normalize edilmiş hali

0,393571	0,427143	0,452143	0,464286	0,462857	0,454286	0,439286	0,410714	0,385
0,46	0,488571	0,52	0,54	0,549286	0,536429	0,512857	0,482857	0,444286
0,517857	0,567857	0,630714	0,679286	0,681429	0,652857	0,607857	0,550714	0,497857
0,572143	0,742857	0,728571	0,757143	0,75	0,728571	0,675714	0,613571	0,541429
0,575714	0,659286	0,714286	0,742857	0,75	0,742857	0,701429	0,629286	0,555
0,542143	0,61	0,667857	0,706429	0,721429	0,71	0,653571	0,585	0,524286
0,49	0,535	0,574286	0,602143	0,615	0,592143	0,542857	0,501429	0,456429
0,430714	0,458571	0,485714	0,496429	0,497857	0,479286	0,455714	0,426429	0,395
0,381429	0,406429	0,422143	0,43	0,427857	0,412857	0,388571	0,355	0,329286

Tablo 3.43 Şampanya rengi %50 güçle karma aydınlatılmış çalışma odasındaki aydınlık düzeyi dağılımlarının normalize edilmiş hali

0,191429	0,207143	0,219286	0,223571	0,225714	0,220714	0,212143	0,197143	0,186429
0,22	0,237143	0,257857	0,266429	0,268571	0,260714	0,247143	0,23	0,214286
0,25	0,276429	0,293571	0,308571	0,312857	0,299286	0,280714	0,265714	0,243571
0,269286	0,293571	0,323571	0,337143	0,338571	0,331429	0,312857	0,28	0,256429
0,257857	0,272857	0,299286	0,315714	0,323571	0,318571	0,289286	0,269286	0,243571
0,254286	0,277857	0,295714	0,311429	0,317857	0,311429	0,282857	0,262143	0,237143
0,22	0,243571	0,259286	0,270714	0,275714	0,266429	0,248571	0,23	0,21
0,195	0,209286	0,220714	0,227143	0,227857	0,22	0,207143	0,192857	0,178571
0,179286	0,189286	0,195	0,196429	0,195714	0,188571	0,170714	0,156429	0,147143

Tablo 3.44 Şampanya rengi %25 güçle karma aydınlatılmış çalışma odasındaki

0,047071	0,048786	0,051571	0,051571	0,051929	0,051857	0,050429	0,046786	0,044429
0,054571	0,057214	0,061214	0,061929	0,063857	0,062571	0,060286	0,054571	0,050571
0,062429	0,067429	0,072857	0,075714	0,077143	0,075714	0,070857	0,064929	0,058
0,069071	0,074286	0,080714	0,082143	0,083571	0,082143	0,076429	0,070286	0,063929
0,069929	0,075714	0,082857	0,082857	0,083571	0,082857	0,077143	0,071429	0,065357
0,066571	0,072143	0,083571	0,08	0,080714	0,08	0,073571	0,066286	0,060786
0,057357	0,062786	0,067571	0,070143	0,069071	0,067214	0,061714	0,056786	0,053929
0,050286	0,053357	0,055857	0,056714	0,056071	0,054786	0,052071	0,048571	0,047
0,044571	0,047357	0,048143	0,048286	0,048071	0,046286	0,042429	0,039714	0,038

Tablo 3.45 Şampanya rengi %0 güçle karma aydınlatılmış çalışma odasındaki aydınlık düzeyi dağılımlarının normalize edilmiş hali

0	0	0	0	0	0	0	0	0
0	0	0	0	0	0	0	0	0
0	0	0	0	0	0	0	0	0
0	0	0	0	0	0	0	0	0
0	0	0	0	0	0	0	0	0
0	0	0	0	0	0	0	0	0
0	0	0	0	0	0	0	0	0
0	0	0	0	0	0	0	0	0
0	0	0	0	0	0	0	0	0

Tablo 3.46 Bej rengi %100 güçle karma aydınlatılmış çalışma odasındaki aydınlık düzeyi dağılımlarının normalize edilmiş hali

0,472857	0,504286	0,532143	0,542857	0,545714	0,532857	0,511429	0,482143	0,447143
0,539286	0,587143	0,638571	0,659286	0,665	0,640714	0,610714	0,561429	0,515714
0,616429	0,696429	0,764286	0,785714	0,785714	0,764286	0,721429	0,657857	0,587857
0,67	0,764286	0,835714	0,85	0,85	0,835714	0,792857	0,721429	0,635714
0,674286	0,757143	0,828571	0,85	0,864286	0,871429	0,814286	0,728571	0,645714
0,635	0,710714	0,778571	0,821429	0,835714	0,821429	0,742857	0,666429	0,602857
0,576429	0,629286	0,658571	0,695	0,708571	0,687143	0,635714	0,581429	0,528571
0,500714	0,536429	0,549286	0,569286	0,573571	0,557143	0,526429	0,487857	0,448571
0,438571	0,462857	0,48	0,486429	0,486429	0,468571	0,435	0,398571	0,370714

Tablo 3.47 Bej rengi %75 güçle karma aydınlatılmış çalışma odasındaki aydınlık düzeyi dağılımlarının normalize edilmiş hali

0,432857	0,47	0,495	0,506429	0,508571	0,497857	0,478571	0,451429	0,419286
0,500714	0,541429	0,588571	0,610714	0,61	0,591429	0,564286	0,522857	0,479286
0,567143	0,632857	0,701429	0,728571	0,728571	0,71	0,667857	0,605	0,540714
0,615	0,702143	0,767143	0,785714	0,785714	0,771429	0,728571	0,659286	0,585714
0,622143	0,692857	0,752857	0,778571	0,8	0,8	0,757143	0,670714	0,594286
0,573571	0,642143	0,71	0,742857	0,764286	0,757143	0,700714	0,622143	0,560714
0,512857	0,565	0,617857	0,650714	0,660714	0,639286	0,597857	0,546429	0,497143
0,457857	0,487143	0,517857	0,532857	0,537143	0,523571	0,497143	0,458571	0,423571
0,392143	0,425714	0,442143	0,452143	0,452857	0,437143	0,405714	0,371429	0,344286

Tablo 3.48 Bej rengi %50 güçle karma aydınlatılmış çalışma odasındaki aydınlık düzeyi dağılımlarının normalize edilmiş hali

0,200714	0,216429	0,229286	0,234286	0,221429	0,216429	0,207857	0,195714	0,182143
0,227143	0,245714	0,266429	0,275714	0,265714	0,259286	0,245714	0,227857	0,208571
0,253571	0,276429	0,289286	0,300714	0,300714	0,290714	0,284286	0,262143	0,234286
0,267857	0,286429	0,32	0,329286	0,327857	0,320714	0,302857	0,27	0,252857
0,267857	0,288571	0,316429	0,327857	0,334286	0,335	0,312143	0,27	0,255
0,253571	0,276429	0,294286	0,312857	0,321429	0,317143	0,286429	0,269286	0,24
0,227143	0,247857	0,262143	0,272143	0,276429	0,270714	0,252857	0,232857	0,213571
0,197857	0,170714	0,225714	0,232143	0,233571	0,227857	0,215714	0,196429	0,18
0,174286	0,185714	0,191429	0,195714	0,194286	0,187857	0,174286	0,158571	0,146429

Tablo 3.49 Bej rengi %25 güçle karma aydınlatılmış çalışma odasındaki aydınlık düzeyi dağılımlarının normalize edilmiş hali

0,049357	0,052929	0,055857	0,056929	0,057286	0,055286	0,054	0,050143	0,0465
0,056857	0,062	0,0675	0,0705	0,071286	0,064	0,062214	0,058071	0,052929
0,0655	0,073571	0,08	0,082857	0,083571	0,077143	0,073571	0,068	0,061571
0,070357	0,078571	0,085714	0,088571	0,089286	0,085714	0,081429	0,074286	0,067
0,071429	0,08	0,085	0,088571	0,090714	0,09	0,085	0,075714	0,067143
0,068	0,073571	0,079286	0,082857	0,085714	0,085	0,079286	0,071429	0,064214
0,0575	0,064786	0,069571	0,073571	0,074286	0,072857	0,069571	0,063429	0,056571
0,051429	0,054286	0,057	0,058643	0,060071	0,06	0,0565	0,052286	0,048071
0,046571	0,048714	0,050071	0,050429	0,050857	0,048929	0,045143	0,042143	0,038857

Tablo 3.50 Bej rengi %0 güçle karma aydınlatılmış çalışma odasındaki aydınlık düzeyi dağılımlarının normalize edilmiş hali

0	0	0	0	0	0	0	0	0
0	0	0	0	0	0	0	0	0
0	0	0	0	0	0	0	0	0
0	0	0	0	0	0	0	0	0
0	0	0	0	0	0	0	0	0
0	0	0	0	0	0	0	0	0
0	0	0	0	0	0	0	0	0
0	0	0	0	0	0	0	0	0
0	0	0	0	0	0	0	0	0

Tablo 3.51 Şampanya rengi %100 güçle yarı endirekt aydınlatılmış çalışma odasındaki aydınlık düzeyi dağılımlarının normalize edilmiş hali

0,357857	0,385714	0,405714	0,415714	0,421429	0,412857	0,397143	0,372857	0,347857
0,411429	0,445	0,471429	0,489286	0,497143	0,485714	0,465	0,435	0,404286
0,387857	0,507143	0,545714	0,574286	0,585	0,567857	0,537143	0,5	0,457143
0,498571	0,546429	0,604286	0,645714	0,658571	0,640714	0,596429	0,545	0,49
0,571429	0,65	0,680714	0,721429	0,686429	0,660714	0,637143	0,579286	0,501429
0,564286	0,601429	0,618571	0,645714	0,642143	0,612143	0,564286	0,52	0,473571
0,512857	0,526429	0,543571	0,555	0,551429	0,530714	0,494286	0,463571	0,419286
0,387143	0,427143	0,453571	0,472143	0,473571	0,450714	0,425	0,397857	0,369286
0,355714	0,399286	0,410714	0,395714	0,402143	0,383571	0,356429	0,323571	0,301429

Tablo 3.52 Şampanya rengi %75 güçle yarı endirekt aydınlatılmış çalışma odasındaki aydınlık düzeyi dağılımlarının normalize edilmiş hali

0,334286	0,365	0,382857	0,368571	0,391429	0,382143	0,370714	0,348571	0,317857
0,388571	0,422857	0,447857	0,457143	0,465714	0,458571	0,437857	0,409286	0,377143
0,437857	0,486429	0,521429	0,543571	0,552143	0,538571	0,514286	0,475	0,426429
0,474286	0,522857	0,572857	0,610714	0,62	0,609286	0,563571	0,515714	0,462143
0,481429	0,534286	0,586429	0,620714	0,632857	0,617143	0,570714	0,523571	0,469286
0,452143	0,501429	0,54	0,567857	0,584286	0,568571	0,534286	0,492857	0,449286
0,415	0,453571	0,476429	0,495	0,502143	0,496429	0,472857	0,437143	0,397857
0,37	0,397143	0,409286	0,424286	0,425714	0,422143	0,400714	0,371429	0,339286
0,322857	0,347857	0,353571	0,361429	0,37	0,349286	0,325	0,298571	0,271429

Tablo 3.53 Şampanya rengi %50 güçle yarı endirekt aydınlatılmış çalışma odasındaki aydınlık düzeyi dağılımlarının normalize edilmiş hali

0,205714	0,225	0,237857	0,245	0,247143	0,242857	0,233571	0,22	0,201429
0,237857	0,260714	0,266429	0,277143	0,278571	0,284286	0,276429	0,255714	0,232857
0,268571	0,287857	0,313571	0,328571	0,328571	0,323571	0,304286	0,280714	0,265
0,291429	0,325	0,361429	0,38	0,385714	0,372143	0,349286	0,315	0,276429
0,294286	0,333571	0,367143	0,387143	0,393571	0,38	0,355	0,318571	0,284286
0,278571	0,311429	0,339286	0,357143	0,362143	0,350714	0,327143	0,297857	0,282143
0,258571	0,276429	0,295714	0,311429	0,314286	0,305714	0,281429	0,26	0,25
0,227857	0,245	0,259286	0,27	0,27	0,262857	0,247143	0,227857	0,213571
0,200714	0,213571	0,222857	0,227857	0,221429	0,220714	0,203571	0,186429	0,179286

Tablo 3.54 Şampanya rengi %25 güçle yarı endirekt aydınlatılmış çalışma odasındaki aydınlık düzeyi dağılımlarının normalize edilmiş hali

0,059	0,064786	0,067	0,068143	0,069143	0,066643	0,0645	0,06	0,056071
0,068286	0,073571	0,078571	0,082143	0,082857	0,079286	0,077143	0,072143	0,064786
0,076429	0,083571	0,089286	0,094286	0,097143	0,092857	0,089286	0,082143	0,073571
0,081429	0,092143	0,100714	0,105714	0,11	0,105714	0,097857	0,088571	0,08
0,082857	0,094286	0,103571	0,107857	0,109286	0,106643	0,097143	0,088571	0,081429
0,083571	0,090714	0,097143	0,102143	0,104286	0,101429	0,091429	0,085714	0,077857
0,075857	0,082143	0,087857	0,092143	0,093571	0,086429	0,081429	0,074286	0,068214
0,065714	0,072143	0,077143	0,079286	0,08	0,073571	0,070357	0,064429	0,0575
0,057857	0,060357	0,064	0,066214	0,066	0,060929	0,056214	0,050357	0,047071

Tablo 3.55 Şampanya rengi %0 güçle yarı endirekt aydınlatılmış çalışma odasındaki aydınlık düzeyi dağılımlarının normalize edilmiş hali

0	0	0	0	0	0	0	0	0
0	0	0	0	0	0	0	0	0
0	0	0	0	0	0	0	0	0
0	0	0	0	0	0	0	0	0
0	0	0	0	0	0	0	0	0
0	0	0	0	0	0	0	0	0
0	0	0	0	0	0	0	0	0
0	0	0	0	0	0	0	0	0
0	0	0	0	0	0	0	0	0

Tablo 3.56 Bej rengi %100 güçle yarı endirekt aydınlatılmış çalışma odasındaki aydınlık düzeyi dağılımlarının normalize edilmiş hali

0,410714	0,441429	0,467857	0,477857	0,482143	0,471429	0,456429	0,429286	0,400714
0,474286	0,508571	0,540714	0,569286	0,574286	0,558571	0,53	0,5	0,458571
0,530714	0,595	0,652857	0,680714	0,685	0,661429	0,624286	0,569286	0,512857
0,582143	0,645714	0,714286	0,757143	0,764286	0,742857	0,692857	0,63	0,554286
0,591429	0,666429	0,728571	0,771429	0,778571	0,757143	0,707143	0,635	0,562143
0,571429	0,61	0,671429	0,707143	0,714286	0,703571	0,65	0,587857	0,525
0,502857	0,545	0,587857	0,607857	0,609286	0,593571	0,557143	0,514286	0,466429
0,442857	0,474286	0,495	0,507143	0,514286	0,501429	0,478571	0,442857	0,401429
0,379286	0,414286	0,433571	0,439286	0,439286	0,421429	0,392857	0,364286	0,330714

Tablo 3.57 Bej rengi %75 güçle yarı endirekt aydınlatılmış çalışma odasındaki aydınlık düzeyi dağılımlarının normalize edilmiş hali

0,388571	0,417143	0,44	0,452857	0,451429	0,444286	0,43	0,402857	0,374286
0,443571	0,482857	0,514286	0,528571	0,530714	0,52	0,500714	0,464286	0,428571
0,507143	0,557143	0,607143	0,635714	0,640714	0,620714	0,585714	0,533571	0,485
0,539286	0,607143	0,671429	0,712143	0,721429	0,7	0,65	0,581429	0,518571
0,553571	0,628571	0,69	0,721429	0,735714	0,714286	0,657143	0,560714	0,524286
0,528571	0,582143	0,634286	0,668571	0,674286	0,651429	0,605	0,55	0,492857
0,473571	0,514286	0,542857	0,564286	0,578571	0,557143	0,525714	0,486429	0,444286
0,414286	0,45	0,474286	0,487143	0,485714	0,471429	0,452857	0,419286	0,385714
0,365714	0,39	0,407143	0,412857	0,414286	0,4	0,371429	0,342857	0,312143

Tablo 3.58 Bej rengi %50 güçle yarı endirekt aydınlatılmış çalışma odasındaki aydınlık düzeyi dağılımlarının normalize edilmiş hali

0,240714	0,26	0,274286	0,282143	0,280714	0,275	0,265714	0,253571	0,236429
0,260714	0,285714	0,308571	0,324286	0,325	0,315714	0,300714	0,274286	0,266429
0,298571	0,333571	0,365714	0,38	0,383571	0,372857	0,353571	0,32	0,290714
0,326429	0,360714	0,395714	0,417143	0,423571	0,407857	0,384286	0,35	0,307143
0,332143	0,370714	0,405	0,425	0,430714	0,416429	0,387143	0,352857	0,312857
0,307857	0,342857	0,371429	0,392857	0,401429	0,389286	0,365	0,330714	0,296429
0,271429	0,305714	0,325	0,335714	0,346429	0,335714	0,316429	0,289286	0,258571
0,252857	0,257857	0,271429	0,283571	0,284286	0,274286	0,271429	0,25	0,232143
0,227143	0,242857	0,25	0,257143	0,255	0,246429	0,226429	0,207143	0,193571

Tablo 3.59 Bej rengi %25 güçle yarı endirekt aydınlatılmış çalışma odasındaki aydınlık düzeyi dağılımlarının normalize edilmiş hali

0,076429	0,082143	0,086429	0,087857	0,087857	0,087143	0,083571	0,078571	0,073571
0,087143	0,094286	0,101429	0,105	0,105714	0,102857	0,097143	0,090714	0,083571
0,1	0,11	0,118571	0,122857	0,124286	0,121429	0,115	0,105	0,094286
0,109286	0,119286	0,130714	0,137143	0,138571	0,135	0,125	0,113571	0,102143
0,11	0,122857	0,135	0,142857	0,145714	0,14	0,128571	0,118571	0,104286
0,103571	0,116429	0,125	0,127857	0,130714	0,128571	0,121429	0,110714	0,1
0,094286	0,104286	0,113571	0,117857	0,119286	0,115	0,109286	0,098571	0,102143
0,083571	0,088571	0,093571	0,099286	0,1	0,096429	0,091429	0,085	0,077857
0,076429	0,079286	0,081429	0,082857	0,084286	0,081429	0,076429	0,071429	0,064714

Tablo 3.60 Bej rengi %0 güçle yarı endirekt aydınlatılmış çalışma odasındaki aydınlık düzeyi dağılımlarının normalize edilmiş hali

0	0	0	0	0	0	0	0	0
0	0	0	0	0	0	0	0	0
0	0	0	0	0	0	0	0	0
0	0	0	0	0	0	0	0	0
0	0	0	0	0	0	0	0	0
0	0	0	0	0	0	0	0	0
0	0	0	0	0	0	0	0	0
0	0	0	0	0	0	0	0	0
0	0	0	0	0	0	0	0	0

EK 2. Çok DeğişkenliRegresyon Analizi Sonuçları (Multivariate Regression Analysis)

```
REGRESSION 1
  /MISSING LISTWISE
  /STATISTICS COEFF OUTS R ANOVA
  /CRITERIA=PIN(.05) POUT(.10)
  /NOORIGIN
  /DEPENDENT Lüks_1
  /METHOD=ENTER İç_Mekân_Boyutları Aydınlatma_Türleri İç_Mekân_Rengi.
```

Regression 1

```
[DataSet1] C:\Users\ÖĞR. GÖR. M. ŞAHİN\Documents\doktora tezi
regresyon.sav
```

Variables Entered/Removed[b]

Model	Variables Entered	Variables Removed	Method
1	İç_Mekan_Rengi, Aydınlatma_Türleri, İç_Mekan_Boyutları[a]		Enter

a. All requested variables entered.

b. Dependent Variable: İç Mekan Aydınlık Dağılımı

Model Summary

Model	R	R Square	Adjusted R Square	Std. Error of the Estimate
1	,987[a]	,975	,975	4,47300

a. Predictors: (Constant), İç_Mekan_Rengi, Aydınlatma_Türleri, İç_Mekan_Boyutları

ANOVA[b]

Model		Sum of Squares	df	Mean Square	F	Sig.
1	Regression	415086,242	3	138362,081	6915,432	,000[a]
	Residual	10724,142	536	20,008		
	Total	425810,385	539			

a. Predictors: (Constant), İç_Mekan_Rengi, Aydınlatma_Türleri, İç_Mekan_Boyutları

b. Dependent Variable: İç Mekan Aydınlık Dağılımı

Coefficients[a]

Model		Unstandardized Coefficients		Standardized Coefficients	t	Sig.
		B	Std. Error	Beta		
1	(Constant)	,867	,367		2,361	,019
	İç_Mekan_Boyutları	,326	,026	,488	12,786	,000
	Aydınlatma_Türleri	,345	,026	,504	13,218	,000
	İç_Mekan_Rengi	,420	,132	,022	3,196	,001

a. Dependent Variable: İç Mekan Aydınlık Dağılımı

```
REGRESSION 2
  /MISSING LISTWISE
  /STATISTICS COEFF OUTS R ANOVA
  /CRITERIA=PIN(.05) POUT(.10)
  /NOORIGIN
  /DEPENDENT Lüks_2
  /METHOD=ENTER İç_Mekan_Boyutları Aydınlatma_Türleri İç_Mekan_Rengi.
```

Regression 2

[DataSet1] C:\Users\ÖĞR. GÖR. M. ŞAHİN\Documents\doktora tezi regresyon.sav

Variables Entered/Removed[b]

Model	Variables Entered	Variables Removed	Method
1	İç_Mekan_Rengi, Aydınlatma_Türleri, İç_Mekan_Boyutları[a]	.	Enter

a. All requested variables entered.

b. Dependent Variable: İç Mekan Aydınlık Dağılımı

Model Summary

Model	R	R Square	Adjusted R Square	Std. Error of the Estimate
1	,994[a]	,988	,988	3,59257

a. Predictors: (Constant), İç_Mekan_Rengi, Aydınlatma_Türleri, İç_Mekan_Boyutları

ANOVA[b]

Model		Sum of Squares	df	Mean Square	F	Sig.
1	Regression	565516,345	3	188505,448	14605,372	,000[a]
	Residual	6917,929	536	12,907		
	Total	572434,274	539			

a. Predictors: (Constant), İç_Mekan_Rengi, Aydınlatma_Türleri, İç_Mekan_Boyutları

b. Dependent Variable: İç Mekan Aydınlık Dağılımı

Coefficients[a]

Model		Unstandardized Coefficients		Standardized Coefficients	t	Sig.
		B	Std. Error	Beta		
1	(Constant)	,538	,295		1,824	,069
	İç_Mekan_Boyutları	,504	,020	,650	24,586	,000
	Aydınlatma_Türleri	,276	,021	,348	13,168	,000
	İç_Mekan_Rengi	,286	,106	,013	2,709	,007

a. Dependent Variable: İç Mekan Aydınlık Dağılımı

```
REGRESSION 3
  /MISSING LISTWISE
  /STATISTICS COEFF OUTS R ANOVA
  /CRITERIA=PIN(.05) POUT(.10)
  /NOORIGIN
  /DEPENDENT Lüks_3
  /METHOD=ENTER İç_Mekan_Boyutları Aydınlatma_Türleri İç_Mekan_Rengi.
```

Regression 3

[DataSet1] C:\Users\ÖĞR. GÖR. M. ŞAHİN\Documents\doktora tezi regresyon.sav

Variables Entered/Removed[b]

Model	Variables Entered	Variables Removed	Method
1	İç_Mekan_Rengi, Aydınlatma_Türleri, İç_Mekan_Boyutları[a]	.	Enter

a. All requested variables entered.

b. Dependent Variable: İç Mekan Aydınlık Dağılımı

Model Summary

Model	R	R Square	Adjusted R Square	Std. Error of the Estimate
1	,998[a]	,997	,997	2,08170

a. Predictors: (Constant), İç_Mekan_Rengi, Aydınlatma_Türleri, İç_Mekan_Boyutları

ANOVA[b]

Model		Sum of Squares	df	Mean Square	F	Sig.
1	Regression	770226,158	3	256742,053	59246,265	,000[a]
	Residual	2322,741	536	4,333		
	Total	772548,899	539			

a. Predictors: (Constant), İç_Mekan_Rengi, Aydınlatma_Türleri, İç_Mekan_Boyutları

b. Dependent Variable: İç Mekan Aydınlık Dağılımı

Coefficients[a]

Model		Unstandardized Coefficients		Standardized Coefficients		
		B	Std. Error	Beta	t	Sig.
1	(Constant)	,239	,171		1,397	,163
	İç_Mekan_Boyutları	,745	,012	,827	62,690	,000
	Aydınlatma_Türleri	,160	,012	,174	13,183	,000
	İç_Mekan_Rengi	,064	,061	,002	1,044	,297

a. Dependent Variable: İç Mekan Aydınlık Dağılımı

```
REGRESSION 4
  /MISSING LISTWISE
  /STATISTICS COEFF OUTS R ANOVA
  /CRITERIA=PIN(.05) POUT(.10)
  /NOORIGIN
  /DEPENDENT Lüks_4
  /METHOD=ENTER İç_Mekan_Boyutları Aydınlatma_Türleri İç_Mekan_Rengi.
```

Regression 4

[DataSet1] C:\Users\ÖĞR. GÖR. M. ŞAHİN\Documents\doktora tezi regresyon.sav

Variables Entered/Removed[b]

Model	Variables Entered	Variables Removed	Method
1	İç_Mekan_Rengi, Aydınlatma_Türleri, İç_Mekan_Boyutları[a]	.	Enter

a. All requested variables entered.

b. Dependent Variable: İç Mekan Aydınlık Dağılımı

Model Summary

Model	R	R Square	Adjusted R Square	Std. Error of the Estimate
1	,999[a]	,999	,999	1,54075

a. Predictors: (Constant), İç_Mekan_Rengi, Aydınlatma_Türleri, İç_Mekan_Boyutları

ANOVA[b]

Model		Sum of Squares	df	Mean Square	F	Sig.
1	Regression	919677,047	3	306559,016	129137,188	,000[a]
	Residual	1272,411	536	2,374		
	Total	920949,459	539			

a. Predictors: (Constant), İç_Mekan_Rengi, Aydınlatma_Türleri, İç_Mekan_Boyutları

b. Dependent Variable: İç Mekan Aydınlık Dağılımı

Coefficients[a]

Model		Unstandardized Coefficients		Standardized Coefficients	t	Sig.
		B	Std. Error	Beta		
1	(Constant)	,119	,127		,944	,346
	İç_Mekan_Boyutları	,934	,009	,951	106,284	,000
	Aydınlatma_Türleri	,050	,009	,049	5,517	,000
	İç_Mekan_Rengi	-,009	,045	,000	-,200	,841

a. Dependent Variable: İç Mekan Aydınlık Dağılımı

```
REGRESSION 5
  /MISSING LISTWISE
  /STATISTICS COEFF OUTS R ANOVA
  /CRITERIA=PIN(.05) POUT(.10)
  /NOORIGIN
  /DEPENDENT Lüks_5
  /METHOD=ENTER İç_Mekan_Boyutları Aydınlatma_Türleri İç_Mekan_Rengi.
```

Regression 5

[DataSet1] C:\Users\ÖĞR. GÖR. M. ŞAHİN\Documents\doktora tezi regresyon.sav

Variables Entered/Removed[b]

Model	Variables Entered	Variables Removed	Method
1	İç_Mekan_Rengi, Aydınlatma_Türleri, İç_Mekan_Boyutları[a]	.	Enter

a. All requested variables entered.

b. Dependent Variable: İç Mekan Aydınlık Dağılımı

Model Summary

Model	R	R Square	Adjusted R Square	Std. Error of the Estimate
1	1,000[a]	1,000	1,000	,00000

a. Predictors: (Constant), İç_Mekan_Rengi, Aydınlatma_Türleri, İç_Mekan_Boyutları

ANOVA[b]

Model		Sum of Squares	df	Mean Square	F	Sig.
1	Regression	953546,172	3	317848,724	.	.[a]
	Residual	,000	536	,000		
	Total	953546,172	539			

a. Predictors: (Constant), İç_Mekan_Rengi, Aydınlatma_Türleri, İç_Mekan_Boyutları

b. Dependent Variable: İç Mekan Aydınlık Dağılımı

Coefficients[a]

Model		Unstandardized Coefficients		Standardized Coefficients	t	Sig.
		B	Std. Error	Beta		
1	(Constant)	,000	,000		.	.
	İç_Mekan_Boyutları	1,000	,000	1,000	.	.
	Aydınlatma_Türleri	,000	,000	,000	.	.
	İç_Mekan_Rengi	,000	,000	,000	.	.

a. Dependent Variable: İç Mekan Aydınlık Dağılımı

```
REGRESSION 6
  /MISSING LISTWISE
  /STATISTICS COEFF OUTS R ANOVA
  /CRITERIA=PIN(.05) POUT(.10)
  /NOORIGIN
  /DEPENDENT Lüks_6
  /METHOD=ENTER İç_Mekan_Boyutları Aydınlatma_Türleri İç_Mekan_Rengi.
```

Regression 6

[DataSet1] C:\Users\ÖĞR. GÖR. M. ŞAHİN\Documents\doktora tezi regresyon.sav

Variables Entered/Removed[b]

Model	Variables Entered	Variables Removed	Method
1	İç_Mekan_Rengi, Aydınlatma_Türleri, İç_Mekan_Boyutları[a]	.	Enter
a. All requested variables entered.			
b. Dependent Variable: İç Mekan Aydınlık Dağılımı			

Model Summary

Model	R	R Square	Adjusted R Square	Std. Error of the Estimate
1	,999[a]	,998	,998	1,66724
a. Predictors: (Constant), İç_Mekan_Rengi, Aydınlatma_Türleri, İç_Mekan_Boyutları				

ANOVA[b]

Model		Sum of Squares	df	Mean Square	F	Sig.
1	Regression	842261,512	3	280753,837	101002,036	,000[a]
	Residual	1489,911	536	2,780		
	Total	843751,423	539			
a. Predictors: (Constant), İç_Mekan_Rengi, Aydınlatma_Türleri, İç_Mekan_Boyutları						
b. Dependent Variable: İç Mekan Aydınlık Dağılımı						

Coefficients[a]

Model		Unstandardized Coefficients		Standardized Coefficients	t	Sig.
		B	Std. Error	Beta		
1	(Constant)	,207	,137		1,515	,130
	İç_Mekan_Boyutları	,838	,010	,891	88,137	,000
	Aydınlatma_Türleri	,105	,010	,109	10,825	,000
	İç_Mekan_Rengi	-,010	,049	,000	-,198	,843
a. Dependent Variable: İç Mekan Aydınlık Dağılımı						

```
REGRESSION 7
  /MISSING LISTWISE
  /STATISTICS COEFF OUTS R ANOVA
  /CRITERIA=PIN(.05) POUT(.10)
  /NOORIGIN
  /DEPENDENT Lüks_7
  /METHOD=ENTER İç_Mekan_Boyutları Aydınlatma_Türleri İç_Mekan_Rengi.
```

Regression 7

[DataSet1] C:\Users\ÖĞR. GÖR. M. ŞAHİN\Documents\doktora tezi regresyon.sav

Variables Entered/Removed[b]

Model	Variables Entered	Variables Removed	Method
1	İç_Mekan_Rengi, Aydınlatma_Türleri, İç_Mekan_Boyutları[a]	.	Enter

a. All requested variables entered.

b. Dependent Variable: İç Mekan Aydınlık Dağılımı

Model Summary

Model	R	R Square	Adjusted R Square	Std. Error of the Estimate
1	,996[a]	,992	,992	3,11627

a. Predictors: (Constant), İç_Mekan_Rengi, Aydınlatma_Türleri, İç_Mekan_Boyutları

ANOVA[b]

Model		Sum of Squares	df	Mean Square	F	Sig.
1	Regression	647791,093	3	215930,364	22235,272	,000[a]
	Residual	5205,184	536	9,711		
	Total	652996,277	539			

a. Predictors: (Constant), İç_Mekan_Rengi, Aydınlatma_Türleri, İç_Mekan_Boyutları

b. Dependent Variable: İç Mekan Aydınlık Dağılımı

Coefficients[a]

Model		Unstandardized Coefficients		Standardized Coefficients	t	Sig.
		B	Std. Error	Beta		
1	(Constant)	,578	,256		2,258	,024
	İç_Mekan_Boyutları	,589	,018	,711	33,102	,000
	Aydınlatma_Türleri	,244	,018	,288	13,436	,000
	İç_Mekan_Rengi	,091	,092	,004	,995	,320

a. Dependent Variable: İç Mekan Aydınlık Dağılımı

```
REGRESSION 8
  /MISSING LISTWISE
  /STATISTICS COEFF OUTS R ANOVA
  /CRITERIA=PIN(.05) POUT(.10)
  /NOORIGIN
  /DEPENDENT Lüks_8
  /METHOD=ENTER İç_Mekan_Boyutları Aydınlatma_Türleri İç_Mekan_Rengi.
```

Regression 8

[DataSet1] C:\Users\ÖĞR. GÖR. M. ŞAHİN\Documents\doktora tezi regresyon.sav

Variables Entered/Removed[b]

Model	Variables Entered	Variables Removed	Method
1	İç_Mekan_Rengi, Aydınlatma_Türleri, İç_Mekan_Boyutları[a]	.	Enter

a. All requested variables entered.

b. Dependent Variable: İç Mekan Aydınlık Dağılımı

Model Summary

Model	R	R Square	Adjusted R Square	Std. Error of the Estimate
1	,988[a]	,975	,975	4,72739

a. Predictors: (Constant), İç_Mekan_Rengi, Aydınlatma_Türleri, İç_Mekan_Boyutları

ANOVA[b]

Model		Sum of Squares	df	Mean Square	F	Sig.
1	Regression	473051,624	3	157683,875	7055,784	,000[a]
	Residual	11978,620	536	22,348		
	Total	485030,243	539			

a. Predictors: (Constant), İç_Mekan_Rengi, Aydınlatma_Türleri, İç_Mekan_Boyutları

b. Dependent Variable: İç Mekan Aydınlık Dağılımı

Coefficients[a]

Model		Unstandardized Coefficients		Standardized Coefficients	t	Sig.
		B	Std. Error	Beta		
1	(Constant)	1,071	,388		2,757	,006
	İç_Mekan_Boyutları	,369	,027	,517	13,673	,000
	Aydınlatma_Türleri	,347	,028	,475	12,572	,000
	İç_Mekan_Rengi	,141	,139	,007	1,016	,310

a. Dependent Variable: İç Mekan Aydınlık Dağılımı

```
REGRESSION 9
  /MISSING LISTWISE
  /STATISTICS COEFF OUTS R ANOVA
  /CRITERIA=PIN(.05) POUT(.10)
  /NOORIGIN
  /DEPENDENT Lüks_9
  /METHOD=ENTER İç_Mekan_Boyutları Aydınlatma_Türleri İç_Mekan_Rengi.
```

Regression 9

[DataSet1] C:\Users\ÖĞR. GÖR. M. ŞAHİN\Documents\doktora tezi regresyon.sav

Variables Entered/Removed[b]

Model	Variables Entered	Variables Removed	Method
1	İç_Mekan_Rengi, Aydınlatma_Türleri, İç_Mekan_Boyutları[a]	.	Enter

a. All requested variables entered.

b. Dependent Variable: İç Mekan Aydınlık Dağılımı

Model Summary

Model	R	R Square	Adjusted R Square	Std. Error of the Estimate
1	,980[a]	,961	,961	5,17623

a. Predictors: (Constant), İç_Mekan_Rengi, Aydınlatma_Türleri, İç_Mekan_Boyutları

ANOVA[b]

Model		Sum of Squares	df	Mean Square	F	Sig.
1	Regression	353490,207	3	117830,069	4397,740	,000[a]
	Residual	14361,220	536	26,793		
	Total	367851,427	539			

a. Predictors: (Constant), İç_Mekan_Rengi, Aydınlatma_Türleri, İç_Mekan_Boyutları

b. Dependent Variable: İç Mekan Aydınlık Dağılımı

Coefficients[a]

Model		Unstandardized Coefficients		Standardized Coefficients		
		B	Std. Error	Beta	t	Sig.
1	(Constant)	1,121	,425		2,638	,009
	İç_Mekan_Boyutları	,238	,030	,383	8,049	,000
	Aydınlatma_Türleri	,382	,030	,602	12,671	,000
	İç_Mekan_Rengi	,148	,152	,008	,969	,333

a. Dependent Variable: İç Mekan Aydınlık Dağılımı

FSC
www.fsc.org
MIX
Papier | Fördert
gute Waldnutzung
FSC® C083411

Kolibri 360 GmbH
Ferdinand-Jühlke-Straße 7
99095 Erfurt, Deutschland
produktsicherheit@kolibri360.de

Druck:
CPI Druckdienstleistungen GmbH
im Auftrag der
Kolibri 360 GmbH
Ferdinand-Jühlke-Str. 7
99095 Erfurt